国家社会科学基金教育学一般项目"儿童情景记忆及其监控能力的发展"（BBA150047）成果

Development of Episodic
Memory and Its Monitoring Ability in

CHILDREN

儿童情景记忆
及其监测能力的发展

姜英杰◎著

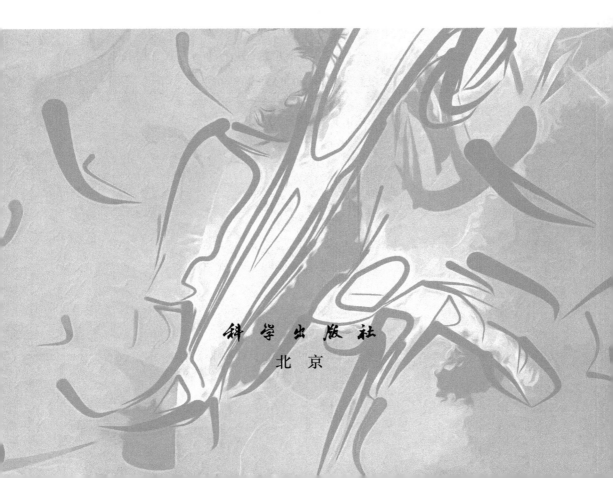

科学出版社
北 京

内 容 简 介

情景记忆是个体对发生在特定时间和地点背景下的和个人相关的事件信息的编码、存储和提取过程，一般包括五个要素——核心事实信息、时间、空间、细节，以及将上述四个要素整合到一起进行记忆的能力。

本书介绍了儿童情景记忆发展的核心能力——绑定加工的发展，特殊儿童（孤独症）情景记忆的发展特点，情景记忆发展的影响因素；对传统情景记忆及其监测能力的测量工具进行了梳理；用系列实证研究对儿童情景记忆及其监测能力发展的年龄特点、时间元记忆的发展特点、材料性质和社会性反馈对情景记忆的影响进行了深入探索；并总结了目前情景记忆神经机制研究的新进展，同时对未来研究趋势进行了分析。

本书对各级各类心理学研究机构中致力于儿童认知能力发展研究，尤其是情景记忆研究的科研人员、学生，以及其他对人类认知发展，尤其是情景记忆及其监测能力发展感兴趣的读者均具有重要的参考价值。

图书在版编目（CIP）数据

儿童情景记忆及其监测能力的发展/姜英杰著. —北京：科学出版社，2020.10

ISBN 978-7-03-066442-6

Ⅰ.①儿… Ⅱ.①姜… Ⅲ.①记忆-儿童心理学-研究 Ⅳ.①B842.3

中国版本图书馆 CIP 数据核字（2020）第 201060 号

责任编辑：孙文影 冯雅萌/责任校对：何艳萍
责任印制：李 彤/封面设计：润一文化

科 学 出 版 社 出版
北京东黄城根北街 16 号
邮政编码：100717
http://www.sciencep.com

北京建宏印刷有限公司印刷
科学出版社发行 各地新华书店经销

*

2020 年 10 月第 一 版 开本：720×1000 B5
2020 年 10 月第一次印刷 印张：18 1/2
字数：310 000

定价：99.00 元
（如有印装质量问题，我社负责调换）

序　言

　　记忆是人类最重要的心理过程之一，同时也是推理、想象等高级心理活动的基础。对记忆的实验研究肇始于艾宾浩斯于1885年出版《论记忆》一书；而在此后百余年间，心理学家对记忆活动的研究从未停歇。其间，一些研究者开始涉及并聚焦个体对亲身经历的、发生在特定时间和特定空间背景下事件的记忆——情景记忆。情景记忆的魅力在于它与日常生活密切相关：正是个体的情景记忆使得人们成为"自己"；一旦离开了情景记忆，人们就不知道自己的过去，也无法畅想将来。于是，十分自然地，记忆研究者想要了解情景记忆本身的发生和发展——这些工作除了揭示了情景记忆是个体成熟较晚、发展较为高级的记忆系统外，还展现了该系统的发展对于儿童其他认知能力和社会性功能发展的重要意义。

　　姜英杰教授在记忆和元记忆领域有20余年的研究积累，主持多项国家社会科学基金、全国教育科学规划项目、教育部人文社会科学基金等纵向科研项目，在国内外学术期刊发表论文70余篇，出版记忆和元记忆领域的专著两部，并多次获省部级科研教学奖励。今天，由姜英杰教授带来的又一力作《儿童情景记忆及其监测能力的发展》，重点聚焦前述人类记忆领域中极具魅力的情景记忆，以及情景记忆研究视野中极富挑战的发展研究上，是一部不可多得的有关儿童情景记忆研究的佳作。

　　该书汇集了作者在情景记忆及其监测能力研究中的长期积淀和最新成果。纵观全书，有如下几个特点。

第一，内容翔实而新颖。

全书从儿童情景记忆发展的理论研究、儿童情景记忆及其监测能力测量的进展、儿童情景记忆及其监测能力发展、情景记忆的认知神经科学研究四个方面展开，涵盖了儿童情景记忆绑定加工的发展、儿童情景记忆发展影响因素研究、传统情景记忆测验及其新发展、婴儿情景记忆测量的发展、孤独症儿童情景记忆研究进展等诸多内容，包含情景记忆领域，特别是儿童情景记忆领域最新的研究成果。例如，书中介绍了最新的基于虚拟现实技术的情境记忆测验，以及有关情景记忆的神经机制的最新研究，特别是和儿童发展相关的最新研究进展等。该书内容翔实而新颖，为该领域研究者开展进一步的工作提供了有价值的参考。

第二，理论研究和实证研究相得益彰。

书中对相关理论的阐述和相应的实证研究前后呼应，相得益彰。一方面，书中对情景记忆的概念、发展特点、影响因素以及脑机制进行了深入的理论探讨；另一方面，作者结合这些理论问题，在实证研究方面准备了对应的丰富内容。例如，书中着重关注了情景记忆绑定加工及情景记忆监测能力的发展，设计实验对儿童情景记忆及其监测能力进行了考察，发现了 3 岁儿童已具有项目记忆能力，但直到 6 岁才发展出有效来源记忆。全书将理论与实证研究相结合，这一特点使得读者读起来既觉逻辑清晰，又觉生动有趣。

第三，该书具有较强的应用参考价值。

对于相关领域研究者，该书提供了必要的儿童情景记忆测量工具、实验范式，并对各种测量工具、实验范式的优势和局限性进行了总结。感兴趣的读者可以在需要时参考使用，选择合适的方法将其纳入自己的研究中。即便对那些并非专门从事儿童发展研究的心理学工作者，该书也提供了情景记忆在不同领域的最新研究进展，从而具有相当重要的参考价值。例如，书中探讨了孤独症儿童情景记忆的发展情况、孤独症儿童情景记忆损伤的认知与神经机制，以及孤独症儿童情景记忆发展的影响因素等，这些内容对于孤独症教育和校正等领域的一线工作者具有一定的参考意义。

相信姜英杰教授的《儿童情景记忆及其监测能力的发展》一书会对情景记忆及相关领域的研究者带来诸多启发，也相信书中还有更多的亮点等待着众多同行读者在阅览时慢慢发掘、品味。

2020 年 8 月

前　言

　　作为人类长时记忆系统的重要组成部分，和对概念、逻辑等进行加工的语义记忆不同，情景记忆（episodic memory）主要负责记录和存储发生在特定时间和地点背景下和个人相关事件的信息。因此，情景记忆更像是人类的"自传体记录"，可以帮助人们对过去发生的事件和情景进行回忆。从某种程度上说，正是情景记忆在帮助人们完成和自我有关的心理旅程。没有情景记忆，人类就会失去自己的过去，不知道自己从何而来；也会缺失对未来的畅想，不知道自己将向何处而去。这些鲜活的情景记忆既可以让个体通过回忆去重温往日那些或幸福或悲伤的时光，在脑海中实现昨日重来的梦想；也可以帮助个体将自我投射到未来的场景中，进行情景预见性体验。对于儿童来说，情景记忆及其监测能力的发展对于其认知能力的发展、自我的建构以及日常生活、学习活动的顺利开展都具有重要意义。

　　本书得到国家社会科学基金教育学一般项目"儿童情景记忆及其监控能力的发展"（BBA150047）的资助。本书的学术价值体现在对儿童情景记忆发展的核心能力——绑定加工的发展进行了深入研究，发现绑定加工的发展水平是决定儿童能否将情景记忆的各要素，如事件发生的时间和空间信息、事件的细节等，整合到一起形成信息存储的关键。本书对情景记忆及其监测能力的测量方法及进展、情景记忆发展的影响因素及神经机制、情景记忆对适应性决策的影响等研究问题展开了系列研究，试图揭示情景记忆的发生、发展机制，研究结果对于了解情景记忆的发展特点、核心要素具有重要的理论意义，对于促进情景记忆的发展具有参考价值。

全书分为四部分，共十二章。第一部分为儿童情景记忆发展的理论研究，共四章（第一章至第四章），分别从儿童情景记忆绑定加工的发展、孤独症儿童情景记忆研究进展、儿童情景记忆发展的影响因素研究和情景记忆对适应性决策的影响等多个角度，对目前儿童情景记忆发展研究中涉及的关键问题进行了阐述，力求厘清情景记忆发展的关键理论问题，如绑定加工发展在儿童情景记忆发展中的核心作用、儿童情景记忆发展的影响因素和孤独症儿童情景记忆各要素的发展缺失及其代偿机制等问题，为后续研究的开展奠定了理论基础。

第二部分为儿童情景记忆及其监测能力测量的进展，共三章（第五章至第七章），分别从传统情景记忆测验及其新发展、婴幼儿情景记忆测量的发展和儿童情景记忆信心判断（judgement of confidence，JOC）测评等角度，对情景记忆、情景记忆监测能力研究中所运用的传统测验技术和方法进行了系统研究，明确了有效的情景记忆测验在内容效度和结构效度的考察上需要包含五个方面的内容，即核心事实信息、时间、空间、细节和对上述因素的整合；分析了传统情景记忆测验在生态效度上的不足，对运用虚拟现实技术对情景记忆进行测量可以提高情景记忆测量中各要素的同时性呈现进行了分析；整理和分析了适用于前语言阶段婴儿情景记忆测量的研究范式和眼动指标；详细解析了情景记忆信心判断的绝对准确性和相对准确性计算方法及其年龄适用性等问题。本部分的研究为后续实证研究的开展奠定了测量方法基础。

第三部分为儿童情景记忆及其监测能力的发展，共四章（第八章至第十一章），分别考察了3~6岁儿童情景记忆及其监测能力的发展特点，发现3岁儿童已具有项目记忆能力，6岁儿童才发展出有效来源记忆；3~6岁儿童已经具备有效的项目记忆监测能力，6岁儿童才能够有效监测来源记忆；围绕时间信息的三个基本属性——对序（succession）、时距（duration）和时点（temporal locus），考察了儿童时间元记忆发展的特点，发现随着年龄的增长，儿童对非时间信息的利用能力不断增强，时间记忆能力不断提高；不同年龄儿童在同一时间记忆策略上的掌握情况不同，时间元记忆发展的年龄差异显著；探讨了词语的生命性属性对记忆提取过程的影响，发现词语的生命性会影响记忆提取过程；对目击者情景记忆及其信心判断在社会性因素影响下的变化特点展开了研究，发现正性社会性反馈会提高目击者信心判断，负性社会性反馈会降低目击者信心判断。这一系列研究是本书在情景记忆领域开展的实证探索。

　　第四部分为情景记忆的认知神经科学研究，共一章（第十二章），重点对儿童情景记忆发展的神经机制进行了分析和介绍。具体而言，本部分对前额叶、颞叶以及顶叶在情景记忆中的作用、特殊群体情景记忆的神经机制研究进展进行了梳理和介绍；对海马是否具有空间表征，以及这些空间表征是否可以与记忆任务中的对象表征相结合，如对象-位置记忆功能等有关问题进行了介绍。本部分为人们认识情景记忆发展的神经机制提供了新近研究资料。

　　本书是笔者承担的国家社会科学基金项目的著作成果，在课题研究和成书过程中，诸多博士、硕士研究生和本科生分别承担了大量研究工作，配合笔者高效完成了课题研究工作，并高质量地完成了书稿的写作。除笔者以外，对本书各章节有重要贡献的合作研究者有：金雪莲、龙翼婷、张璐（第一章）；龙萌颖、陈雪晴（第二章）；赵文博（第三、四章）；王志伟、纪铁军（第五章）；岳阳、曾佳玮（第六章）；岳阳（第七章）；金雪莲（第八章）；马芳芳、姜元涛（第九章）；舒阿琴、姜珊（第十章）；王诗晗、胡竞元（第十一章）；周帆、于明阳、刘芳芳（第十二章）。金雪莲负责全书的校对工作，龙翼婷、姜珊负责全书目录和参考文献格式的整理工作。

　　衷心感谢笔者的工作单位——东北师范大学心理学院对本书的出版资助，以及科学出版社孙文影、冯雅萌等编辑的辛苦工作，本书才得以顺利出版。

　　本书难免有不成熟和尚需推敲之处，恳请同行专家和读者批评指正。

2020 年 8 月 18 日

目　录

第一部分

儿童情景记忆发展的理论研究

　　情景记忆是指在特定时间和地点背景下对和个人相关事件信息的记忆（Tulving，2001）。个体要记住亲身经历的事件，就需要将事件核心事实信息与其发生的时间、空间等背景信息进行绑定，因此，绑定加工能力的发展是情景记忆发展的基础。本部分介绍了儿童情景记忆绑定加工的类型、研究范式、发展的年龄特点及影响因素；另外，情景记忆在正常儿童和孤独症儿童间存在发展上的差异，孤独症儿童在项目记忆、关联记忆以及自传体记忆等方面有其独特的表现，本部分分析了孤独症儿童情景记忆的影响因素，并对近年来与孤独症儿童情景记忆发展相关的脑功能损伤研究进行了梳理；儿童情景记忆的发展受到多种因素的影响，本部分通过对情景记忆影响因素的分析，了解了儿童情景记忆发展的基础和条件，为研究儿童情景记忆发展提供了参考；情景记忆的提取与个体的适应性决策过程息息相关，甚至在"择优"选择中发挥了重要作用。本部分欲通过梳理儿童情景记忆的发展要素和其在适应性决策过程中的作用，揭示出两者的内在机制，以为读者进一步了解儿童情景记忆中各组成成分对适应性决策过程的影响提供参考。

第一章　儿童情景记忆绑定加工的发展 [①]

　　情景记忆主要包含五个要素，分别为核心事实信息（如对象、图片）、细节、空间、时间，以及把以上信息整合为一个整体去记忆的能力（Picard et al.，2015）。要实现对各类信息的整合性记忆，就需要进行绑定加工。绑定加工是对同时发生的刺激之间关系的编码过程（Sluzenski et al.，2006）。精确的情景记忆需要个体将刺激信息和其背景要素绑定起来才能形成连贯的关系结构（Cohen et al.，1997），因此，绑定加工能力的发展是情景记忆发展的关键。

---

　　① 本章内容发表于：姜英杰，金雪莲，龙翼婷.（2019）.儿童情景记忆绑定加工：研究范式、发展特点及影响因素. *心理发展与教育，35*（2）：246-253. 引用时有修改。

第一节　情景记忆绑定加工概述

一、情景记忆绑定加工的类型

（一）按绑定要素分类

按照所绑定的情景记忆要素不同，绑定加工可以分为项目-时间绑定、项目-空间绑定、项目-背景绑定和项目-项目绑定。项目-时间绑定是个体将事件本身信息与其发生的时间信息相关联的编码过程（Eichenbaum，2013）；项目-空间绑定是个体将事件本身信息与其发生的空间信息相关联的编码过程（Ekstrom et al.，2011）；项目-背景绑定是个体将事件本身信息与其发生的核心事实背景信息相关联的编码过程（Cycowicz et al.，2001）；项目-项目绑定是个体将事件本身信息与其同时发生的其他事件信息相关联的编码过程（Giovanello et al.，2004）。

（二）按绑定项目数量分类

按照所绑定的情景记忆要素数量的不同，绑定加工可以分为二元绑定（two-way bindings）和三元绑定（three-way bindings）。二元绑定是个体将事件与背景要素中的单一信息相关联的编码过程，也是最简单的情景记忆关系结构。例如，一个孩子每周一有一节体操课，为了准确地记住这件事，这个孩子需要形成一个将"体操"和"周一"绑定起来的关系结构（Humphreys et al.，1989）。但实际上，体操课不仅周一有，其他工作日也有；周一除体操课这门课程外，还有其他课程。因此，简单的二元绑定对于准确记住这件事是不够的，至少需要两个二元绑定，即课程与日期绑定（体操-周一），以及课程与时间绑定（体操-早晨）。三元绑定是个体将事件与背景要素中的两种信息相关联的编码过程。通常两个二元绑定足矣，但有时个体需要建立更复杂的结构。假设周一早晨有体操课，下午有数学课；周二早晨有数学课，下午有体操课，"周一"和

"体操""数学"绑定，"早晨"也和"体操""数学"绑定，这时，"周一""早晨"同时关联了"体操""数学"两门课程，仅依靠二元绑定不能准确记忆这一情节。两个信号词（即"周一"与"早晨"）都各自与不同的项目关联，并且都没有单独地指向一个特定的项目（Humphreys et al.，1994），此时要准确地记忆这一情节，需要的是一个三元绑定的关系结构，即周一-早晨-体操（Humphreys et al.，1989）。

对于不同的绑定加工类型，儿童情景记忆的发展性研究需采用不同的研究范式。

二、情景记忆绑定加工的研究范式

（一）要素绑定范式

1. 三重绑定任务范式

三重绑定任务（triplet binding task，TBT）由 Konkel 和 Cohen（2009）的记忆任务改编而来，经过 Lee 等（2016）的改编后更适用于儿童被试研究。这一范式的主要目的是评估项目-空间、项目-时间和项目-项目关系的记忆以及项目再认记忆的能力。实验过程可以分为学习阶段和测试阶段。

在 TBT 学习阶段，每个试次均包括三幅不同的图像，每个图像单独占一屏，图像采用的是不易用语言表征的彩色图像，分别放置在与计算机屏幕中心等距的三个不同位置上（分别为左上、右上和中间下方）。在每个试次开始之前，提供 1 秒的注视点，然后逐屏呈现三幅图像，每个图像呈现 1 秒，三幅图像单独呈现后，再将三个图像放置在同一屏整体呈现一次，让被试再对整体进行学习[图 1-1（a）]。TBT 测验阶段在学习结束后进行，分别对项目再认、项目-空间、项目-时间和项目-项目关系的记忆进行测试，方法如下[图 1-1（b）]。

在项目再认测验中，测试材料由学习阶段记忆的原始材料和干扰材料构成。原始材料为学习阶段出现的三幅图像的组合；干扰材料为由一幅旧图像和两幅新图像构成的新的组合图像，三幅图像放置在屏幕中央的水平线上。随机呈现原始材料或干扰材料，要求被试确定对组合图像中的三幅图像是否全部学习过。

在项目-空间测验中，测试材料由学习阶段记忆的原始材料和干扰材料构成。原始材料为学习阶段已学的三幅图像，且呈现位置不变；干扰材料为已学的三幅图像，但其中两个图像的位置互换。三幅图像同屏呈现。随机呈现原始材料或干扰材料，要求被试确定图像是否处于原始位置。

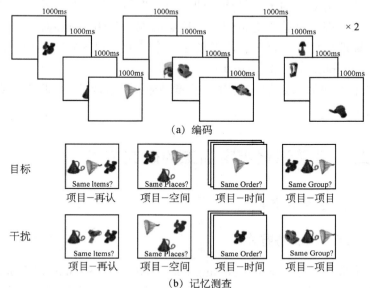

图 1-1　三重绑定任务范式实验流程图

注：×2 代表编码阶段的试次呈现 2 次

资料来源：Lee，J. K.，Wendelken，C.，Bunge，S. A.，et al.（2016）. A time and place for everything：Developmental differences in the building blocks of episodic memory. *Child Development*，87（1），194-210

在项目-时间测验中，测试材料由学习阶段记忆的原始材料和干扰材料构成。原始材料为学习阶段已学的三幅图像，且呈现顺序不变；干扰材料为已学的三幅图像，但其中两幅图像被切换了呈现顺序。随机呈现原始材料或干扰材料，要求被试确定图像是否按其原始顺序出现。

在项目-项目测验中，测验材料由学习阶段记忆的原始材料和干扰材料构成。干扰材料为两幅已学的图像和一幅替代图像（同一实验组内其他学习试次内的图像），三个图像同屏呈现在屏幕中央的水平线上。随机呈现原始材料或干扰材料，要求被试确定所有图像是否在相同的学习组中出现过。

将三重绑定任务范式应用于情景记忆的研究，一方面，该研究范式使用相同的学习材料，有助于确保被试对所有项目及其关系以同样的方式进行初始编码，从而提高了各绑定提取间的可比性；另一方面，该范式采用无法命名的彩色图像作为视觉刺激，而不是简单的口头标签或者完全任意的关系，以防止基于随年龄增长而提高的语义组织策略（Bjorklund et al.，2009）对情景记忆发展研究的干扰（Lee et al.，2016）。但此研究范式采用无意义图片作为实验材料，缺乏生态性，对儿童被试理解实验操作的能力要求较高。

2. 房子测试范式

房子测试（the house test）范式，是将背景要素置于自然生活实验环境，即一所房屋下，使被试将核心事件与屋内环境背景进行编码绑定的实验过程（Picard et al.，2012）。在编码阶段，将绘制有 9 个区域（卧室、客厅、卫生间、厨房、餐厅和车库等）的两层房子的正面图放置在儿童面前，主试按早、中、晚的时间顺序描述生活在房子里的孩子进行的不同活动。每个活动由 3 个连续的信息项组成：事实信息（与物体相关的动作，如"他将水倒入""鱼缸"）、时间背景（如"穿衣后"）和空间背景（如"卧室"）。每次主试描述活动时，被试必须拿起描绘事实信息中的两张图片（如事实信息中的一瓶水和鱼缸的照片），并将它们放在正确的区域。与此同时，主试还要提供这一活动相应的时间背景。这个程序可以促进儿童的注意，也可以检查主试所述信息是否被儿童理解（Picard et al.，2012）。

10 分钟后开始进入测试阶段，儿童被要求尽可能地回忆编码阶段提供的信息（自由回忆）。当被试不能再记起任何信息时，对于在自由回忆中没有被记起的活动进行口头线索回忆。线索由活动的核心行动（如前例中的"将水倒入"）组成。每个线索由主试单独提供，以帮助被试回忆起每个活动，如"在某个时候，孩子把一些水倒入一些东西，你能记得他/她倒入什么地方吗？/记得是在什么时间吗？"最后，对所有错误或遗漏的信息进行迫选再认测试。主试提供的每个线索有三个可能答案（在前面的例子中：关于事实信息的记忆再认有三个可能答案，分别为"孩子将水倒入花瓶、鱼缸或花盆？"；空间再认的三个可能答案为"这是发生在卧室、客厅还是书房中？"；时间再认的三个可能答案为"在他/她吃完零食、晚餐后或穿上衣服后，发生的这种情况吗？"）。所有可能的答案都提到之前被编码的信息，以确保被试不仅仅是基于熟悉的感觉而记起的（Picard et al.，2012）。

同 TBT 范式相比，此范式首先可以评估儿童记忆完整事件的能力；其次能够考察在自然生活环境中各绑定记忆的发展轨迹，贴近现实生活，生态效度较高；最后，儿童根据主试描述选取图片的实验操作，既可以检测儿童对实验的理解程度，也增加了儿童的参与度。但此种考察绑定记忆的范式的不足之处就是易受到语言组织策略的影响。

（二）配对关联学习范式

配对关联学习范式（paired-associate learning paradigm）可用于研究二元绑

定与三元绑定。在被试相继学习两列项目对后进行考察，不同列表需要被试依靠不同的关系结构来准确回忆。具体来说，A、B、C、D 为四组项目对，每组项目对的单词是由具体事物的名称构成的。在 ABCD 列中，第一列（A-B）和第二列（C-D）中的项目对是独特的，因为两列中的项目不重复（表 1-1）。要回答项目 A 在第一列中与之相配对的单词，被试至少需要一个二元绑定（A-B）。而在 ABAC 列中（Barnes & Underwood，1959），第一列中的项目对（A-B）和第二列中的项目对（A-C）有一个共同的元素 A，因此，至少需要两个二元绑定（A-B 和第一列-B）。在 ABABr 列中（Porter & Duncan，1953），第一列中的项目对（例如，A-B、C-D 为第一列的两个项目对）被重新排列，用以形成第二列（A-D、C-B 重新组合成两个新的项目对），这时，第二列与第一列相比，检索词不变，但目标词已换作第一列的其他词（即 ABABr），两列拥有的元素完全相同，这时，一个 A 至少需要一个三元绑定（A-第一列-B）（Yim et al.，2013）。

表 1-1　关系结构列表

ABCD		ABAC		ABABr	
第一列	第二列	第一列	第二列	第一列	第二列
树木-鞋子	盒子-猫咪	单车-杯子	单车-刀叉	门-杯子	门-气球
大象-糖果	乌龟-巧克力	长椅-猫咪	长椅-苹果	长椅-汤匙	长椅-草莓
巴士-苹果	小狗-椅子	飞机-草莓	飞机-椅子	马匹-手机	马匹-杯子
衣橱-眼镜	雨伞-足球	衣橱-巧克力	衣橱-糖果	飞机-橙子	飞机-气球
单车-牙刷	背包-刀叉	背包-足球	背包-铅笔	旗子-气球	旗子-手机
钢琴-铅笔	帽子-渔具	小狗-气球	小狗-橙子	汽车-草莓	汽车-橙子

资料来源：Yim, H., Dennis, S. J., & Sloutsky, V. M.（2013）. The development of episodic memory: Items, contexts, and relations. *Psychological Science*, 24（11），2163-2172

Yim 等（2013）将图片作为配对关联学习范式的材料，使其更适用于儿童被试。在实验的学习阶段，向被试相继呈现两个序列 [图 1-2（a）]。每个序列都有 6 对项目的图像和一个彩色房子（作为列-背景线索）。主试首先呈现并介绍每个项目对中的第一个项目和列-背景线索；然后揭示每对中隐藏的第二个项目；最后，第二个项目再次被第一个项目掩藏。重复此过程，直到所有项目都被介绍完。在每一列都被学习完之后，紧接着是 3~4 分钟的间隔。在随后的线索回忆测试中，被试会看到其中一个序列的列-背景线索和一个项目，主试要求被试回忆先前呈现过的项目对中的另一个项目 [图 1-2（b）]。

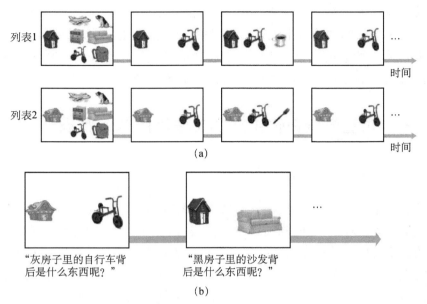

图 1-2　配对关联学习范式实验流程图（以 ABAC 条件为例）

资料来源：Yim，H.，Dennis，S. J.，& Sloutsky，V. M.（2013）. The development of episodic memory：Items，contexts，and relations. *Psychological Science*，*24*（11），2163-2172

　　以往研究的实验材料多以文字列表居多，Yim 等（2013）采用图片方式呈现给儿童，实验操作简便，儿童易理解，与同类研究相比，该研究拓展了被试年龄的下限，但不足之处是易受到语言组织策略的影响。

第二节　儿童情景记忆绑定加工发展的年龄特点及影响因素

　　情景记忆在童年期有质的提高。有研究表明，情景记忆最早可以追溯到幼儿两周岁时，主要变化发生在 4～6 岁（Drummey & Newcombe，2002；Sluzenski et al.，2006），在青春期前持续发展（Newcombe et al.，2007）。虽然有研究表明，儿童在项目记忆上的成绩较好（Sloutsky & Fisher，2004），但在记忆事件及其发生的时间与地点上还是有困难的（Bauer & Leventon，2013）。许多研究者认为，情景记忆相对于快速发展的语义记忆来说开始得晚且发展缓慢（Drummey & Newcombe，2002），其实这与情景记忆绑定加工的发展缓慢有关。

一、儿童情景记忆绑定加工发展的年龄特点

（一）不同要素绑定加工的发展

Picard 等（2012）采用房子测试范式考察了 4～16 岁儿童情景记忆的核心事实记忆，以及项目-空间和项目-时间绑定加工的发展。研究结果表明，4 岁以上的孩子可以正确记住大量信息，并且对核心事件信息的记忆能力在童年时期非线性地提高，可以确定有三个主要变化时期：学龄前显著增加（Newcombe et al.，2007），在 6～9 岁持续改善（Waber et al.，2007），在 9 岁左右达到成熟。4～7 岁儿童的项目-空间记忆比项目-时间记忆更好，而 8 岁后两者无显著差异。9 岁以上儿童的项目-空间记忆能力要强于 4～7 岁儿童，10～12 岁儿童的项目-时间记忆能力要强于 8 岁以下儿童。

Lee 等（2016）选取 7～11 岁儿童和大学生参加实验，采用三重绑定任务范式，比较三种绑定类型的发展轨迹。结果发现，项目-空间记忆在 9 岁左右达到成人水平，并且优于项目-时间记忆，项目-时间记忆在 11 岁以上达到成人水平，项目-项目绑定记忆在儿童时期的发展中一直较差。

尽管两个研究采用不同的实验程序和材料，但研究结果基本一致，Guillery-Girard 等（2013）的研究也验证了这一结果。Picard 等（2012）认为，空间和项目信息是一种知觉表征或者是一种视觉图像，而时间是难以表达的抽象概念，因此，项目-时间的绑定记忆要比项目-空间和项目记忆内容本身更困难。此外，有研究表明，二者的绑定依赖于不同的海马（hippocampus）结构（Lee et al.，2014），例如，Giovanello 等（2004）指出，空间和时间记忆依赖于海马纵轴上从海马头到海马尾的不同区域，Hunsaker 和 Kesner（2013）的研究表明，空间和时间记忆在海马中存在不同的细胞结构子域。因此，各绑定要素的记忆可能依赖海马的不同区域，而这些区域的发展存在年龄差异，进而造成情景记忆不同要素绑定加工发展的年龄差异。

（二）二元绑定和三元绑定的发展

Yim 等（2013）采用配对关联学习范式对 4～7 岁儿童的二元绑定和三元绑定的情景记忆能力进行研究，结果表明，儿童在 4～7 岁阶段，绑定能力逐步提高，绑定加工在 7 岁到成年这段时间经历了实质性发展。儿童在 ABAC 和 ABABr 条件下表现出前摄干扰，而成人没有，这表明儿童没有自发地编码复杂结构或者可能没有形成绑定关系。当主试调整背景材料，给儿童呈现其更感兴趣的卡通人物图片以增加其注意力时，发现其能显著提高 4 岁儿童绑定序列背景与项目的能力（如第一列-B），因此，先前编码失败说明可能被试不关注背景信息。这种方式虽然提高了背景-目标的绑定能力，但未对三元绑定（A-第一列-B）产生影响，因此，这也反映了儿童形成一个复杂三元关系结构的难度。

Ngo 等（2018）采用配对关联学习范式对 4～80 岁被试的相似背景进行研究，结果表明，在低相似性情境中，4 岁和 6 岁儿童的绑定记忆成绩较好。相反，绑定记忆在高度相似的背景下表现出更长时间的发展，其中 4 岁和 6 岁儿童的绑定能力没有显著差异，但均显著低于青年人。区分相似性的神经基础主要依赖于海马，特别是齿状回和 CA3（Lacy et al.，2011；Reagh & Yassa，2014）。4 岁儿童表现出强烈的过度概括倾向，因此，他们更可能将干扰项误认为是旧项目。

总之，绑定记忆在儿童期的发展表现为，项目-空间记忆优于项目-时间记忆，复杂任务的绑定记忆效果较差，形成这一发展特点主要是受到儿童编码和提取能力、执行功能及神经发育的影响。

二、影响儿童情景记忆绑定加工能力的因素

（一）编码和提取能力的发展

Picard 等（2012）的研究发现，学龄前儿童对于项目记忆成绩较差主要是因为其编码能力不足。当进行自由回忆时，4～6 岁儿童回忆的信息量显著少于 8 岁以上儿童，7 岁儿童显著少于 9 岁以上儿童；当降低提取难度，即变为再认测试时，4～6 岁儿童仍然无法回忆起所有的项目信息，而 7 岁以上儿童的再认成绩与最高成绩差异不显著，出现了天花板效应。这说明 7 岁以上儿童项目记忆成绩较差是因为自由回忆的提取难度大，而并非其编码能力弱，但 4～6 儿童项目记忆成绩较差是由于其编码能力不足。相反，提取的改善主要表现在 6～9

岁儿童的能力提高上，因为这个年龄段的儿童在自由回忆和线索回忆任务上与年龄较大儿童的成绩差异不大，并且在再认任务上的成绩相似。在 9 岁以上儿童身上没有观察到重大变化，所有的孩子都编码了所有事实信息（所有的项目都被正确再认），这表明编码和提取核心事件背景的过程在 9 岁左右成熟。Yim 等（2013）的研究也发现，随着儿童背景编码能力的提高，其二元绑定成绩也会相应提高。

（二）执行功能的提高

Maister 等（2013）以高功能孤独症儿童为被试，考察执行功能对情景记忆绑定加工的影响。研究发现，高功能孤独症儿童的核心事实记忆完好，而关系绑定记忆受损，执行功能的策略提取过程会对损伤的绑定记忆进行有效补偿。Blankenship 和 Bell（2015）以图片为项目记忆内容，以颜色（红色或绿色）为背景，考察 9～12 岁儿童的执行功能对绑定加工的影响，发现执行功能的认知灵活性可以预测项目-背景绑定加工能力。因此，儿童执行功能的提高可以促进其情景记忆绑定加工的发展。

（三）神经系统的发育

儿童情景记忆绑定加工的发展以其神经系统的发育为基础。内侧颞叶（medial temporal lobes，MTL）和前额叶皮层（prefrontal cortex，PFC）与情景记忆有关（Zeithamova & Preston，2010）。情景记忆的两成分发展模型（two-components episodic memory development model）认为，情景记忆主要包含两个相互作用的组成部分，即联想成分(associative components)和策略成分(strategic components)（Shing et al.，2008）。联想成分是指在编码、存储和提取过程中，将事件的不同方面绑定成一个整体情节的认知过程，其主要依赖于 MTL 和海马；而策略成分是指在编码、存储过程中，通过利用已有知识和策略对信息的多个特征进行组织、整合以实现精细加工的过程，其主要依赖于 PFC（Shing & Lindenberger，2011）。这两个成分协同发展才会产生高水平的情景记忆绑定加工。儿童在 4 岁之后海马开始发展，但到青春期后 PFC 才相对成熟（Gogtay et al.，2006），这表明 PFC 发育水平在儿童期会限制其情景记忆绑定加工的发展水平。三元绑定加工需要更多的策略性组织，因此在童年期没有二元绑定加工发展得好。

第三节　儿童情景记忆绑定加工未来研究趋势

一、情景记忆绑定加工的神经机制探讨

Riggins（2014）的研究表明，情景记忆的绑定加工和项目记忆随年龄的增长由不同的内部机制驱动。具体而言，言语理解和知觉加工速度与项目记忆的发展有关，但与绑定加工的能力无关。MTL 和前额叶皮层的发展会促进记忆成绩的提高，这些脑区在儿童期表现出显著的发展变化（Ghetti & Bunge，2012）。虽然许多研究者认同海马的成熟对儿童绑定加工的发展和形成适应性行为均具有重要意义，但是这种意义目前还未通过实证研究的证实（Bachevalier & Vargha-Khadem，2005）。

二、情景记忆绑定加工纵向研究的扩展

Riggins（2014）采用聚合交叉设计对 4、6、8 岁的儿童追踪三年，每年讲述一个事实内容和它的来源，一周以后让儿童回忆。结果发现，儿童在 4～10 岁的发展过程中，对个别项目（故事或者来源）和正确组合（故事和来源的绑定）的记忆都有提高，其中项目记忆以一种线性方式提高，但是来源绑定记忆在 5～7 岁是加速变化的，说明 5～7 岁是儿童绑定记忆发展的关键时期。显然，儿童情景记忆的纵向研究结果更能准确反映绑定加工的发展变化。

三、情景记忆绑定加工研究生态效度的提高

目前的研究大多与我们的日常生活相差较大，其使用的刺激与真实场景不同。情景记忆与我们纷繁的日常生活经验紧密联系，虽然目前一些情景记忆绑

定加工的实验或测验尽量在贴近生活，但很少有研究能够准确捕获情景的复杂性。因此，在情景记忆测验中迫切需要一个能提高生态效度和实验控制的评估工具，虚拟现实技术的使用可以有效弥补这一不足。虚拟现实技术能够创建丰富的多模态环境，与标准计算机界面或纸笔测试相比，可以有效提高任务管理的生态效度（Mueller et al.，2012），促进记忆评估更加准确。此外，多模式刺激可以激发多种感官（如视觉、听觉、嗅觉、本体感受等），设计灵活，其对现实世界的真实模拟更接近日常生活（Picard et al.，2015），可以提高情景记忆绑定加工研究的生态效度。

参 考 文 献

Bachevalier, J., & Vargha-Khadem, F. (2005). The primate hippocampus: Ontogeny, early insult and memory. *Current Opinion in Neurobiology*, *15* (2), 168-174.

Barnes, J. M., & Underwood, B. J. (1959). "Fate" of first-list associations in transfer theory. *Journal of Experimental Psychology*, *58* (2), 97-105.

Bauer, P. J., & Leventon, J. S. (2013). Memory for one-time experiences in the second year of life: Implications for the status of episodic memory. *Infancy*, *18* (5), 755-781.

Bjorklund, D. F., Dukes, C., & Brown, R. D. (2009). The development of memory strategies//Courage, M. L., & Cowan, N. (Eds.). *Studies in Developmental Psychology. The Development of Memory in Infancy and Childhood* (pp. 145-175). New York: Psychology Press.

Blankenship, T. L., & Bell, M. A. (2015). Frontotemporal coherence and executive functions contribute to episodic memory during middle childhood. *Developmental Neuropsychology*, *40* (7-8), 430-444.

Cohen, N. J., Poldrack, R. A., & Eichenbaum, H. (1997). Memory for items and memory for relations in the procedural/declarative memory framework. *Memory*, *5* (1-2), 131-178.

Cycowicz, Y. M., Friedman, D., Snodgrass, J. G., & Duff, M. (2001). Recognition and source memory for pictures in children and adults. *Neuropsychologia*, *39* (3), 255-267.

Drummey, A. B., & Newcombe, N. S. (2002). Developmental changes in source memory. *Developmental Science*, *5* (4), 502-513.

Eichenbaum, H. (2013). Memory on time. *Trends in Cognitive Sciences*, *17* (2), 81-88.

Ekstrom, A. D., Copara, M. S., Isham, E. A., Wang, W. C., & Yonelinas, A. P. (2011). Dissociable networks involved in spatial and temporal order source retrieval. *Neuroimage*, *56* (3), 1803-1813.

Ghetti, S., & Bunge, S. A. (2012). Neural changes underlying the development of episodic memory during middle childhood. *Developmental Cognitive Neuroscience*, *2* (4), 381-395.

Ghetti, S., & Lee, J. (2011). Children's episodic memory. *Wiley Interdisciplinary Reviews Cognitive Science*, *2* (4), 365-373.

Giovanello, K. S., Schnyer, D. M., & Verfaellie, M. (2004). A critical role for the anterior hippocampus in relational memory: Evidence from an fMRI study comparing associative and item recognition. *Hippocampus*, *14*（1）, 5-8.

Gogtay, N., Nugent, T. F., Herman, D. H., Ordonez, A., Greenstein, D., Hayashi, K. M., et al.（2006）. Dynamic mapping of normal human hippocampal development. *Hippocampus*, *16*（8）, 664-672.

Guillery-Girard, B., Clochon, P., Giffard, B., Viard, A., Egler, P. J., Baleyte, J. M., et al.（2013）. "Disorganized in time": Impact of bottom-up and top-down negative emotion generation on memory formation among healthy and traumatized adolescents. *Journal of Physiology-Paris*, *107*（4）, 247-254.

Humphreys, M. S., Bain, J. D., & Pike, R.（1989）. Different ways to cue a coherent memory system: A theory for episodic, semantic, and procedural tasks. *Psychological Review*, *96*（2）, 208-233.

Humphreys, M. S., Wiles, J., & Dennis, S.（1994）. Toward a theory of human memory: Data structures and access processes. *Behavioral and Brain Sciences*, *17*（4）, 655-667.

Hunsaker, M. R., & Kesner, R. P.（2013）. The operation of pattern separation and pattern completion processes associated with different attributes or domains of memory. *Neuroscience & Biobehavioral Reviews*, *37*（1）, 36-58.

Konkel, A., & Cohen, N. J.（2009）. Relational memory and the hippocampus: Representations and methods. *Frontiers in Neuroscience*, *3*, 166-174.

Lacy, J. W., Yassa, M. A., Stark, S. M., Muftuler, L. T., & Stark, C. E. L.（2011）. Distinct pattern separation related transfer functions in human CA3/dentate and CA1 revealed using high-resolution fMRI and variable mnemonic similarity. *Learning & Memory*, *18*（1）, 15-18.

Lee, J. K., Ekstrom, A. D., & Ghetti, S.（2014）. Volume of hippocampal subfields and episodic memory in childhood and adolescence. *Neuroimage*, *94*（7）, 162-171.

Lee, J. K., Wendelken, C., Bunge, S. A., & Ghetti, S.（2016）. A time and place for everything: Developmental differences in the building blocks of episodic memory. *Child Development*, *87*（1）, 194-210.

Lorsbach, T. C., & Reimer, J. F.（2005）. Feature binding in children and young adults. *Journal of Genetic Psychology*, *166*（3）, 313-328.

Maister, L., Simons, J. S., & Plaisted-Grant, K.（2013）. Executive functions are employed to process episodic and relational memories in children with autism spectrum disorders. *Neuropsychology*, *27*（6）, 615-627.

Mueller, C., Luehrs, M., Baecke, S., Adolf, D., Luetzkendorf, R., & Luchtmann, M., et al.（2012）. Building virtual reality fMRI paradigms: A framework for presenting immersive virtual environments. *Journal of Neuroscience Methods*, *209*（2）, 290-298.

Newcombe, N. S., Lloyd, M. E., & Ratliff, K. R.（2007）. Development of episodic and autobiographical memory: A cognitive neuroscience perspective. *Advances in Child Development and Behavior*, *35*, 37-85.

Ngo, C., Lin, Y., Newcombe, N., & Olson, I.（2018）. Building up and wearing down episodic memory: Mnemonic discrimination and relational binding. *Journal of Experimental Psychology*:

General, *4*, 1-52.

Picard, L., Abram, M., Orriols, E., & Piolino, P. (2015). Virtual reality as an ecologically valid tool for assessing multifaceted episodic memory in children and adolescents. *International Journal of Behavioral Development*, *41* (1), 13-28.

Picard, L., Cousin, S., Guillery-Girard, B., Eustache, F., & Piolino, P. (2012). How do the different components of episodic memory develop? Role of executive functions and short-term feature-binding abilities. *Child Development*, *83* (3), 1037-1050.

Porter, L. W., & Duncan, C. P. (1953). Negative transfer in verbal learning. *Journal of Experimental Psychology*, *46* (1), 61-64.

Reagh, Z. M., & Yassa, M. A. (2014). Object and spatial mnemonic interference differentially engage lateral and medial entorhinal cortex in humans. *Proceedings of the National Academy of Sciences of the United Sates of America*, *111* (40), 4264-4273.

Riggins, T. (2014). Longitudinal investigation of source memory reveals different developmental trajectories for item memory and binding. *Developmental Psychology*, *50* (2), 449-459.

Shing, Y. L., & Lindenberger, U. (2011). The development of episodic memory: Lifespan lessons. *Child Development Perspectives*, *5* (2), 148-155.

Shing, Y. L., Werkle-Bergner, M., Li, S. C., & Lindenberger, U. (2008). Associative and strategic components of episodic memory: A life-span dissociation. *Journal of Experimental Psychology: General*, *137* (3), 495-513.

Sloutsky, V. M., & Fisher, A. V. (2004). Induction and categorization in young children: A similarity-based model. *Journal of Experimental Psychology: General*, *133* (2), 166-188.

Sluzenski, J., Newcombe, N. S., & Kovacs, S. L. (2006). Binding, relational memory, and recall of naturalistic events: A developmental perspective. *Journal of Experimental Psychology: Learning, Memory, and Cognition*, *32* (1), 89-100.

Tulving, E. (2001). Episodic memory and common sense: How far apart? *Philosophical Transactions of the Royal Society of London*, *356* (1413), 1505-1515.

Waber, D. P., De Moor, C., Forbes, P. W., Almli, C. R., Botteron, K. N., Leonard, G., et al. (2007). The NIH MRI study of normal brain development: Performance of a population based sample of healthy children aged 6 to 18 years on a neuropsychological battery. *Journal of the International Neuropsychological Society*, *13* (5), 729-746.

Yim, H., Dennis, S. J., & Sloutsky, V. M. (2013). The development of episodic memory: Items, contexts, and relations. *Psychological Science*, *24* (11), 2163-2172.

Zeithamova, D., & Preston, A. R. (2010). Flexible memories: Differential roles for medial temporal lobe and prefrontal cortex in cross-episode binding. *Journal of Neuroscience*, *30* (44), 14676-14684.

第二章 孤独症儿童情景
记忆研究进展

　　在有些电影和文学作品中，孤独症个体常常拥有惊人的情景记忆能力，如对数字、图形高度敏感，对所经历过的场景可以通过绘画等艺术手段表现出来等。现实中，孤独症患者是否都会有如此优异的表现？孤独症个体的情景记忆表现究竟如何？有哪些因素会对他们的情景记忆成绩产生影响？他们的情景记忆加工过程和脑区活动究竟是怎样的？本章将对孤独症儿童情景记忆发展的特点进行梳理。

第一节 孤独症儿童情景记忆的表现

孤独症谱系障碍（autism spectrum disorders，ASD，以下简称"孤独症"）是一种由神经系统失调导致的广泛性发展障碍（pervasive developmental disorders，PDD），其主要特征表现为缺乏社会交往能力、缺乏语言沟通能力以及有重复刻板行为发生。孤独症多在童年时期发病，若在病程早期采取恰当干预，患者就能够获得更好的恢复。通过对孤独症个体情景记忆发展特点及其机制的探索，我们可以进一步了解孤独症个体的认知发展状况及其形成机制，有助于开发系列康复训练计划。

孤独症个体的情景记忆表现区别于常人。他们可以对大量无意义事物有良好的联结记忆，如可以流畅地背诵圆周率小数点后几十位甚至几百位的数字，但是对于两个有关联事物的关系、事件发生的具体流程、自己所经历事件的表达等都与正常发育个体的表现有显著差异。接下来，我们将从项目记忆、关联记忆以及自传体记忆等方面对孤独症个体的情景记忆表现进行分析与阐述。

一、孤独症个体项目记忆发展特点

大量实验研究结果表明，孤独症个体通常具有良好的项目记忆能力（Bowler et al.，2011）。例如，当孤独症个体和正常发育（typically developing，TD）个体对不存在相关关系的单词进行学习与自由回忆时，两者的记忆表现不存在显著差异（Maister et al.，2013）。然而，一些研究结果表明，孤独症个体的项目记忆也可能存在缺陷（Solomon et al.，2016；Ring et al.，2016）。

Ring 等（2016）在研究中，主要测试了孤独症被试及正常发育被试对物品的项目记忆，以及有关联项目间的顺序记忆、空间记忆和关联记忆，要求被试对电脑显示屏上呈现的三个具有相同模式的抽象形状进行学习和记忆，在随后的测试阶段中要求被试对单个项目、项目呈现顺序、项目位置及其组合进行回忆。按照"孤独症个体项目记忆不存在损伤"的已有结论,实验者假设孤独症与正常发育被试的项目记忆表现应该没有显著差异。但与假设相反的是,实验数据分析显示,孤独症被试组在四项任务中的表现都显著低于正常发育被试组(Ring et al.,2016),而对单个项目的回忆成绩正是项目记忆的指标,说明孤独症个体的项目记忆同正常发育个体间也是存在差异的。

这个结果引发了一系列讨论,如孤独症个体项目记忆是否完整?影响项目记忆发展的因素都有哪些?分析上述两类研究设计可以发现,孤独症个体项目记忆发展同正常个体不一致,可能是由实验设计的差异导致的。Maister 等(2013)的研究用于测量情景记忆中项目记忆的材料是不存在相关关系的单词,被试不需要记忆项目呈现的顺序、位置等信息,实际上不是严格意义上情景记忆中项目记忆的产生情境,而是独立的单词记忆。而 Ring 等(2016)的研究要求被试不仅记住项目,而且对项目出现的位置、顺序进行记忆,是典型的情景记忆条件。因此,Ring 等的研究结论——孤独者个体情景记忆的项目记忆同正常发育个体存在差异——更可信。

二、孤独症儿童关联记忆的损伤

虽然对于孤独症个体项目记忆是否存在损伤这个问题,研究者的结论并不一致,但当要求孤独症个体对两个相关联的事物进行学习记忆并回忆时,他们的表现不尽如人意。研究者一致认为,可以确定孤独症个体的关联记忆是存在缺陷的。

Maister 等(2013)对孤独症个体的语义关联记忆进行了实证研究,要求高功能孤独症儿童和正常发育儿童(平均年龄为 12 岁)对两种不同条件下的词组进行记忆:一种词组的语义无关(如苹果、卡车、学校、漫画、地球等);另一种词组的语义相关,且可进行语义分类(如苹果、香蕉、草莓、轿车、卡车等)。每种实验条件包含 15 个单词,每个单词单独呈现。所有儿童被要求努力记住这些单词,并在随后尽力报告更多的词语出来,回忆报告没有顺序要求。实验结果显示,在语义无关的条件下,高功能孤独症儿童和正常发育儿童的记忆表现没有显著差异;但是在语义相关的条件下,高功能孤独症儿童的记忆成绩显著低于正常发育儿童。这说明即使在口头言语表达能力和智力等方面与正常发育儿童没有差别,高功能孤独症儿童的关联记忆依旧存在损伤。

同样,Ring 等(2015)开展了一项关于孤独症成人生活情景中物体-地点的关联记忆研究,要求被试记住房间的照片及房间内配置的物体(如浴室的肥皂)所在的位置。实验材料包括 6 个房间和 24 个物体,即每个房间包含 4 个物体。在学习阶段,物体图片会显示在房间照片的下方。参与者点击物体后,物体会高亮显示在房间的一个特定位置上。在测试阶段，被试需再次观看房间图片，并对出现的物体选出其合理位置（如果物体学习过，被试需要将物体放回到学习时的位置；如果没学习过或者不记得是否学习过，被试则需要简单选择一个位置即可）。最终实验结果表明，与常人相比，孤独症个体把学习过的物体放回原来位置存在特定困难，而这种困难与单纯的物体记忆或是位置记忆无关。这进一步说明了孤独症个体的关联记忆存在损伤，并且其损伤的内容领域从语义信息关联的损伤扩展到空间信息关联的损伤。

三、孤独症个体自传体记忆的损伤

自传体记忆（autobiographical memory，ABM）是对个人经历事件与自我体验紧密相连的记忆。孤独症个体的自传体记忆表现出过度概括化特征，他们对于自身经历事件的回忆主要由单独的事件组成，而明显缺乏事件间的联系。

Crane 的实验测试了年龄在 18～64 岁的正常成年人和孤独症个体的情景和语义自传体记忆。在完成智力匹配测验后，被试被要求依次进行情景记忆叙事任务（对固定顺序问题进行限时回答，按表达词语数量及事件细节评分）、情景和语义自传体记忆访谈（两个关于个人生活经历的问题，有情景记忆的细节评为 3 分，语义事件描述评为 2 分，事件描述中不包含时间、地点的不得分）和自传体记忆流畅性任务（在限定的 90 秒内说出尽可能多的特定时期的人和事件）。根据被试回忆事件的整体细节数量及与情景或语义相关的细节数量进行评分。结果表明，与正常个体相比，孤独症个体的回忆报告虽然包含了更多的一般事件信息，但其特定的情景细节记忆存在明显缺失（Crane & Goddard，2008）。

第二节　孤独症儿童情景记忆损伤的
认知与神经机制

孤独症儿童区别于正常发育儿童的情景记忆的表现损伤有其相应的认知机制和神经基础。孤独症儿童情景记忆在编码和检索过程中的损伤体现了孤独症个体的认知机制存在损伤，而大脑结构与功能的异常是孤独症个体情景记忆损伤的神经基础。

一、孤独症个体情景记忆的编码与检索损伤

众所周知，记忆的过程分为编码、存储、检索三个阶段。关于孤独症个体情景记忆损伤的认知机制，目前主要考虑两个过程：编码过程和检索过程。编码过程和检索过程损伤的主要表现都是项目间关联信息的利用率降低。

（一）编码过程

在进行关联信息学习编码时，孤独症个体无法对项目间的关联信息进行编码。研究发现，孤独症患者的记忆策略可能与正常个体不同。例如，在进行一个对关联项目的自由回忆任务时，正常儿童会运用诸如语义聚类（整合具有相关语义的项目以实现随后的共同检索）等组织性策略，而孤独症个体在回忆过程中进行语义聚类或其他组织项目的活动显著减少（Bowler et al., 2008；Gaigg et al., 2008）。同时，一些神经成像研究也显示出相同的结果。例如，Cooper 等的研究发现，虽然在记忆编码期间，孤独症患者和正常被试的大脑活动和功能性联结的模式相似，但是仅有正常发育个体的脑区活动显示，与编码相关的内侧额叶活动可以预测他们随后的记忆表现（Cooper et al., 2017a）。

此外，两种猜想与孤独症个体的项目间关联记忆编码损伤相关。一种猜想是孤独症个体会增强对项目的关注度。这种猜想认为，在对孤立项目或项目特征的记忆任务中，孤独症个体记忆成绩优异，是因为孤独症个体在处理信息时会更多地关注项目本身的信息，而不是项目和背景的关系。关联记忆任务中其表现出来的关联记忆缺陷，则是由孤独症个体对项目信息的超高关注而导致其对关系信息的编码不足（Plaisted et al., 2003）。另一种猜想与 Plaisted 提出的泛化减弱理论（reduced generalization theory）相关。该理论指出，孤独症患者对不同项目之间共同信息的敏感性降低，并且对刺激特有特征的敏感性增加，因此，孤独症个体不能完成分类任务，但有不错的项目记忆成绩（Gastgeb et al., 2009）。

（二）检索过程

检索过程损伤是指孤独症个体虽然对事件进行了完整的记忆，但是不能运用相关的关联信息进行提取和检索。孤独症个体在进行自由回忆时记忆损伤显著，但如果外界在回忆阶段可以提供一定的提示性支持，孤独症个体的回忆水平就会显著提高。例如，在孤独症个体对同语义类别的词汇进行回忆时给予类

别标签（你看过哪些交通工具的单词）这样的检索线索，会显著促进孤独症个体对单词或图片的回忆，虽然在配对单词回忆的过程中，这样的检索线索支持并没有起到显著的促进作用。

1992 年，Moscovitch 提出检索由两个主成分组成：一个是自动联结成分；另一个是策略努力成分（Moscovitch，1992）。Maister 等（2013）的研究显示，实验任务对关联信息的需求越大，正常个体就会越青睐使用自动联结成分，而孤独症个体与常人在自动联结检索与策略努力检索之间的策略运用上存在差异。孤独症个体不能像常人一样很好地利用自动联结成分，反而更倾向利用策略努力成分。也有人提出，孤独症患者的自动联结成分受到了损伤，所以他们用策略努力成分来进行一定程度的代偿（Maister et al.，2013）。

二、孤独症情景记忆损伤的神经基础

孤独症是一个具有复杂神经学基础的疾病，为了不停留在行为表现层面上了解孤独症患者的情景记忆障碍，研究者采取了一系列技术来直接研究与孤独症个体情景记忆损伤有关的脑区异常，这将有助于我们更深入地了解孤独症个体情景记忆损伤的本质，进而制定出一系列相对应的教育策略，甚至是研制出相应的生物技术来改善孤独症个体的情景记忆损伤。

随着神经影像学的进步，多种研究技术被用于探讨孤独症个体大脑的异常，如功能磁共振成像（functional magnetic resonance imaging，fMRI）、结构磁共振成像（structure magnetic resonance imaging，sMRI）、扩散张量成像（diffusion tensor imaging，DTI）、功能性近红外光谱（functional near infrared spectroscopy，fNIRS）成像等脑成像技术。研究显示，孤独症个体不仅在与情景记忆相关的脑区出现了形态学上的异常，如全脑体积、全脑发育程度以及脑白质和灰质微观结构的异常，还出现了与情景记忆相关的脑区功能连接异常，宏观上主要表现为局部连接异常，远程连接减少。

下面将总结近年关于孤独症个体情景记忆损伤的脑结构异常和脑功能异常的研究成果。

（一）脑结构异常与孤独症个体情景记忆损伤

1. 全脑结构发育异常

孤独症谱系障碍是一组神经发育障碍，孤独症个体全脑的先天结构是不同于正常人的全脑结构的。通过采用神经成像技术，我们发现，孤独症个体的脑发育随着年龄的增长，并未按照正常人的发展趋势发育（Brezis，2015）。从出生到童年早期，孤独症个体的脑部发育表现为异常加速，有研究表明，25%～30%的孤独症儿童在1～2岁时的大脑体积相比于正常儿童异常增大，因此该时期会出现很多罹患巨头症的孤独症儿童（Preston & Eichenbaum，2013）。从童年期到青春期早期，孤独症个体的脑部发育相对于正常同龄人则开始变得迟缓。青春期一开始，孤独症个体的脑部发育便出现了停滞的现象，此时孤独症个体的脑部发育其实是不成熟的，脑体积会比正常同龄人显著减小。

结构的异常必然会导致功能上的一些缺陷，但目前还没有研究将孤独症个体的结构异常与功能异常一一对应，也就是说，孤独症个体情景记忆损伤的具体功能缺陷与相对应的脑结构缺陷之间的因果关系还不是很明朗。

2. 脑白质和灰质微观结构异常

前人研究发现，大脑白质与灰质的成熟与工作记忆存在关联，而情景记忆的前期过程与工作记忆也是分不开的，因此我们有理由推测，大脑白质与灰质的异常也可能是孤独症个体情景记忆损伤的部分原因。研究人员通过结构磁共振成像发现，阿斯伯格综合征（孤独症的一种）青少年在剑桥自动化成套神经心理测试（Cambridge Neuropsychologica Test Automatic Battery，CANTAB）任务下的脑灰质和白质体积与正常被试相比存在异常，具体表现为，阿斯伯格综合征患者左侧额中回和右侧楔前叶中部灰质体积增大，右侧楔前叶边缘灰质体积减小，而且双侧额中回、左侧舌状回、右侧中央前回白质体积增大，左侧扣带回白质体积减小。其中，楔前叶灰质和中央前回白质与空间工作记忆明显相关（Kaufmann et al.，2013）。另有研究发现，孤独症个体大脑右侧颞顶连接和左侧额叶的分数各向异性（fractional anisotropy，FA）值显著低于正常被试，并且两侧颞上回功能连接的降低与颞叶灰质体积的减小有关（Sophia et al.，2013）。此外，在对高功能孤独症个体大脑白质进行研究时发现，孤独症青少年组的FA值下降了，尤其表现在额叶至枕叶的纤维束和上下纵向纤维束上（Wolff et al.，2012）。另外，综合目前扩散张量成像的研究结果可以发现，孤独症儿童相比于正常人的白质微观结构异常，其中可能与情景记忆损伤有关的异常区域主要集中在额叶、颞叶和顶叶。这些脑区微观结构的异常和社会认知密切相关，这一结果也支持孤独症人群中脑区之间连接异常的学说，其中也包括情景记忆脑网络连接异常。这些脑区与情景记忆有关，但目前还没有研究证实情景记忆任务下灰质和白质的异常与记忆功能的损伤之间是否存在关系。

（二）脑功能异常与孤独症个体情景记忆损伤

为促进我们对于孤独症个体情景记忆损伤神经基础的理解，功能磁共振成像以其无损伤、可多次重复检测、多参数成像、可获得多方面的信息（如组织结构信息、代谢信息以及脑功能活动的信息）等优势，在近年来受到了孤独症研究者的关注。但是其中真正以情景记忆为实验任务的研究不多，更多的研究还是集中在工作记忆、语义记忆、线索记忆、关联记忆、执行功能等与情景记忆相关的方面。

经典的孤独症个体脑功能连接分析中，常常使用远程连接（long-distant connectivity）和局部连接（local connectivity）来区分不同空间距离的脑区之间的信息交流。远程连接是指在解剖学上相距较远（一般为 14 毫米以上）的脑区间的功能连接，是反映脑区间信息整合的指标；局部连接是指感兴趣区与其相邻脑区（一般为 14 毫米以内）间的功能连接，是反映局部信息交流的指标。

1. 局部脑功能连接异常

在正常个体中，广泛的脑区网络被认为在情景记忆的回忆中起作用，包括颞叶内侧、后顶叶皮层（posterior parietal cortex，PPC）和前额叶皮层（Rugg et al.，2013；Kim，2016）。前额叶皮层与记忆表征的编码策略和检索策略有关，还与工作记忆和事后监测有关（Badre & Wagner，2007；Blumenfeld & Ranganath，2007）；颞叶内侧的海马与关系编码（Kim，2016）和回忆（Badre & Wagner，2007）有关；PPC 则被认为涉及检索期间细节记忆的即时表征（Kuhl & Chun，2014；Bonnici et al.，2016）。在近年来涉及神经学典型个案的研究中，我们发现，海马和 PPC 在回忆成功和记忆的精确度上存在分离（Richter et al.，2016）。这些发现是有行为表现依据的，因为行为研究已经间接对应了孤独症个体中所有上述大脑区域，例如，海马功能障碍对应编码缺陷（Bowler et al.，2014），前额叶功能障碍导致在记忆中整合和监控信息的能力降低（Cooper et al.，2016）。尽管研究者已经对孤独症个体情景记忆缺陷的神经基础（Cooper et al.，2015）进行了探索，但是这些结论仍然需要后续研究的检验。

事实上，迄今为止只查到几项研究使用功能磁共振成像技术来探索孤独症个体情景记忆过程中的局部脑功能连接差异，涉及编码和检索过程。研究结果显示，编码过程中的局部脑功能连接减少，而检索过程中的局部脑功能连接增加。有研究发现，情景记忆的编码过程中额叶侧面活动增强了，但前额叶活动和随后的回忆之间没有关系，这与在正常个体中观察到的两者呈正相关形成对比（Gaigg et al.，2015）。有研究表明，默认模式网络（default mode network，DMN）节点之间的功能连接减弱是孤独症个体在自我投射和社会认知方面存在缺陷的基础（Washington et al.，2014）。又有研究表明，孤独症个体在动态的社会刺激（如以视频和点光形式显示的人、移动的几何形状）而非静态图像呈现时，在功能定位的右侧梭状回区域出现选择性缺失，包括梭形面区（Weisberg et al.，2014）。同时，还有研究表明，孤独症个体在对随后要求回忆的以社会（脸）形式呈现的物体进行编码时，双侧额下回、双侧额中回和右下顶叶的激活明显减少，并且正常人右侧额下回的神经激活与记忆功能呈正相关，而在孤独症个体身上则呈负相关（Greimel et al.，2012）。这两个研究结果充分解释了为什么孤独症儿童对人物信息的回忆存在缺陷。另外，关于情景记忆检索阶段的研究中，额叶-顶叶控制网络（fronto-parietal control network，FPCN）的连接性在有意识的回忆中增加（Schedlbauer et al.，2014）；DMN 和 FPCN 连接性的动态增加有助于产生更加灵活的目标导向行为（Zanto & Gazzaley，2013），有助于情景记忆检索（Westphal et al.，2016），局部脑功能连接的广泛增加，特别是涉及海马等，似乎对于促进情景记忆检索是很重要的。

其他可能帮助理解孤独症个体情景记忆的神经基础的相关研究集中在执行功能和工作记忆的功能磁共振成像研究上，例如，研究者在孤独症个体工作记忆和问题解决期间观察到额叶和顶叶的活动减少（Solomon et al.，2015），与正常个体相比，随着任务复杂性的增加，孤独症个体在这些脑区的活动增加得较少（Vogan et al.，2014；Simard et al.，2015）。因此，额叶和顶叶区域的功能障碍可能导致了孤独症个体对于回忆检索方式自上而下控制的减少。

2. 远程脑功能连接异常

最近的影像学研究表明，对孤独症个体包括情景记忆在内的信息处理损伤最好的解释是远程功能连接的损伤，而不是某个脑区特定的激活问题，即局部脑功能连接（Barendse et al.，2013）的问题。诸多研究已经证实，孤独症个体的额叶-顶叶控制网络内与任务相关的功能连接减少（Yamada et al.，2012），其中包括侧前额叶和下顶叶皮层。例如，已经有研究发现，孤独症个体与正常个体表现出类似的脑区活动，但是在内隐学习期间，孤独症个体的额叶和大脑后部区域之间的功能连接减少（Schipul & Just，2016）。类似地，在情景记忆任务中，孤独症个体的内在 DMN 的功能连接也可能减少，包括内侧前额叶皮层（medial prefrontal cortex，MPFC，DMN 的一部分）、后扣带回和顶叶后皮层等，这些区域已被证实与孤独症个体的工作记忆缺陷相关（Chien et al.，2016）。

此外，对正常人群的情景记忆的研究越来越多地集中在全脑网络动力学上，全脑网络动力学被认为是情景记忆检索的重要调节者。全脑网络的功能连接强度，尤其涉及海马和内侧前额叶皮层等重要枢纽，对情景记忆的回忆特别重要（Robin et al.，2015），并可促进检索成功（Schedlbauer et al.，2014；King et al.，2015）。然而，迄今很少有研究考察孤独症个体在长时记忆的编码和检索过程中的远程脑功能连接。

在 Cooper 等（2017b）的一项研究中，成年孤独症个体和正常成年人都需要完成一个记忆任务，在这个任务中，他们使用电脑重新创建之前学习过的图片中的物体颜色、方向和位置。功能磁共振成像使我们能够检测孤独症个体与正常对照组在记忆编码和检索阶段相关的神经活动中的差异，以及他们在检索成功和记忆精确性上的差异，另外，还能够使我们在记忆编码和检索任务期间，评估事先定义的情景记忆脑区和两个重要脑网络——FPCN 和 DMN 的功能连接性。研究结果表明，海马在孤独症个体的记忆检索期间与其他脑区之间的功能连接呈广泛减少的趋势，但是似乎 FPCN 区域（如下中侧额中回）的减少是最显著的。此外，孤独症患者中表现出与海马连接减少的区域不仅有 FPCN，还包括颞中回，中扣带皮层和尾状核等已被证明是与孤独症个体的认知和行为适应性障碍相关联的区域。这些结果强调，孤独症个体的记忆缺陷是由于与检索相关的脑功能损伤降低了回忆成功的概率（Cooper et al.，2017b）。

DMN 在静息状态时是最活跃的，参与了像情景记忆、预期和心理理论等这样的自我投射和社会认知过程。DMN 由几个分散的皮层节点组成，包括前扣带回、内侧前额叶皮层和后扣带回皮层（posterior cingulate cortex，PCC）等。一项研究（Washington et al.，2014）发现，孤独症儿童 DMN 节点之间的功能连接减少，且这些远程脑功能连接在青春期并不发展，这与正常儿童的 DMN 功能连接随年龄增长而呈抛物线增长形成鲜明对比。这些发现支持了孤独症个体的"发育断连模型"。该研究中还提到了 2010 年的一项研究结果：孤独症患者在 DMN 相关的额叶皮层区域内的长距离的轴突连接减少，短距离的轴突连接增加，包括前扣带回（anterior cingulate cortex，ACC）。

（三）孤独症个体情景记忆脑功能连接损伤的影响因素

1. 年龄

研究发现（Washington et al.，2014），正如突触产生的轨迹一样，节间 DMN 功能连接的增加在正常发育儿童中是一个关于年龄的二次函数，并且在 11～13

岁达到峰值。在孤独症儿童中，这些远程连通性在青春期并不发展。值得注意的是，在6~9岁的儿童中，DMN网络中的连通性没有群体差异，相反，这些差异发生在后期。这些发现支持了孤独症个体的"发育断连模型"，为孤独症个体情景记忆损伤的心理理论假说提供了一个可能的解释机制，并且拓宽了之前关于有效治疗孤独症个体情景记忆损伤的研究方向。另外，正如上文所提到的一样，孤独症个体的大脑发育也不同于正常儿童的发展轨迹（Brezis，2015），因此，在正常儿童发展其大部分皮层突触时，孤独症儿童的突触结构未能增加到满足DMN中远距离皮层功能连接性的程度。综上所述，年龄对于理解孤独症个体情景记忆损伤的脑神经基础是很关键的。

2. 精神药物

在孤独症研究中，大部分孤独症被试都正在服用各种精神药物，对服药儿童进行神经影像学研究是常见的做法（Rudie et al.，2011）。但是，精神药物可能会增加、减少或不改变DMN功能连接性能。比如，有研究提到（Washington et al.，2014），选择性血清素再吸收抑制剂（selective serotonin reuptake inhibitors，SSRIs，一种抗抑郁药物）和抗精神病药物可能会减少DMN连接，但是精神兴奋剂会使DMN和执行功能网络之间的关系正常化。鉴于这些药物对DMN的各种相互矛盾的作用，其累积效应似乎不太可能减少DMN中的节间连接性并增加视觉-运动网络以及DMN中的节内连接性。局部连接性的增加以及仅在年龄较大孤独症儿童中表现出的远程连接性的减少均不太可能是药理学作用的结果，但这一结论只在统计分析的角度上是符合逻辑的。

第三节　孤独症儿童情景记忆发展的影响因素

影响孤独症个体记忆的因素有很多。我们之前提到过，孤独症个体在智力、口头表达能力等方面都存在明显的缺陷。因此，在进行研究时，实验者都会在最初就对孤独症个体和正常发育个体进行年龄、智力、口语等方面的筛选和匹配。但除此之外，还有一些其他因素会影响孤独症个体的情景记忆表现。接下来，我们会从任务要求和执行功能水平两个方面对孤独症个体情景记忆成绩的影响因素进行阐述。

一、任务要求对情景记忆加工过程的激活

在相同的实验程序中，增减或修改一个实验条件就可能得到不同的实验结果。对于存在认知障碍的孤独症患者的实验，就更应注意各变量的筛选与控制。我们对上节所述的这些实验相似但结果不同的研究进行收集与总结，从编码和检索过程的要求与提示、内隐和外显记忆的测验、项目记忆的认知需求三方面对孤独症个体情景记忆表现的影响因素进行分析。

（一）编码和检索过程的要求与提示

在上一节中，我们提到了孤独症个体情景记忆的损伤是由在记忆加工的编码和（或）检索过程中无法对关联信息进行加工导致的。因此，实验任务中是否要求特定编码策略或在检索时是否提供关联信息，对孤独症个体的情景记忆表现有很大影响。

Russell 和 Jarrold（1999）及 Williams 和 Happé（2009）的实验对比揭示了编码策略对孤独症个体记忆成绩的影响。两个实验流程大致相同。在学习阶段，孤独症和发育正常儿童需要对把卡片放在游戏板上的人（自己或是实验者）进行记忆，随后他们需要判断每张卡片是谁放置的。Russell 和 Jarrold（1999）的结果显示，与发育正常儿童相比，孤独症儿童存在非常显著的来源记忆缺陷，而在 Williams 和 Happé（2009）的研究结果中，这种情况并不显著。这两个实验的区别在于 Williams 和 Happé 研究中的被试包括一些智力较高的孤独症儿童，同时他们将卡片数量从 24 个增加到 32 个。因为当时已有的研究结果显示，在该实验中，智力对记忆的影响不大，所以，他们认为结果的差异是由于在进行后一个研究时鼓励孤独症儿童对图片位置进行口头描述，孤独症个体可能采用了更详细的编码策略，从而得到了更好的成绩（Williams & Happé，2009）。

（二）内隐和外显记忆的测验

测试成绩也依赖于学习实验材料时被试进行的是内隐记忆还是外显记忆，一些研究者认为，这会对孤独症个体的关联记忆成绩产生影响。孤独症个体的记忆困难往往在需要主动检索学习信息的外显记忆测试中更加明显，而在意识之外的内隐记忆并不受损（Bowler et al.，2004）。有关孤独症个体外显记忆的研究

结果的差异部分，可能是由内隐记忆在不同记忆范式中发挥的作用不同导致的。

Bowler 等在 2004 年进行了一项有关阿斯伯格综合征成年（27～40 岁）患者的支持情景记忆的实验。实验自变量包括年龄（高、低年龄段）、被试状况（正常发育个体或阿斯伯格综合征患者）、来源支持的存在（自己回忆或进行选项间选择）以及编码主动性（即呈现方式，包括主动编码和被动编码）。在实验开始前，被试被告知对屏幕上的文字进行记忆且随后会测试。在主动编码时，被试需按照 4 种要求对屏幕上的每个单词进行思考并告诉主试自己的答案。4 种要求分别为思考意义相关的单词、思考目前进行的活动、思考与目标词押韵的单词以及思考长于单词字母的单词。目标单词会出现在电脑屏幕上并由主试读出。共 24 个单词，每个单词呈现 5 秒，两两单词的间隔时间为 1 秒。随后进行 10 分钟的对话干扰活动。在测试阶段，被试需要对单词进行是否学过的判断，并对自己做的活动进行回忆（无支持）或选择（有支持）。在被动编码时，单词会出现在实验的顶部、底部，由男生或女生读出。研究表明，当在实验中对阿斯伯格综合征患者进行来源支持时，其来源记忆表现没有损伤，与正常人的表现几乎相同（Bowler et al.，2004）。

（三）项目记忆的认知需求

对项目记忆的认知需求会影响孤独症个体情景记忆成绩这一结论是近期刚发现的。人们一直认为项目记忆与关联记忆是双分离的两个成分，两者有不同的记忆机制，由不同的脑区进行加工。在这种前提下，如果孤独症个体的项目记忆完好而关联记忆有损伤，那么增加项目记忆的题目数量，即增加项目记忆的认知需求，关联记忆的成绩应不受影响。然而，最近 Semino 等（2018）的实验结果显示，当项目记忆的难度增加后，孤独症个体的关联记忆成绩也相应下降。

Semino 等的实验材料为 150 张日常物体图片，物体分为多种类别（如水果或汽车），且每种类别的物体图片平均分布在各个阶段。在学习阶段，电脑屏幕上会在 4 个或 8 个位置（位置分别是屏幕 4 个角落，或 4 个角落和 4 个边的中间点）上依次呈现出 16 个或 32 个物体。物体在一个位置上出现 1 秒后会移动到屏幕中央。每个被试都会对每种条件进行学习，并被要求尽可能记住图片上的物体及其出现的位置。同其他实验一样，学习阶段后会插入一部分干扰实验。在记忆测验阶段，屏幕上会出现之前学习过或没学习过的图片，被试需对图片进行学习过或没学习过的反应。如果选择学习过，则要求他们在屏幕上选择学习图片时的位置，如果不记得位置则自己任意选择位置；如果被试认为没有学习过图片，则会进行下一个物体图片的识别。实验结果显示，当物体位置增加时，孤独症个体的关联记忆表现出了损伤，这可能是因为位置与项目之间关联的需求会不断增加。当增加物体数量时，孤独症个体的关联记忆表现仍旧出现损伤，这可能是因为增加物体数量也就增加了对项目记忆的需求，而随着这种项目记忆认知需求的增加，孤独症个体的关联记忆也会随之受到损害（Semino et al.，2018）。

二、执行功能

孤独症个体的执行功能损伤与否是现在孤独症研究的又一热点，而执行功能的损伤是否会影响孤独症患者的情景记忆成绩呢？目前有研究结果显示，孤独症个体情景记忆的成绩会受到任务要求中学习策略对执行功能的依赖程度的影响（Solomon et al.，2016）。

在 Maister 等的眼动实验中，孤独症儿童的执行能力与关联记忆呈显著相关，与项目记忆的相关不显著（Maister et al.，2013）。结合我们前文提到过的检索的两个主要成分，这可能表明孤独症儿童非典型地使用了策略努力成分去检索关联信息（而不是去检索具体的项目），而正常儿童更多地使用了自动化加工的方式。在孤独症组中，两个执行功能成分（工作记忆容量和定势转换能力）和关联记忆成绩有强关联，认知控制弱的人较认知控制强的人在关联记忆任务中的表现更糟糕。相比之下，孤独症组的执行功能与项目记忆测量成绩无关。在正常儿童组中，执行能力和任何记忆测量之间都没有关联。这些结果表明，具有良好执行功能的孤独症儿童能够非正式地使用某些执行过程进行关联记忆检索，这通常依赖于快速、自动、关联处理。执行功能成绩更好的儿童在关联学习测量方面的表现更好。

在上一节我们提到过的有关编码损伤的两个理论——孤独症患者会增强对项目的关注和 Plaisted 提出的泛化减弱理论，也显示了执行功能的重要性。在孤独症个体会增强对项目的关注这种理论之下，孤独症个体的前额叶皮层需要对项目记忆进行抑制，由此才能提高孤独症个体关联记忆的表现。Plaisted 提出的泛化减弱理论则需要前额叶执行功能中的腹侧 PFC 的激活，从而帮助孤独症个体进行更细致的检索，以达到关联记忆的正常表现。但是也有一些实验结果表明，执行功能与关联记忆没有关系或关系很弱。只有在正常群体中，执行功能的高低才与记忆成绩相关，而在孤独症群体中，这种相关不存在（Bowler et al.，2014）。

参 考 文 献

Badre, D., & Wagner, A. D. (2007). Left ventrolateral prefrontal cortex and the cognitive control of memory. *Neuropsychologia*, *45* (13), 2883-2901.

Barendse, E. M., Hendriks, M. P., Jansen, J. F., Backes, W. H., & Aldenkamp, A. P. (2013). Working memory deficits in high-functioning adolescents with autism spectrum disorders: Neuropsychological and neuroimaging correlates. *Journal of Neurodevelopmental Disorders*, *5* (1), 1-11.

Blumenfeld, R., & Ranganath, C. (2007). Prefrontal cortex and long-term memory encoding: An integrative review of findings from neuropsychology and neuroimaging. *The Neuroscientist*, *13* (3), 280-291.

Bonnici, H. M., Richter, F. R., Yazar, Y., & Simons, J. S. (2016). Multimodal feature integration in the angular gyrus during episodic and semantic retrieval. *Journal of Neuroscience*, *36* (20), 5462-5471.

Bowler, D. M., Gaigg, S. B., & Gardiner, J. M. (2008). Effects of related and unrelated context on recall and recognition by adults with high-functioning autism spectrum disorder. *Neuropsychologia*, *46* (4), 993-999.

Bowler, D. M., Gaigg, S. B., & Gardiner, J. M. (2014). Binding of multiple features in memory by high-functioning adults with autism spectrum disorder. *Journal of Autism and Developmental Disorders*, *44* (9), 2355-2362.

Bowler, D. M., Gardiner, J. M., & Berthollier, N. (2004). Source memory in adolescents and adults with Asperger's syndrome. *Journal of Autism and Developmental Disorders*, *34* (5), 533-542.

Bowler, D., Gaigg, S., & Lind, S. (2011). *Memory in Autism: Binding, Self and Brain*. Cambridge: Cambridge University Press.

Brezis, R., S. (2015). Memory integration in the autobiographical narratives of individuals with autism. *Frontiers in Human Neuroscience*, *9*, 1-4.

Chien, H. Y., Gau, S. S., & Tseng, W. Y. (2016). Deficient visuospatial working memory functions and neural correlates of the default-mode network in adolescents with autism spectrum disorder. *Autism Research*, *9* (10), 1058-1072.

Cooper, R. A., Plaisted-Grant, K. C., Baron-Cohen, S., & Simons, J. S. (2016). Reality monitoring and metamemory in adults with autism spectrum conditions. *Journal of Autism and Developmental Disorders*, *46* (6), 2186-2198.

Cooper, R. A., Plaisted-Grant, K. C., Baron-Cohen, S., & Simons, J. S. (2017a). Eye movements reveal a dissociation between memory encoding and retrieval in adults with autism. *Cognition*, *159*, 127-138.

Cooper, R. A., Plaisted-Grant, K. C., Hannula, D. E., Ranganath, C., Baron-Cohen, S., & Simons, J. S. (2015). Impaired recollection of visual scene details in adults with autism spectrum conditions. *Journal of Abnormal Psychology*, *124*（3）, 565-575.

Cooper, R. A., Richter, F. R., Bays, P. M., Plaisted-Grant, K. C., Baron-Cohen, S., & Simons, J. S.（2017b）. Reduced hippocampal functional connectivity during episodic memory retrieval in autism. *Cerebral Cortex*, *27*, 888-902.

Crane, L., & Goddard, L.（2008）. Episodic and semantic autobiographical memory in adults with autism spectrum disorders. *Journal of Autism Developmental Disorders*, *38*, 498-506.

Gaigg, S. B., Bowler, D. M., Ecker, C., Calvo-Merino, B., & Murphy, D. G.（2015）. Episodic recollection difficulties in asd result from atypical relational encoding: Behavioral and neural evidence. *Autism Research*, *8*（3）, 317-327.

Gaigg, S. B., Gardiner, J. M., & Bowler, D. M.（2008）. Free recall in autism spectrum disorder: The role of relational and item-specific encoding. *Neuropsychologia*, *46*（4）, 983-992.

Gastgeb, H. Z., Rump, K. M., Best, C. A., Minshew, N. J., & Strauss, M. S.（2009）. Prototype formation in autism: Can individuals with autism abstract facial prototypes? *Autism Research*, *2*, 279-284.

Greimel, E., Nehrkorn, B., Fink, G. R., Kukolja, J., Kohls, G., Müller, K., et al.（2012）. Neural mechanisms of encoding social and non-social context information in autism spectrum disorder. *Neuropsychologia*, *50*（14）, 3440-3449.

Kaufmann, L., Zotter, S., Pixner, S., Starke, M., Haberlandt, E., Steinmayr-Gensluckner, M., et al.（2013）. Brief report: CANTAB performance and brain structure in pediatric patients with asperger syndrome. *Journal of Autism & Developmental Disorders*, *43*（6）, 1483-1490.

Kim, H.（2016）. Default network activation during episodic and semantic memory retrieval: A selective meta-analytic comparison. *Neuropsychologia*, *80*, 35-46.

King, D. R., De Chastelaine, M., Elward, R. L., Wang, T. H., & Rugg, M. D.（2015）. Recollection-related increases in functional connectivity predict individual differences in memory accuracy. *Journal of Neuroscience*, *35*（4）, 1763-1772.

Kuhl, B. A., & Chun, M. M.（2014）. Successful remembering elicits event-specific activity patterns in lateral parietal cortex. *Journal of Neuroscience*, *34*（23）, 8051-8060.

Maister, L., Simons, J. S., & Plaisted-Grant, K.（2013）. Executive functions are employed to process episodic and relational memories in children with autism spectrum disorders. *Neuropsychology*, *27*（6）, 615-627.

Moscovitch, M.（1992）. Memory and working-with-memory: A component process model based on modules and central systems. *Journal of Cognitive Neuroscience*, *4*（3）, 257-276.

Plaisted, K., Saksida, L., & Weisblatt, E.（2003）. Towards an understanding of the mechanisms of weak central coherence effects: Experiments in visual configural learning and auditory perception. *Philosophical Transactions of the Royal Society of London*, *358*（1430）, 375-386.

Preston, A., & Eichenbaum, H.（2013）. Interplay of hippocampus and prefrontal cortex in memory. *Current Biology*, *23*（17）, 764-773.

Richter, F. R., Cooper, R. A., Bays, P. M., & Simons, J. S. (2016). Distinct neural mechanisms underlie the success, precision, and vividness of episodic memory. *eLife*, *5*, e18260.

Ring, M., Gaigg, S. B., & Bowler, D. M. (2015). Object-location memory in adults with autism spectrum disorder. *Autism Research*, *8* (5), 609-619.

Ring, M., Gaigg, S. B., & Bowler, D. M. (2016). Relational memory processes in adults with autism spectrum disorder. *Autism Research*, *9* (1), 97-106.

Robin, J., Hirshhorn, M., Rosenbaum, R. S., Winocur, G., Moscovitch, M., & Grady, C. L.(2015). Functional connectivity of hippocampal and prefrontal networks during episodic and spatial memory based on real-world environments. *Hippocampus*, *25* (1), 81-93.

Rudie, J. D., Shehzad, Z., Hernandez, L. M., Colich, N. L., Bookheimer, S. Y., & Iacoboni, M., et al.(2011). Reduced functional integration and segregation of distributed neural systems underlying social and emotional information processing in autism spectrum disorders. *Cerebral Cortex*, *22* (5), 1025-1037.

Rugg, M. D, & Vilberg, K. L. (2013). Brain networks underlying episodic memory retrieval. *Current Opinion in Neurobiology*, *23* (2), 255-260.

Russell, J., & Jarrold, C. (1999). Memory for actions in children with autism: Self versus other. *Cognitive Neuropsychiatry*, *4*, 303-331.

Schedlbauer, A. M., Copara, M. S., Watrous, A. J., & Ekstrom, A. D. (2014). Multiple interacting brain areas underlie successful spatiotemporal memory retrieval in humans. *Scientific Reports*, *4*, 6431.

Schipul, S. E., & Just, M. A. (2016). Diminished neural adaptation during implicit learning in autism. *Neuroimage*, 125, 332-341.

Semino, S., Ring, M., Bowler, D. M., & Gaigg, S. B.(2018). The influence of task demands, verbal ability and executive functions on item and source memory in autism spectrum disorder. *Journal of Autism and Developmental Disorders*, *48* (1), 184-197.

Simard, I., Luck, D., Mottron, L., Zeffiro, T. A., & Soulières, I. (2015). Autistic fluid intelligence: Increased reliance on visual functional connectivity with diminished modulation of coupling by task difficulty. *Neuroimage Clinical*, *9*, 467-478.

Solomon, M., Mccauley, J. B., Iosif, A. M., Carter, C. S., & Ragland, J. D.(2016). Cognitive control and episodic memory in adolescents with autism spectrum disorders. *Neuropsychologia*, *89*, 31-41.

Solomon, M., Ragland, J. D., Niendam, T. A., Lesh, T. A., Beck, J. S., & Matter, J. C., et al. (2015). A typical learning in autism spectrum disorders: A functional magnetic resonance imaging study of transitive inference. *Journal of the American Academy of Child & Adolescent Psychiatry*, *54* (11), 947-955.

Sophia, M., Daniel, K., Samson, A. C., Valerie, K., Janusch, B., & Michel, G., et al. (2013). Convergent findings of altered functional and structural brain connectivity in individuals with high functioning autism: A multimodal MRI study. *Plos One*, *8* (6), e67329.

Vissers, M. E., Cohen, M. X., & Geurts, H. M.（2012）. Brain connectivity and high functioning autism: A promising path of research that needs refined models, methodological convergence, and stronger behavioral links. *Neuroscience & Biobehavioral Reviews*, *36*（1）, 604-625.

Vogan, V. M., Morgan, B. R., Lee, W., Powell, T. L., Smith, M. L., & Taylor, M. J. （2014）. The neural correlates of visuo-spatial working memory in children with autism spectrum disorder: Effects of cognitive load. *Journal of Neurodevelopmental Disorders*, *6*（1）, 19.

Washington, S. D., Gordon, E. M., Brar, J., Warburton, S., Sawyer, A. T., & Wolfe, A., et al.（2014）. Dysmaturation of the default mode network in autism. *Human Brain Mapping*, *35*（4）, 1284-1296.

Weisberg, J., Milleville, S. C., Kenworthy, L., Wallace, G. L., Gotts, S. J., & Beauchamp, M. S., et al.（2014）. Social perception in autism spectrum disorders: Impaired category selectivity for dynamic but not static images in ventral temporal cortex. *Cerebral Cortex*, *24*（1）, 37-48.

Westphal, A. J., Reggente, N., Ito, K. L., & Rissman, J.（2016）. Shared and distinct contributions of rostrolateral prefrontal cortex to analogical reasoning and episodic memory retrieval. *Human Brain Mapping*, *37*（3）, 896-912.

Williams, D., & Happé, F.（2009）. Pre-conceptual aspects of self-awareness in autism spectrum disorder: The case of action-monitoring. *Journal of Autism and Developmental Disorders*, *39*（2）, 251-259.

Wolff, J. J., Hongbin, G., Guido, G., Elison, J. T., Martin, S., & Sylvain, G., et al.（2012）. Differences in white matter fiber tract development present from 6 to 24 months in infants with autism. *American Journal of Psychiatry*, *169*（6）, 589-600.

Yamada, T., Ohta, H., Watanabe, H., Kanai, C., Tani, M., & Ohno, T., et al.（2012）. Functional alterations in neural substrates of geometric reasoning in adults with high-functioning autism. *Plos One*, *7*（8）, e43220.

Zanto, T. P., & Gazzaley, A.（2013）. Fronto-parietal network: Flexible hub of cognitive control. *Trends in Cognitive Sciences*, *17*（12）, 602-603.

第三章 儿童情景记忆发展的
影响因素研究

从宏观角度来看，以往对儿童来源记忆的研究主要集中在两个方面，分别是外部因素和内部因素（杨志新，1997）。外部因素主要包括目击者或调查者效应、事件后信息的影响（事件发生后无关信息的干扰）；内部因素主要包括儿童的智力发展、现有知识和经验以及元认知监测能力。研究发现，儿童区分来源信息同样受到自身倾向性和任务要求的影响。例如，当前国内的一些研究任务要求被试做出准确的来源判断（法庭证人），但是另一些任务则指向其他目标（如讲述故事内容），却较少关注信息的获得途径，即信息来源（薛燕飞和李元建，2007）。本章将结合以往研究，总结情景记忆的影响因素，深化研究者对情景记忆的认识。

第一节　情　境　因　素

生活中，人们可能会想起某个人名，却忘记在什么时间或者地点见过此人；记得自己之前停过车（事件），却忘记停车的具体地点。以上事件均表明，人们的记忆过程不仅存在对项目内容的记忆，还存在来源记忆，即对事物背景细节的记忆。例如，事件发生的时间和地点、面孔对应的名字和出现的具体环境，这些信息都是生活中不可缺少的来源记忆。当正确的项目记忆和来源记忆产生一一对应的关系时，人们会对内容和背景信息进行联结，产生联结记忆。了解情景记忆的影响因素，对理解情景记忆中的各个成分有着重要的作用。

一、时间和空间因素对儿童情景记忆的影响

Lee 等（2016）的研究旨在考察儿童的项目与空间、项目与时间绑定能力的发展问题，他们选取 7～11 岁儿童组和成年组进行比较，主要考察四种绑定类型，分别是项目与空间、项目与时间、项目与项目以及单个项目，对每种绑定类型分别进行五次学习和测试，探究儿童在项目间绑定能力的发展。研究发现，对于幼儿来说，项目与空间关系的准确率最高，对其记忆最容易，并且项目与空间绑定能力将在项目与时间绑定能力之前达到成人水平。具体来说，9 岁儿童的项目与空间绑定能力达到了成人水平，11 岁儿童的项目与时间绑定能力达到了成人水平。

随后，Guillery-Girard 等（2013）也发现了相似的研究结果。Guillery-Girard 等认为，儿童的时间和空间联结记忆能力存在差异，可能与儿童语言和组织策略的发展有关（Romine & Reynolds，2004）。儿童处在语言发展的快速期和关键期，语言和组织策略有助于儿童对发生的事件进行时间和空间标记，从而有助于记忆发展。儿童的时间记忆发展往往取决于非语言的情景绑定能力，这种能力涉及更高级的、较晚成熟的抽象认知过程。因此，儿童的项目与时间绑定能力落后于项目与空间绑定能力。

结合以往研究发现，虽然儿童的项目与时间绑定能力和项目与空间绑定能

力存在年龄差异，但是这两种绑定能力并非完全分离。通过个体差异分析发现，不同项目的绑定过程可能激活相同的脑区，即海马。海马是情景记忆加工依赖的主要脑区，时间和空间信息均需要通过神经环路传递到海马完成绑定（Konkel & Cohen，2009）。

二、项目加工深度对儿童情景记忆的影响

情景记忆的回忆成绩与个体所处的环境和任务要求有关，人们会根据不同的任务要求，对识记材料进行不同深度的认知加工（Rasch et al.，2007）。例如，Rasch 等（2007）认为，人们会根据不同记忆任务的要求对学习材料进行不同深度的加工，这种学习深度会直接影响人们之后的回忆成绩。该研究选取小学一年级被试，让他们学习两段课文内容，学习结束后要求被试回忆学习内容及相应的段落。实验分为两组，实验组的任务是准确识记原文的单词；对照组的任务是识记故事的大概内容。结果发现，与对照组相比，实验组回忆的故事内容更多、更准确。但是，两组儿童对相应段落的回忆分数并无显著差异。该研究结果表明，加工深度会显著影响学习者的项目记忆，但对段落的来源记忆并无显著影响。

可见，在学校教育中，教师应尽量对学生提出具体的学习要求，以增加学生对信息的加工深度，提高项目记忆的编码程度。

三、价值导向记忆的影响

人们会选择将注意资源分配给自己认为重要的事件上，即高价值信息会被分配到更多的学习时间（Hargis & Castel，2017）。价值对记忆的影响不应该仅从信息的选择上进行界定，还应该包括对记忆过程的监测和控制（严燕和姜英杰，2013）。也就是说，在有限时间内，个体要将自身利益最大化，就要选择高价值信息进行编码，这个过程往往会涉及对记忆的监测和控制，即元认知过程。前者是个体根据当前信息价值的高低，直接选择高价值信息进行编码；而后者更偏向于元认知能力，包括对注意资源的分配和选择、对学习效果的监测、对记忆成绩的判断等方面，有研究开始探索价值导向记忆（value-directed remembering，VDR）在情景记忆中的监测和控制作用。

价值导向记忆是指，相较于低价值信息，人们会选择性地分配注意及认知资源给高价值信息的记忆活动（Castel et al.，2011a）。这就意味着学习材料的

价值会影响项目选择，个体会优先选择具有高价值的材料进行信息加工，再选择低价值材料（Matzke et al.，2015）。个体不仅要识记每个项目是什么，还要识记每个项目对应的价值，两者产生对应的联结。在生活中，人们往往会面临众多信息选择，个体则需要激活这种价值联结以做出选择。例如，在考试过程中，考生就要选择分数多且自己又有能力可以解决的问题优先进行回答。人们能形成项目和价值之间的联结，实际上是绑定加工在发挥作用，绑定加工能力是情景记忆发展的基础（Lee et al.，2016）。

研究常采用学习判断作为考察价值对元记忆影响的监测指标。学习判断是被试对自身记忆成绩的监测过程，需要对自身的记忆状况进行评估。Koriat 和 Bjork（2006）采用词对的相关性和分值高低，旨在考察价值对学习判断的影响。结果发现，无论是相关词对还是无关词对，被试对高分值的词对会给予较高的学习判断，具有更好的学习成绩。

价值对元记忆的影响也反映在元记忆控制的研究中，研究主要采用学习时间分配以考察价值对元记忆控制的影响。研究发现，人们往往会分配更多的时间给高分数的学习项目（Koriat et al.，2006；Ariel et al.，2009）。价值对元记忆控制的影响比较稳定，Ariel 等（2009）发现，个体在进行项目选择时，奖励驱动的作用要大于难度驱动的作用。也就是说，被试会优先考虑项目的价值，而不是项目的难度，对价值高的项目会分配更多的学习时间。

第二节　个　体　因　素

一、年龄

（一）情景记忆各成分的发展存在年龄梯度

情景记忆可被划分为项目记忆和联结记忆，项目记忆是对单个项目的记忆，联结记忆是对项目与项目、项目与背景信息之间关系的记忆。以往研究发现，情景记忆中各成分的发展存在年龄梯度（Riggins，2014）。例如，Riggins（2014）采用聚合交叉设计对（4、5、6岁，6、7、8岁，8、9、10岁）儿童追踪三年，主试每年向儿童讲述一个故事及其来源，儿童需要在一周以后接受回忆测试。结果发现，对于 4～10 岁的儿童来说，单个项目（故事或者来源）和正确组合（故事和来源）的记忆成绩都有显著的提高。具体而言，项目记忆以一种线性方式增长，但是联结记忆在 5～7 岁是加速变化的。由此，Riggins 认为联结记忆和项目记忆的发展均存在年龄梯度，并且 5～7 岁是儿童联结记忆发展的关键时期。

（二）价值对联结记忆发展的影响

Hargis 和 Castel（2017）考察了人们对社会价值信息的联结记忆能力是否存在年龄差异，研究采用具有不同社会价值的面孔、名字和职业作为实验材料，要求老年组和青年组进行学习并完成记忆测试任务。结果发现，被试对重要信息的回忆成绩并没有出现年龄差异，但是对不重要信息的回忆成绩会受到年龄因素的影响。也就是说，与老年组相比，青年组对不重要信息的价值联结记忆成绩更高。随后，该研究通过减少青年组的编码时间发现，被试对不重要信息的记忆成绩的年龄差异逐渐减小，青年组对不重要信息的记忆成绩会下降。研究表明，在识记社会性的联结信息时，老年人同样会采用价值导向策略，高价值信息的联结记忆成绩更高。

（三）联结记忆和价值选择随年龄变化出现分离

以往研究发现，基于价值的联结记忆能力和人们对重要信息的选择能力均随年龄的增长而发生变化。例如，Castel（2011b）考察了在整个生命周期中，个体从儿童期（5 岁）到老年期（96 岁）记忆重要信息的能力，即基于价值的联结记忆能力。研究使用选择性任务，即要求被试学习和回忆不同分值的项目，以最大限度地提高他们的得分。研究发现，记忆能力随儿童年龄的增长而不断提高，在青年期达到顶峰，之后随着年龄的增长而逐渐下降；但是基于价值的选择能力，即选择记住高价值信息的能力，在青年期和中老年期保持稳定，并且个体在青年期和老年期均比在青少年期和儿童期具有更强的基于价值选择信息的能力。研究表明，从人类毕生发展观而言，个体基于价值的联结记忆能力的发展和对重要信息选择能力的发展随年龄的增长会出现分离。

二、动机和情绪

大量研究表明，情绪会影响多种认知加工过程，包括记忆、语言理解以及决策判断（Osaka et al.，2013）。例如，词语的情绪性会影响人们对词语的理解（Brooks et al.，2017），人们更容易识别情绪面孔（Schirmer & Adolphs，2017），负性情绪会影响陪审团的判决（Nuñez et al.，2015），情绪会影响人们对单词颜色的感知（Kaya & Epps，2004）。这些研究表明，无论是人们对刺激的情绪感知（自下而上）还是自身的情绪状态（自上而下），都会对认知加工产生积极或者消极的影响（Dolcos & Denkova，2014）。相关研究还证实，不同动机强度的情绪对认知加工、认知分类、注意范围和来源记忆等均存在不同的影响，其中情绪对来源记忆的影响已得到国内外大量研究的证实（Johnson et al.，2010；Gasper & Clore，2002；Talarico et al.，2009；Isen & Daubman，1984）。

以往的研究主要从情绪维度（即效价和唤醒）对单个项目记忆进行考察（Chiu et al.，2013），通过脑成像技术揭示出两者之间的关系：首先，基于刺激本身（自下而上）的加工所产生的情绪会受到杏仁核（amygdala，AMY）和内侧颞叶的共同影响；其次，基于知识经验（自上而下）的加工所产生的情绪会受到前额叶皮层和外侧前额叶皮层（lateral prefrontal cortex，LPFC）的影响。探究多个情绪项目之间的捆绑关系，对更好地理解情绪的认知机制起重要作用。

多项目之间的绑定是情景记忆研究的核心（Lloyd et al.，2009），其受项目内容、材料性质和个体心理状态等多种因素的影响（Dougal & Rotello，2007；Li et al.，2004）。其中，被试情绪状态对情景记忆有影响（隋洁和吴艳红，2004）。这种影响既包括个体自身的情绪状态，又包括实验材料的情绪属性对被试情景记忆的影响（聂爱情和沈模卫，2007）。因此，目前大量研究聚焦于情景记忆绑定加工的情绪效应（Schmitter-Edgecombe & Seelye，2011）。

总结以往关于情绪和动机对情景记忆影响的研究发现，研究者对情绪的操控方式主要集中在个体的情绪状态、实验材料的情绪属性以及背景的情绪特点来进行研究，因此本部分也将从这三个方面入手讨论。

（一）个体的情绪状态

Li 等（2004）发现，个体的焦虑状态会对来源记忆起到破坏作用。研究选取不同焦虑状态的青年被试组和老年被试组，被试需要在不同声音来源条件下（男性或女性）学习虚假信息。实验一的学习材料为不符合常规表达的动词短语，实验二的学习材料为与实际不符的著名或非著名景点。结果发现，在老年组中，焦虑水平越高，回忆准确率越低。结果表明，焦虑情绪状态会抑制来源记忆的产生，具体来说，个体的消极情绪状态会抑制来源记忆的检索过程。

（二）实验材料的情绪属性

情绪材料对来源记忆存在促进或抑制作用（Dougal & Rotello，2007）。Doerksen 和 Shimamura（2001）使用不同情绪的词语来考察情绪刺激对来源记忆的影响。在该研究中，学习任务是将学习词语与不同颜色进行绑定，被试在完成学习任务后还要完成词语再认测试和对应颜色回忆测试。结果发现，词语的情绪性对再认成绩无显著影响，但是积极词和消极词的颜色回忆成绩显著高于中性词的成绩。该研究说明，材料的情绪性会促进相关背景的提取（Dougal & Rotello，2007；Mariko et al.，2013；Osaka et al.，2011）。

大量研究比较了情绪对回忆过程和熟悉过程的影响，结果表明，情绪会影响个体对事物的回忆过程，但不影响对事物的熟悉过程（McCullough & Yonelinas，2013）。与中性材料相比，被试对负性材料往往具有更高的回忆正确率（Phelps，2004）。但是，值得注意的是，情绪材料的记忆优势具有延迟性。也就是说，对识记材料立即进行测试，则情绪材料与中性材料的记忆成绩没有显著差异，但是随着测试间隔时间的延长，情绪材料的记忆优势逐渐显现（Sharot & Phelps，2004）。

（三）背景的情绪特点

以往研究发现，学习时背景的情绪特点会影响个体对学习词的记忆过程。Talmi 等（2007）认为，出现这种现象的原因是，与中性背景相比，情绪背景会得到个体更多的认知资源（如注意），导致出现情绪刺激的记忆优势。

Schmidt 和 Saari（2007）发现，目标词与情绪背景一起编码和检索时的记忆成绩要好于其与中性背景一起时的成绩。他们认为，这是由于相比于中性背景，情绪背景具有更高的区分性。当目标词出现在单一背景条件下时，这种情绪背景的区分性则会消失，情绪背景对记忆学习词的促进作用也将会消失，该观点也在随后的实验中得到证实。

如前所述，以往研究发现，与中性项目相比，情绪项目的记忆优势具有延迟性。但是，研究者在情绪背景的回忆测试中并没有发现这种优势（Sharot & Yonelinas，2008）。也就是说，无论是在立即还是延迟测试条件下，情绪背景的回忆成绩并没有显著差异。因此，情绪对项目回忆的影响会随时间变化，这种情绪效应并不可以被推广到背景回忆中。

综上所述，大量研究表明，情绪会促进个体对项目自身性质的回忆（视觉特征，如颜色）（Kensinger，2007），但是并不影响对背景和外周项目的回忆

（Mather & Nesmith，2008；Dougal et al.，2007）。

参 考 文 献

聂爱情，沈模卫.（2007）. 来源记忆与情绪. *心理科学, 30*（1），224-226.

隋洁，吴艳红.（2004）. 心理时间之旅——情景记忆的独特性. *北京大学学报(自然科学版),
40*（2），326-332.

薛燕飞，李元建.（2007）. 来源记忆及其相关研究概述. *精神医学杂志, 20*（3），188-190.

严燕，姜英杰.（2013）. 价值导向元记忆的研究：理论、方法与进展. *东北师大学报（哲学
社会科学版）,*（2），190-193.

杨志新.（1997）. 关于源检测研究的综述. *心理科学进展, 15*（2），2-6.

Ariel, R., Dunlosky, J., & Bailey, H.（2009）. Agenda-based regulation of study-time allocation：
When agendas override item-based monitoring. *Journal of Experimental Psychology：
General, 138*（3），432-447.

Bayen, U. J., & Kuhlmann, B. G.（2011）. Influences of source - item contingency and schematic
knowledge on source monitoring：Tests of the probability-matching account. *Journal of
Memory & Language, 64*（1），1-17.

Brooks, J. A., Shablack, H., Gendron, M., Satpute, A. B., Parrish, M. H., & Lindquist,
K. A.（2017）. The role of language in the experience and perception of emotion：A
neuroimaging meta-analysis. *Social Cognitive & Affective Neuroscience, 12*（2），169-183.

Castel, A. D., Lee, S. S., Humphreys, K. L., & Moore, A. N.（2011a）. Memory capacity,
selective control, and value-directed remembering in children with and without attention-
deficit/hyperactivity disorder（ADHD）. *Neuropsychology, 25*（1），15-24.

Castel, A. D., Humphreys, K. L., Lee, S. S., Galván, A., Balota, D. A., & Mccabe, D.
P.（2011b）. The development of memory efficiency and value-directed remembering across
the life span：A cross-sectional study of memory and selectivity. *Developmental Psychology,
47*（6），1553-1564.

Chiu, Y. C., Dolcos, F., Gonsalves, B. D., & Cohen, N. J.（2013）. On opposing effects of
emotion on contextual or relational memory. *Frontiers in Psychology, 4,* 103.

Doerksen, S., & Shimamura, A. P.（2001）. Source memory enhancement for emotional words.
Emotion, 1（1），5-11.

Dolcos, F., & Denkova, E.（2014）. Current emotion research in cognitive neuroscience：Linking
enhancing and impairing effects of emotion on cognition. *Emotion Review, 6*（4），362-375.

Dougal, S., & Rotello, C. M.（2007）. "remembering" emotional words is based on response
bias, not recollection. *Psychonomic Bulletin & Review, 14*（3），423-429.

Dougal, S., Phelps, E. A., & Davachi, L.（2007）. The role of medial temporal lobe in item
recognition and source recollection of emotional stimuli. *Cognitive Affective & Behavioral
Neuroscience, 7*（3），233-242.

Gable，P. A.，& Harmon-Jones，E.（2010）. The effect of low versus high approach-motivated positive affect on memory for peripherally versus centrally presented information. *Emotion*, *10*（4）, 599-603.

Gable，P. A.，& Harmon-Jones，E.（2011）. Attentional states influence early neural responses associated with motivational processes：Local vs. global attentional scope and N1 amplitude to appetitive stimuli. *Biological Psychology*，*87*（2）, 303-305.

Gasper，K.，& Clore，G. L.（2002）. Attending to the big picture：Mood and global versus local processing of visual information. *Psychological Science*，*13*（1）, 34-40.

Guillery-Girard，B.，Clochon，P.，Giffard，B.，Viard，A.，Egler，P. J.，& Baleyte，J. M.，et al.（2013）. "Disorganized in time"：Impact of bottom-up and top-down negative emotion generation on memory formation among healthy and traumatized adolescents. *Journal of Physiology*，*107*（4）, 47-54.

Hargis，M. B.，& Castel，A. D.（2017）. Younger and older adults' associative memory for social information：The role of information importance. *Psychology and Aging*，*32*（4）, 325-330.

Hepach，R.，Kliemann，D.，Grüneisen，S.，Heekeren，H. R.，& Dziobek，I.（2011）. Conceptualizing emotions along the dimensions of valence，arousal，and communicative frequency-Implications for social-cognitive tests and training tools. *Frontiers in Psychology*，*2*，266.

Holland，A. C.，& Kensinger，E. A.（2013）. An fMRI investigation of the cognitive reappraisal of negative memories. *Neuropsychologia*，*51*（12）, 2389-2400.

Hsu，C. T.，Jacobs，A. M.，Citron，F. M. M.，& Conrad，M.（2015）. The emotion potential of words and passages in reading harry potter—An fMRI study. *Brain & Language*，*142*，96-114.

Isen，A. M.，& Daubman，K. A.（1984）. The influence of affect on categorization. *Journal of Personality & Social Psychology*，*47*（6）, 1206-1217.

Johnson，K. J，Waugh，C. E，& Fredrickson，B. L.（2010）. Smile to see the forest：Facially expressed positive emotions broaden cognition. *Cognition & Emotion*，*24*（2）, 299-321.

Kaya，N.，& Epps，H. H.（2004）. Relationship between color and emotion：A study of college students. *College Student Journal*，*38*（3）, 396-405.

Kensinger，E. A.（2007）. Negative emotion enhances memory accuracy：Behavioral and neuroimaging evidence. *Current Directions in Psychological Science*，*16*（4）, 213-218.

Kensinger，E. A.，& Corkin，S.（2003）. Memory enhancement for emotional words：Are emotional words more vividly remembered than neutral words? *Memory & Cognition*，*31*（8）, 1169-1180.

Konkel，A.，& Cohen，N. J.（2009）. Relational memory and the hippocampus：Representations and methods. *Frontiers in Neuroscience*，*3*（2）, 166-174.

Koriat，A.，& Bjork，R. A.（2006）. Mending metacognitive illusions：A comparison of mnemonic-based and theory-based procedures. *Journal of Experimental Psychology*：*Learning*，*Memory*，*and Cognition*，*32*（5）, 1133-1145.

Koriat, A., Ma'Ayan, H., & Nussinson, R.(2006). The intricate relationships between monitoring and control in metacognition: Lessons for the cause-and-effect relation between subjective experience and behavior. *Journal of Experimental Psychology: General*, *135* (1) , 36-69.

Kroneisen, M., Woehe, L., & Rausch, L. S. (2015). Expectancy effects in source memory: How moving to a bad neighborhood can change your memory. *Psychonomic Bulletin & Review*, *22* (1) , 179-189.

Lavoie, M. E., & O'Connor, K. P. (2013). Effect of emotional valence on episodic memory stages as indexed by event-related potentials. *World Journal of Neuroscience*, *3* (4) , 250-262.

Lee, J. K., Wendelken, C., Bunge, S. A., & Ghetti, S. (2016). A time and place for everything: Developmental differences in the building blocks of episodic memory. *Child Development*, *87* (1) , 194-210.

Li, J., Nilsson, L. G., & Wu, Z. (2004). Effects of age and anxiety on episodic memory: Selectivity and variability. *Scandinavian Journal of Psychology*, *45* (2) , 123-129.

Lloyd, M. E., Doydum, A. O., & Newcombe, N. S.(2009). Memory binding in early childhood: Evidence for a retrieval deficit. *Child Development*, *80* (5) , 1321-1328.

Majid, A. (2012). Current emotion research in the language sciences. *Emotion Review*, *4* (4) , 432-443.

Mariko, O., Ken, Y., Takehiro, M., & Naoyuki, O. (2013). When do negative and positive emotions modulate working memory performance? *Scientific Reports*, *3* (10) , 1375.

Mather, M., & Nesmith, K. (2008). Arousal-enhanced location memory for pictures. *Journal of Memory & Language*, *58* (2) , 449-464.

Matzke, D., Dolan, C. V., Batchelder, W. H., & Wagenmakers, E. J. (2015). Bayesian estimation of multinomial processing tree models with heterogeneity in participants and items. *Psychometrika*, *80* (1) , 205.

McCullough, A. M., & Yonelinas, A. P. (2013). Cold-pressor stress after learning enhances familiarity-based recognition memory in men. *Neurobiology of Learning & Memory*, *106*(6) , 11-17.

Middlebrooks, C. D., Murayama, K., & Castel, A. D. (2016). The value in rushing: Memory and selectivity when short on time. *Acta Psychologica*, *170*, 1-9.

Nuñez, N., Schweitzer, K., Chai, C. A., & Myers, B. (2015). Negative emotions felt during trial: The effect of fear, anger, and sadness on juror decision making. *Applied Cognitive Psychology*, *29* (2) , 200-209.

Osaka, M., Yaoi, K., Minamoto, T., & Osaka, N. (2013). When do negative and positive emotions modulate working memory performance? *Scientific Reports*, *3* (10) , 1375.

Osaka, N., Minamoto, T., Yaoi, K., & Osaka, M. (2011). S4.3 effect of negative and positive emotion on working memory performance: An fMRI study. *Clinical Neurophysiology*, *122* (S1) , 11-12.

Phelps, E. A. (2004). Human emotion and memory: Interactions of the amygdala and hippocampal complex. *Current Opinion in Neurobiology*, *14* (2), 198-202.

Rasch, B., Büchel, C., Gais, S., & Born, J. (2007). Odor cues during slow-wave sleep prompt declarative memory consolidation. *Science*, *315* (5817), 1426-1429.

Riegel, M., Wierzba, M., Grabowska, A., Jednoróg, K., & Marchewka, A. (2016). Effect of emotion on memory for words and their context. *Journal of Comparative Neurology*, *524* (8), 1636-1645.

Riggins, T. (2014). Longitudinal investigation of source memory reveals different developmental trajectories for item memory and binding. *Developmental Psychology*, *50* (2), 449-459.

Romine, C. B., & Reynolds, C. R. (2004). Sequential memory: A developmental perspective on its relation to frontal lobe functioning. *Neuropsychology Review*, *14* (1), 43-64.

Schirmer, A., & Adolphs, R. (2017). Emotion perception from face, voice, and touch: Comparisons and convergence. *Trends in Cognitive Sciences*, *21* (3), 216-228.

Schmidt, K., Patnaik, P., & Kensinger, E. A. (2011). Emotion's influence on memory for spatial and temporal context. *Cognition & Emotion*, *25* (2), 229-243.

Schmidt, S. R., & Saari, B. (2007). The emotional memory effect: Differential processing or item distinctiveness? *Memory & Cognition*, *35* (8), 1905-1916.

Schmitter-Edgecombe, M., & Seelye, A. M. (2011). Predictions of verbal episodic memory in persons with alzheimer's disease. *Journal of Clinical & Experimental Neuropsychology*, *33* (2), 218-225.

Sharot, T., & Phelps, E. A. (2004). How arousal modulates memory: Disentangling the effects of attention and retention. *Cognitive Affective & Behavioral Neuroscience*, *4* (3), 294-306.

Sharot, T., & Yonelinas, A. P. (2008). Differential time-dependent effects of emotion on recollective experience and memory for contextual information. *Cognition*, *106* (1), 538-547.

Shulman, S., Goldenberg, D., Schwartz, R., Habot-Wilner, Z., Barak, A., & Ehrlich, N., et al. (2016). Oral rifampin treatment for longstanding chronic central serous chorioretinopathy. *Graefe's Archive for Clinical and Experimental Ophthalmology*, *254* (1), 15-22.

Talarico, J. M., Berntsen, D., & Rubin, D. C. (2009). Positive emotions enhance recall of peripheral details. *Cognition & Emotion*, *23* (2), 380.

Talmi, D., Schimmack, U., Paterson, T., & Moscovitch, M. (2007). The role of attention and relatedness in emotionally enhanced memory. *Emotion*, *7* (1), 89-102.

Yonelinas, A. P., & Ritchey, M. (2015). The slow forgetting of emotional episodic memories: An emotional binding account. *Trends in Cognitive Sciences*, *19* (5), 259-267.

第四章　情景记忆对适应性决策的影响

　　个体在进行决策时，往往需要提取先前丰富的经验。例如，人们在选择是否再次光顾某家餐厅时，将提取关于以前在该餐厅吃饭的情景信息，包括环境、服务态度和距离远近等一系列信息，才会决定是否再次消费。可见，情景记忆和决策之间具有密切的联系，理解两者之间的关系，将有利于全面理解情景记忆的认知过程，并为未来研究方向提供启示。

第一节　适应性决策概念的界定

知觉过程和策略使用是个体认知发展的关键，人们只有有效、合理地使用信息，才能做出正确的选择以适应环境的变化（Siegler，1999）。相比于其他认知能力的发展，适应性和策略性的认知能力的发展较晚（Mata et al.，2011）。在童年和青少年时期，个体决策能力有显著的改善，儿童对策略的使用是解释决策能力出现变化的原因之一（Jacobs & Klaczynski，2005）。

一、适应性决策的含义

适应性决策（adaptive decision making）是指，随着年龄的增长，儿童在进行决策时会使用不同的策略，以适应周围环境的要求。儿童在早期由于自身经验较少，所以面对选择时主要采用的策略是再认，依赖于项目记忆。也就是说，儿童做出决策更多地依赖于是否见过这个项目，往往倾向选择那些见过的项目（Weinert & Schneider，1999）。

随着年龄的增长、个体经验的不断丰富，儿童不再直接使用项目记忆，而是进行适应性决策和判断，会逐渐采用启发式和分析式策略对项目记忆加以利用（Kim & Kwak，2011）。启发式再认记忆的应用会促进个体根据环境做出适应性决策，选择利益最大化的结果。其中，再认启发（recognition heuristic，RH）模型是解释儿童适应性决策的重要模型之一。

二、适应性决策模型——再认启发模型

与其他适应性决策模型相比，再认启发模型强调个体相对较早的认知能力发展。低龄儿童在生命早期就涉及再认过程，但是随着年龄的增长，个体到晚期才会根据不同环境和不同任务要求适应性地使用策略（Laland，2004）。

（一）再认启发模型的含义

人们在相关信息不足、知识和时间都有限的情况下，通常采用再认启发策

略进行推理。再认启发策略是一种利用项目记忆（即区分已知和未知物体的能力）对信息进行判断的策略（Goldstein & Gigerenzer，2002）。根据再认启发模型，如果一个项目被正确再认，而另一个项目被错误再认，则被正确再认的项目被认为具有更高的价值。再认结果将成为个体决策时的启发式线索，这种线索的影响具有持久性和深刻性，即使个体使用其他更深层次的线索，也不会抵消再认启发线索的作用。

（二）再认启发模型与环境的关系

再认启发模型强调环境在决策时的作用，也就是说，在特定环境中，再认启发会对个体决策造成影响（Gigerenzer，2003）。例如，被试需要判断哪一种疾病更频繁发生时，如果先前个体具有该领域的医学知识或经验，那么提取这种医学知识或经验对于选择和判断来说是一种有用的线索。但是，如果被试判断时需要的线索与真实线索不一致，那么不一致的线索将对适应性选择和判断起到阻碍作用。例如，人们通常凭借大学是否产出过优秀名人去判断该大学的著名程度，但是若给予被试的其他线索（如提及频率等）与先前的有效线索不一致，则不利于被试对项目使用再认启发策略（Pachur & Hertwig，2006）。

因此，过去和现在的研究均强调环境适应性和经验积累在认知发展过程中的重要性（Bronfenbrenner，1979）。环境适应性是指人们根据环境适应性使用再认启发策略，或个体根据当前环境对使用策略进行调整，提高有效策略的使用率。与儿童相比，成人评估策略的有效性会更高，成人会根据环境要求及时调整再认策略的使用（Pachur et al.，2009，2011）。

这种对再认策略效度的评估能力与生活息息相关，需要经验和知识的积累。在儿童时期，他们的这种生活经验和知识较少，但随着年龄增长，经验和知识逐渐得到积累。在儿童初期，这种积累水平还比较低，所以与青少年的适应性决策相比，儿童还处在较低的适应性发展阶段（Bjorklund，2011）。

（三）以往研究的局限性

根据以往研究结果，研究者对于儿童是否能根据环境结构选择有效策略这一研究问题仍然存在争议，这可能是由研究自身的局限性导致的。总结以往儿童适应性决策的研究，我们发现其存在以下几方面的局限性。

1. 实验材料缺乏针对性

以往研究选取的实验材料缺乏针对性和适应性，尤其是针对不同年龄段的被试群体均使用同一种实验材料，实验材料单一。这可能与以往研究多数选择成人被试群体、实验中均使用成人实验材料有关。成人研究的实验材料往往针对具有一定社会经验和知识积累的人群，主要分析和比较老年人和成年人之间的决策结果（Horn et al.，2016；Pachur et al.，2009）。实验材料多使用地名和疾病名称，但是这些实验材料对于低年级儿童来说具有陌生性，因为儿童还没有足够的知识积累，缺乏社会经验，选取这种实验材料可能会造成儿童对材料的理解不足。

未来研究中，适应性决策的发展性研究应该针对儿童群体提出更具有适应性的实验材料，或者在实验前进行认知能力的量表测试，确定儿童的言语理解水平，明确实验材料的可操作性，以期更准确地揭示儿童决策过程的内部机制。

2. 被试年龄梯度较大

一些研究选取被试各年龄组之间的跨度较大，具体而言，研究中较多选取小学生、中学生和大学生为不同的年龄群体。但是，以往研究对每个年龄群体并没有进行详细划分，缺乏对适应性决策的连续性探索。

学龄儿童使用策略具有多样性，缩短年龄差距并对儿童进行纵向分析可成为未来研究的一种有效途径。已有研究结果表明，在小学阶段，儿童再认策略的使用可能已经存在，但它并不是儿童进行决策的主要策略（Minson & Mueller，2012）。因此，存在一个问题，即儿童在不使用再认策略之前，可能会使用其他特殊策略，如对特定刺激物理性质（声音或字形）和特定的感觉通道（视觉或听觉）的偏好。

总而言之，以往研究选取儿童被试的年龄跨度较大，个体对再认启发策略的使用在整个发展过程中是阶梯性模式还是渐变性模式，仍然是一个尚未解决的问题（Piaget & Inhelder，1951）。

3. 忽视对刺激的实验控制

以往的实验设计多采用生态学方法来考察儿童和青少年的知识获取（即个体所接触的环境），以及如何使个体具有基于再认的适应性选择能力。因此，研究通常会选取真实世界的物体名称作为刺激，被试需要依靠在实验室之外的知识积累对其进行判断（Bröder & Schiffer，2006）。这种方法增强了儿童参与实验时的真实性，提高了研究的生态效度。虽然以往研究表明，个体在实验室中激发的再认知识与在自然条件下获得的知识可能存在差异，这种差异会影响个体的决策和推论过程（Pachur et al.，2011），但是，这种方法的一个局限性是它忽视了对刺激和线索学习的实验控制，研究者应该使实验结论和生态结论形成互补，从实验条件和自然条件两种情况入手，全面揭示决策的内部机制。

三、儿童适应性决策的发展趋势

（一）儿童适应性决策的特点

适应性决策的发展已经被证明与认知控制和注意资源的变化具有密切关系，与高龄儿童相比，低龄儿童会更依赖于简单信息的决策策略（Bjorklund，2011）。研究发现，针对概率判断、线索性判断和复合型决策等过程，低龄儿童在进行适应性决策时具有依赖简单判断策略的特点。具体来说，Bereby-Meyer等（2004）考察了产品的多重属性对消费者购买行为的影响，结果发现，与12～13岁儿童相比，8～9岁儿童一次只考虑产品的一种属性，而忽略更多可利用的信息。

Davidson（1991a）发现，与高龄儿童（10～11岁和13～14岁）相比，低龄儿童（7～9岁）搜索信息缺少系统性，会更多地受到无关信息的影响。对于重要的信息，低龄儿童比高龄儿童会分配更少的注意资源（Davidson，1991b）。

国内外研究发现，9～12岁的青少年就开始出现使用适应性决策的萌芽，但是只有更年长的青少年才会在不同任务和环境中适应性地使用策略。

（二）适应性决策的发展机制

研究者认为，适应性决策存在两种可能的内部机制。一种可能是，环境中线索的有效性会影响适应性决策结果，而个体对学习线索有效性的学习会受到生活经验的影响（Gigerenzer，2003）。许多实证研究发现，个体掌握线索是否具有有效性的过程往往是一种体验式学习（experiential learning）过程，实验者的反馈为被试进行积极探索提供了可能性（Newell & Shanks，2004）。但是，在实验室之外，研究者发现被试很难准确地学习线索的有效性，因为被试需要监控大量的相关信息。同时，现实情境中的个体也缺乏实验者的反馈，或者需要判断反馈的真实性（Dougherty et al.，2008）。

另一种可能是，适应性决策的发展与使用简单策略有关。因为使用启发式策略需要个体进行选择性注意（即需要儿童忽略不太重要的线索）和抑制不适当的反应，这种能力仅在儿童晚期才开始发展（Mata et al.，2011）。

第二节　情景记忆在基于价值的
适应性决策中的作用

一、记忆状态对基于价值决策的影响及神经机制

人们往往会对熟悉的事物进行风险评估、奖励评估和安全性评估，之后做出某种选择（Hertwig et al.，2004）。评估过程涉及对情景记忆的提取。不可否认，情景记忆对人们的行为具有指导作用，但是以往研究仍未清楚地解释为什么决策和选择会受过去经验的影响，而且有时人们似乎在没有提取详细信息的情况下也会做出决策。

在个体面对信息时，背景的性质（熟悉或新异）会对情景记忆的编码和提取产生影响（Duncan & Shohamy，2016）。海马（情景记忆加工过程的重要脑区）会根据当前的背景信息，有选择地偏向一种加工模式。以往研究发现（Duncan et al.，2012），海马为了适应记忆检索和编码相互竞争的认知过程，会以不同的"状态"工作。具体来说，编码依赖于模式分离（pattern separation），是通过降低记忆重合度，让类似的事件区分开来的过程；而检索依赖于模式整合（pattern completion），是通过重新激活相关的记忆痕迹来增加记忆重合度的过程。

研究发现，被试能否注意到新事物的细节信息，完全取决于被试之前所遇见的事物。具体而言，如果被试在刚才的情景里遇到了一个新事物，那么海马处于模式分离的状态，也就是说，被试就会将相似的事物报告为"相似"，而不会错认为是旧事物。这是因为模式分离会促进被试对目标细节的识别，使其察觉到新图片。但是如果被试之前遇到了一个旧事物，那么海马就会处于模式整合的状态，之后被试再遇见相似的图片时会报告为旧图片，即相似图片会激活记忆痕迹并且整合为旧图片。

Duncan 等（2012）的研究发现，个体在进入餐厅之前的记忆状态（memory state），将会决定大脑中哪个过程更容易发生。实际上，神经计算模型推测，神经调节系统可动态地影响海马的模式整合或模式分离的加工状态。这些状态

被认为会受到背景的影响：熟悉的背景有利于记忆检索，即使背景与当前的选择无关；新异的背景则有利于记忆编码（Duncan et al.，2012）。

二、儿童情景记忆在适应性决策中的作用

一般认为，情景记忆在童年期发展（Ghetti & Lee，2011）。情景记忆的发展可以用策略、控制、认知等多方面的共同发展来解释（Shing et al.，2008）。基于对成年人类和动物的研究（O'Reilly & Rudy，2001），研究者发现，情景记忆的发展从根本上取决于整合情景的能力（Tulving，1985）。

（一）联结记忆和程序记忆对决策的共同影响

以往研究在重复情景下，建立刺激与反应的条件反射，使个体形成程序记忆后，考察决策与记忆之间的关系。但是，这种程序记忆对决策的影响往往是自动化的，并且这种条件反射的建立，不能真实还原现实生活中个体决策的场景（Murty et al.，2016）。与之相比，情景记忆会涉及个体丰富的经验，还原人们真实的经历。探究情景记忆对决策的影响，不仅具有理论价值，而且具有应用意义。

程序记忆与强化学习具有相似之处，两者都涉及个体多次学习的过程，并且都依赖部分纹状体的激活。但是，与之相反，情景记忆是对单个项目或项目之间联结的记忆，依赖海马。研究者认为，海马是情景记忆的重要脑区，负责编码信息的时间、空间关系（Yonelinas & Ritchey，2015）。因此，海马也被称为关系记忆系统。

Doll 等（2015）认为，当人们做出价值决策时，该过程是由多种记忆系统共同协作完成的。为了验证这一假设，他们要求被试完成两个任务。一是学习和泛化任务，该任务要求被试通过试误的方式学习两张面孔图片和同一种场景的绑定关系，并获得正确的反馈信息。最后，被试需要习得两张面孔等价的关系。二是强化学习任务。首先，被试开始在两张面孔 A 和 B 或 a 和 b 中进行选择（在学习和泛化任务中，被试已经学习到 A 面孔和 a 面孔的等价关系，以及 B 面孔和 b 面孔的等价关系）；其次，被试选择面孔 A 或 a，然后进入第二阶段，即出现两张新面孔 C 和 D，为状态 3，但是如果被试选择面孔 B 或 b，之后则出现新面孔 E 和 F，为状态 4。也就是说，第一阶段的选择和第二阶段的面孔呈现状态之间的关系都是确定的。第二阶段要求被试对面孔进行选择，并

获得奖励（一枚硬币或者没有奖励，获得奖励的概率为 0.25～0.75，目的是让被试不断地学习选择第一阶段和第二阶段最有可能产生回报的面孔）。研究发现，被试在学习任务中灵活地使用了面孔和场景之间的关系，并促进了新联结的形成；在强化学习任务中，使用的策略与这种关系记忆具有显著的相关性。

因此，通过 Doll 等（2015）的研究，我们可以发现，研究中两种不同的任务形成了相应的联结记忆和程序记忆，当个体面对选择时，多种记忆系统会共同发挥作用，即个体会策略性地提取之前记忆系统的信息，表现出适应性决策。

但是，该研究通过让被试多次学习面孔和场景的关系来建立联结记忆的方式有待商榷。Murty 等（2016）认为，多次的关系建立更具有程序记忆的特点。虽然研究中的强化学习任务已经表明程序记忆在决策中的作用和地位，程序记忆会促进被试做出适应性决策，但该任务并没有采取传统联结记忆的构建方式，即单一面孔和场景的联结，而是采用面孔和场景联结的泛化方式。也就是说，该研究中联结记忆对决策造成的影响存在争议，联结记忆可能与程序记忆的作用发生混淆（Palombo et al.，2015）。

（二）情景记忆对基于价值决策的影响

Murty 等（2016）在研究中发现，情景记忆中，联结记忆是支持基于价值做出适应性决策的关键成分。Murty 等认为，无论是在社会性领域还是在非社会性领域，个体都会将刺激和其对应的价值之间建立关系；决策任务中，刺激和价值的对应关系会指导被试做出适应性决策，即选择高价值的刺激。在没有形成完整的联结记忆前，个体则无法进行适应性决策。研究结果揭示了新的适应性决策模型，即丰富的情景记忆（完整的联结记忆）会指导个体行为，联结记忆对价值编码环境具有高度敏感性。

Tulving 和 Markowitsch（1998）认为，联结记忆代表之前丰富的经验，这就意味着人们在决策时，细节化的联结记忆更具有灵活性。实际上，部分研究已经对价值偏好和信息提取之间的联系进行了初步探索（Johnson et al.，2007），并且研究者认为，决策时的风险偏好行为同样需要个体提取大量的、丰富的联结记忆。

总之，即使以往研究已经证实联结记忆对基于价值的适应性决策的影响，但是这种影响仍然存在争议，这种争议主要集中于个体可能仅仅是在处于"见过"，即项目记忆的情况下做出适应性行为（Wimmer & Shohamy，2012）。也就是说，其他形式的记忆类型也可以支持适应性决策。但是，究竟在什么条件下，人们在做出决策时需要对过去丰富的经验进行提取？又在什么条件下，人们在做出决策时是没有检索信息的？这是未来值得进一步探讨的问题。

（三）情景记忆影响基于价值决策的内部机制

综合以往关于情景记忆、决策和学习之间关系的实验研究发现，情景记忆对基于价值决策产生的影响可能存在两种内部机制。

一种可能存在的内部机制是，联结记忆不影响决策过程。在决策时，人们因为感觉见过这个刺激就对其做出选择，不涉及对细节信息的提取（Schacter & Tulving，1994）。例如，关于印象形成（impression formation）的研究表明，人们在推断个体或者目标是否具有价值时，并没有提取出与目标相关的细节信息（Lee & Harris，2013）。关于联结记忆受损的遗忘症患者的研究发现，这些患者仍具有完整的印象形成能力（Johnson et al.，1985）。

另一种可能存在的内部机制是，联结记忆影响决策过程。人们在面对决策时，会将过去的经验与当前的选择进行对比组织，会提取丰富的背景信息（如时间、地点、气候等），这些信息更加多样化和复杂化（Johnson et al.，2007）。

可见，关于情景记忆对基于价值的适应性决策的影响，目前仍存在争议。个体可能会在缺乏联结记忆的情况下做出适应性行为，说明除联结记忆之外，其他形式的记忆也可能会对适应性决策起作用（Shohamy & Wagner，2008）。总之，未来研究可以进一步探明其他记忆类型对适应性决策的影响。

三、情景记忆在适应性决策研究中的局限

虽然以往的研究指出情景记忆可以影响决策过程（Daw & Doya，2006；Tversky & Kahneman，1973；Madan et al.，2014），但是仍存在有待解决的问题。例如，情景记忆如何影响基于价值的决策？个体如何编码价值并将其联结到情景记忆？价值信息又是如何影响随后的决策的？价值编码和提取是一般化过程还是特殊化过程？二者在不同的情景中具有相同的机制吗？

（一）研究者对情景记忆影响适应性决策的内部机制仍存在争议

研究者对情景记忆对基于价值的适应性决策产生影响的内部机制并没有完全探明。Murty 等（2016）在研究中发现，当人们具有完整的联结记忆时，记忆

才会对基于价值的决策产生影响，即当个体不仅能再认出项目，而且能回忆出相应的价值信息时，个体才能做出适应性决策。该研究还发现，人们对负性情绪面孔有更好的回忆成绩。这虽然肯定了联结记忆在基于价值决策中的作用，但是他们并没有统一解释造成联结记忆偏好的原因，也没有进一步说明不同的记忆偏好造成相同决策结果的原因。

Murty 等（2016）认为，人们必须具有完整的联结记忆，才能分辨出不同价值的图片。也就是说，项目记忆不会影响人们做出适应性决策。虽然该研究明确情景记忆中的联结记忆会对个体基于价值的适应性决策起重要作用，但是，实验中由于程序自身的局限性，再认项目之后立即出现分数回忆，该程序会将项目记忆和联结记忆进行混淆。未来研究在实验程序设计上，应注重对情景记忆成分的区分，避免项目记忆和联结记忆之间的重叠，选取的实验程序应使项目记忆更具有针对性。

（二）有待进一步明确支持适应性决策的记忆类型

过去研究者认为，个体是"非理性人"，人们会在有限信息的环境中做出决策。工作记忆本身具备有限性的特点，需要对所接收的信息进行及时的加工和处理。针对工作记忆的特点，研究者认为，工作记忆是造成人们做出不同决策的原因，并且工作记忆容量会影响个体决策时对策略的使用（Miller，1956）。但是，随后研究发现，人们在决策时会提取长时记忆的内容。例如，宴会上你给一个朋友送上一杯红酒，但是他告诉你他更喜欢香槟，当你再次看见这个朋友时，你会想起之前的红酒和香槟，并且这会影响你对酒的选择（Duncan et al.，2012）。结合工作记忆自身的局限性（有限性和短暂性），其可能并不是支持决策过程的最佳记忆系统。

后来，有研究者发现，在实验中向被试重复呈现单个刺激，使被试建立刺激-反应条件学习后，先前积累的学习经验会影响个体随后的选择（Doll et al.，2015）。以往研究基于巴甫洛夫的反射机制来建立学习反应过程，通过向被试多次呈现刺激和反馈，进而使其建立刺激-反应条件学习，即面孔和场景的关系绑定。研究结果揭示了程序记忆和联结记忆对个体决策的影响，强调多种记忆系统的协同工作。

结合以往研究发现，多种记忆类型会对个体的适应性决策起作用。未来可采用新的研究范式，或者以时间进程为单位考察各种记忆类型的具体作用机制。

第三节　适应性决策的研究现状和未来展望

一、适应性决策的研究现状

（一）适应性决策在风险决策领域的研究

目前，国内外对适应性决策的研究主要集中在风险决策领域，揭示出个体形成适应性决策的关键时期及背后的神经机制。大量研究结果表明，青春期是一个"暴风疾雨"的发展时期，青少年往往需要面对高风险的环境和具有不同价值的决策，并且青春期也是学习知识和习得技能的关键期（Betsch et al.，2014；Gregan-Paxton & John，1997）。也就是说，青春期对人们形成适应性决策具有重要影响，是研究者集中选取的关键时期。

青春期是形成适应性决策灵活性的时期。研究发现，青春期的啮齿动物、灵长动物和人类均显示出灵活使用适应性策略的特点（Humphreys et al.，2013；Pattwell et al.，2012；Spear，2000）。青春期的老鼠在追求奖励时也表现出更大的灵活性和更高的学习能力（Johnson & Wilbrecht，2011）。Johnson 和 Wilbrecht（2011）考察小鼠策略优化的快速发展期，选取青少年期小鼠和成年小鼠完成以气味为基础的辨别和判断的觅食任务。研究发现，与成年小鼠相比，青少年期小鼠更快地学会了辨别和判断的任务。随后，Vigilant 等（2015）认为，这种青春期决策灵活性的提高可能与生物进化有关，青少年在青春期处于了解环境、认识社会和摄取营养的时期，决策的灵活性有助于其获得更多的食物和繁殖机会。

值得注意的是，尽管之前的研究表明，青春期适应性决策的灵活性会显著提高（Spear，2000）。但是，青春期的风险偏好同样会伴随一些冲动和非理性行为的发生（Steinberg et al.，2008）。因此，未来研究可进一步探索适应性决策中各组成成分在青春期的发展。

（二）适应性决策的神经机制

神经生物学模型已经提出，早熟的大脑皮层区域与发育较慢的前额区域相结合，会增加青少年对风险环境的评估（Steinberg，2010；Casey et al.，2008；Ernst et al.，2006）。青春期虽然是一个经验缺乏的时期，但是，青少年在青春期会学习和获取新思想、技能以及建立自身兴趣，这些知识经验的积累会对未来适应性决策的发展起到潜在的作用（Crone & Dahl，2012）。

后续研究者对青春期适应性决策的兴趣日益浓厚，其研究工作主要突出青春期的双重性质，即潜在风险和机会。例如，Mccormick 和 Telzer（2017）结合以往青春期适应性行为的研究，采用仿真气球模拟的风险任务范式，旨在揭示儿童和青少年对于风险和回报敏感度的变化情况。研究中，儿童和青少年均需要完成仿真气球风险任务，并接受核磁扫描。结果发现，与儿童相比，青少年在任务中逐渐表现出适应性学习的过程。脑成像结果显示，年龄较大的被试在面对奖励时，腹侧纹状体的激活增加；在面对风险时，扣带回皮层的激活增加。

Mccormick 和 Telzer（2017）的研究从青少年神经机制发展的角度出发，解释了青春期灵活学习与年龄之间的联系。这些研究结果均表明，青春期对风险和奖励具有高度敏感性，并且青少年会在奖励与风险的学习过程中，表现出适应性学习的行为。

二、适应性决策的未来展望

综上，大量研究发现青春期是适应性决策发展的关键期，青少年会根据环境要求，对自己的学习活动进行适应性选择和调整。未来研究可从以下几个方面进行探索。

首先，个体进行适应性决策的条件。以往研究出现诸多不一致的结果，可能是由于人们进行适应性决策是具有条件性的。例如，Betsch 等（2014）对适应性决策的早期探索发现，学前儿童和小学生均不会受到线索有效性的影响，只有成年人会根据线索提示做出决策。Gregan-Paxton 和 John（1997）认为，出现该现象是因为低龄儿童在使用复杂策略时，对需要搜索的信息资源缺乏一定的敏感性。可见，人们在做出适应性决策时，需要对有效的线索信息进行强调。是否还有其他条件（如环境任务要求）制约着适应性行为的表现？该问题值得未来研究的进一步探索。

其次，随着神经科学的兴起，功能性近红外光谱技术为分析学习过程的神经机制提供了重要手段。研究发现，青少年神经系统的独特结构为适应性决策的发展提供了可能性（Casey，2015；Crone & Dahl，2012）。在多试次学习中，青少年的适应性学习行为逐渐增加。未来研究可进一步借助神经成像技术，探讨青少年在适应性学习中脑区的激活变化情况，以及这种变化又会对随后的适应性行为产生何种影响。

参 考 文 献

Bachevalier, J., & Vargha-Khadem F.（2005）. The primate hippocampus: Ontogeny, early insult and memory. *Current Opinion in Neurobiology*, *15*（2）, 168-174.

Bell, R., & Buchner, A.（2011）. Source memory for faces is determined by their emotional evaluation. *Emotion*, *11*（2）, 249-261.

Bereby-Meyer, Y., Assor, A., & Katz, I.（2004）. Children's choice strategies: The effects of age and task demands. *Cognitive Development*, *19*（1）, 127-146.

Betsch, T., & Lang, A.（2013）. Utilization of probabilistic cues in the presence of irrelevant information: A comparison of risky choice in children and adults. *Journal of Experimental Child Psychology*, *115*（1）, 108-125.

Betsch, T., Lang, A., Lehmann, A., & Axmann, J. M.（2014）. Utilizing probabilities as decision weights in closed and open information boards: A comparison of children and adults. *Acta Psychologica*, *153*, 74-86.

Bjorklund, D. F.（2011）. *Children's Thinking: Cognitive Development and Individual Differences*. Belmont: Wadsworth.

Bonawitz, E., Denison, S., Gopnik, A., & Griffiths, T. L.（2014）. Win-stay, lose-sample: A simple sequential algorithm for approximating bayesian inference. *Cognitive Psychology*, *74*（2）, 35-65.

Bröder, A., & Schiffer, S.（2006）. Stimulus format and working memory in fast and frugal strategy selection. *Journal of Behavioral Decision Making*, *19*（4）, 361-380.

Bronfenbrenner, U.（1979）. *The Ecology of Human Development: Experiments by Nature and Design*. Cambridge: Harvard University Press.

Casey, B. J.（2015）. Beyond simple models of self-control to circuit-based accounts of adolescent behavior. *Annual Review of Psychology*, *66*, 295-319.

Casey, B. J., Jones, R. M., & Hare, T. A.（2008）. The adolescent brain. *Annals of the New York Academy of Sciences*, *1124*（1）, 111-126.

Crone, E. A., & Dahl, R. E.（2012）. Understanding adolescence as a period of social-affective engagement and goal flexibility. *Nature Reviews Neuroscience*, *13*（9）, 636-650.

Davachi, L.（2006）. Item, context and relational episodic encoding in humans. *Current Opinion in Neurobiology*, *16*（6）, 693-700.

Davidson, D.（1991a）. Children's decision-making examined with an information-board procedure. *Cognitive Development*, *6*（1）, 77-90.

Davidson, D.（1991b）. Developmental differences in children's search of predecisional information. *Journal of Experimental Child Psychology*, *52*（2）, 239-255.

Davies, M., & White, P. A. (1994). Use of the availability heuristic by children. *British Journal of Developmental Psychology*, *12*（4）, 503-505.

Daw, N. D., & Doya, K.(2006). The computational neurobiology of learning and reward. *Current Opinion in Neurobiology*, *16*（2）, 199-204.

Dempster, F. N. (1992). The rise and fall of the inhibitory mechanism: Toward a unified theory of cognitive development and aging. *Developmental Review*, *12*（1）, 45-75.

Doll, B. B., Duncan, K. D., Simon, D. A., Shohamy, D., & Daw, N. D. (2015). Model-based choices involve prospective neural activity. *Nature Neuroscience*, *18*（5）, 767-772.

Dougherty, M. R., Franco-Watkins, A. M., & Thomas, R. (2008). Psychological plausibility of the theory of probabilistic mental models and the fast and frugal heuristics. *Psychological Review*, *115*（1）, 199-213.

Duncan, K. D., & Shohamy, D. (2016). Memory states influence value-based decisions. *Journal of Experimental Psychology*: *General*, *145*（11）, 1420-1426.

Duncan, K., Sadanand, A., & Davachi, L. (2012). Memory's penumbra: Episodic memory decisions induce lingering mnemonic biases. *Science*, *337*（6093）, 485-487.

Eichenbaum, H., Sauvage, M., Fortin, N., Komorowski, R., & Lipton, P. (2012). Towards a functional organization of episodic memory in the medial temporal lobe. *Neuroscience & Biobehavioral Reviews*, *36*（7）, 1597-1608.

Ernst, M., Pine, D. S., & Hardin, M. (2006). Triadic model of the neurobiology of motivated behavior in adolescence. *Psychological Medicine*, *36*（3）, 299-312.

Fry, A. F., & Hale, S. (2000). Relationships among processing speed, working memory, and fluid intelligence in children. *Biological Psychology*, *54*（3）, 1-34.

Ghetti, S., & Bunge, S. A. (2012). Neural changes underlying the development of episodic memory during middle childhood. *Development Cognitive Neuroscience*, *2*（4）, 381-395.

Ghetti, S., & Lee, J. (2011). Children's episodic memory. *Wiley Interdisciplinary Reviews Cognitive Science*, *2*（4）, 365-373.

Gigerenzer, G. (2003). The adaptive toolbox and life span development: Common questions? // Staudinger, U. M., & Lindenberger, U. (Eds.). *Understanding Human Development*: *Dialogues with Lifespan Psychology* (pp.423-435). Boston: Kluwer.

Goldstein, D. G., & Gigerenzer, G. (2002). Models of ecological rationality: The recognition heuristic. *Psychological Review*, *109*（1）, 75-90.

Gregan-Paxton, J., & John, D. R.(1997). The emergence of adaptive decision making in children. *Journal of Consumer Research*, *24*（1）, 43-56.

Hasselmo, M. E., & Schnell, E. (1994). Laminar selectivity of the cholinergic suppression of synaptic transmission in rat hippocampal region CA1: Computational modeling and brain slice physiology. *Journal of Neuroscience*, *14*（6）, 3898-3914.

Hasselmo, M. E., Schnell, E., & Barkai, E.(1995). Dynamics of learning and recall at excitatory recurrent synapses and cholinergic modulation in rat hippocampal region CA3. *Journal of Neuroscience*, *15*（2）, 5249-5262.

Hertwig, R., Barron, G., Weber, E. U., & Erev, I. (2004). Decisions from experience and the effect of rare events in risky choice. *Psychological Science*, *15*（8）, 534-539.

Hoffrage, U., Weber, A., Hertwig, R., & Chase, V. M.（2003）. How to keep children safe in traffic: Find the daredevils early. *Journal of Experimental Psychology*: *Applied*, *9*（4）, 249-260.

Horn, S. S., Ruggeri, A., & Pachur, T.（2016）. The development of adaptive decision making: Recognition-based inference in children and adolescents. *Developmental Psychology*, *52*（9）, 1470-1485.

Humphreys, K. L., Lee, S. S., & Tottenham, N.（2013）. Not all risk taking behavior is bad: Associative sensitivity predicts learning during risk taking among high sensation seekers. *Personality and Individual Differences*, *54*（6）, 709-715.

Isen A. M., Niedenthal, P. M., & Cantor, N.（1992）. An influence of positive affect on social categorization. *Motivation and Emotion*, *16*（1）, 65-78.

Jacobs, J. E., & Klaczynski, P. A.（2005）. *The Development of Judgment and Decision Making in Children and Adolescents*. Mahwah: Erlbaum.

Jacobs, J. E., & Potenza, M.（1991）. The use of judgment heuristics to make social and object decisions: A developmental perspective. *Child Development*, *62*（1）, 166-178.

Johnson, C., & Wilbrecht, L.（2011）. Juvenile mice show greater flexibility in multiple choice reversal learning than adults. *Developmental Cognitive Neuroscience*, *1*（4）, 540-551.

Johnson, E. J., Häubl, G., & Keinan, A.（2007）. Aspects of endowment: A query theory of value construction. *Journal of Experimental Psychology*: *Learning, Memory, and Cognition*, *33*, 461-474.

Johnson, M. K., Kim, J. K., & Risse, G.（1985）. Do alcoholic Korsakoff's syndrome patients acquire affective reactions? *Journal of Experimental Psychology*: *Learning, Memory, and Cognition*, *11*（1）, 22-36.

Kim, G., & Kwak, K.（2011）. Uncertainty matters: Impact of stimulus ambiguity on infant social referencing. *Infant and Child Development*, *20*（5）, 449-463.

Konkel, A., & Cohen, N. J.（2009）. Relational memory and the hippocampus: Representations and methods. *Frontiers in Neuroscience*, *3*（2）, 66-74.

Laland, K. N.（2004）. Social learning strategies. *Animal Learning & Behavior*, *32*（1）, 4-14.

Lee, J. K., Ekstrom, A. D., & Ghetti, S.（2014）. Volume of hippocampal subfields and episodic memory in childhood and adolescence. *Neuroimage*, *94*, 162-171.

Lee, V. K., & Harris, L. T.（2013）. How social cognition can inform social decision making. *Frontiers in Neuroscience*, *7*, 259.

Madan, C. R., Ludvig, E. A., & Spetch, M. L.（2014）. Remembering the best and worst of times: Memories for extreme outcomes bias risky decisions. *Psychonomic Bulletin & Review*, *21*（3）, 629-636.

Mata, R., von Helversen, B., & Rieskamp, J.（2011）. When easy comes hard: The development of adaptive strategy selection. *Child Development*, *82*, 687-700.

Mccormick, E. M., & Telzer, E. H.（2017）. Adaptive adolescent flexibility: Neurodevelopment of decision-making and learning in a risky context. *Journal of Cognitive Neuroscience*, *29*

（3），413-423.

Meeter, M., Murre, J. M. J., & Talamini, L. M.（2004）. Mode shifting between storage and recall based on novelty detection in oscillating hippocampal circuits. *Hippocampus*, *14*（6）, 722-741.

Miller, G. A.（1956）. The magical number seven. *Psychological Review*, *31*（4）, 29-36.

Minson, J.A., & Mueller, J.S.（2012）. The cost of collaboration：Why joint decision making exacerbates rejection of outside information. *Psychological Science*, *23*, 219-224.

Murty, V. P., Feldmanhall, O., Hunter, L. E., Phelps, E. A., & Davachi, L.（2016）. Episodic memories predict adaptive value-based decision-making. *Journal of Experimental Psychology：General*, *145*（5）, 548-558.

Newell, B. R., & Shanks, D. R.（2004）. On the role of recognition in decision making. *Journal of Experimental Psychology：Learning, Memory, and Cognition*, *30*（4）, 923-935.

O'Reilly, R. C., & Rudy, J. W.（2001）. Conjunctive representations in learning and memory：Principles of cortical and hippocampal function. *Psychological Review*, *108*（2）, 311-345.

Pachur, T., & Hertwig, R.（2006）. On the psychology of the recognition heuristic：Retrieval primacy as a key determinant of its use. *Journal of Experimental Psychology：Learning, Memory, and Cognition*, *32*, 983-1002.

Pachur, T., Mata, R., & Schooler, L. J.（2009）. Cognitive aging and the adaptive use of recognition in decision making. *Psychology and Aging*, *24*（4）, 901-915.

Pachur, T., Todd, P. M., Gigerenzer, G., Schooler, L.J., & Goldstein, D. G.（2011）. The recognition heuristic：A review of theory and tests. *Frontiers in Psychology*, *2*, 147.

Palombo, D. J., Keane, M. M., & Verfaellie, M.（2015）. How does the hippocampus shape decisions? *Neurobiology of Learning & Memory*, *125*, 93-97.

Pattwell, S. S., Duhoux, S., Hartley, C. A., Johnson, D. C., Jing, D., Elliott, M. D., et al（2012）. Altered fear learning across development in both mouse and human. *Proceedings of the National Academy of Sciences*, *109*（40）, 16318-16323.

Piaget, J., & Inhelder, B.（1951）. *The Origin of the Idea of Chance in Children.* London：Routledge & Kegan Paul.

Riggins, T.（2014）. Longitudinal investigation of source memory reveals different developmental trajectories for item memory and binding. *Developmental Psychology*, *50*（2）, 449-459.

Rowe, G., Hirsh, J. B., & Anderson, A. K.（2007）. Positive affect increases the breadth of attentional selection. *Proceedings of the National Academy of Sciences of the United States of America*, *104*（1）, 383-388.

Russell, J., Cheke, L. G., Clayton, N. S., & Meltzoff, A. N.（2011）. What can what-when-where（WWW）binding tasks tell us about young children's episodic foresight? Theory and two experiments . *Cognitive Development*, *26*（4）, 356-370.

Schacter, D. L., & Tulving, E.（1994）. What are the memory systems of 1994?//Schacter, D. L., & Tulving, E.（Eds.）. *Memory Systems 1994*（pp.1-38）. Cambridge：MIT Press.

Sedlmeier, P. E., & Betsch, T. E.（2002）. *Etc.：Frequency Processing and Cognition.* Oxford：Oxford University Press.

Serres, L.(2001). Morphological changes of the human hippocampal formation from midgestation to early childhood//Nelson, C. A., & Luciana, M. (Eds). *Handbook of Developmental Cognitive Neuroscience* (pp.45-58). Cambridge: MIT Press.

Shing, Y. L., Werkle-Bergner, M., Li, S. C., & Lindenberger, U. (2008). Associative and strategic components of episodic memory: A life-span dissociation. *Journal of Experimental Psychology: General*, *137* (3), 495-513.

Shohamy, D., & Wagner, A. D.(2008). Integrating memories in the human brain: Hippocampal-midbrain encoding of overlapping events. *Neuron*, *60* (2), 378-389.

Siegler, R. S. (1999). Strategic development. *Trends in Cognitive Sciences*, *3*, 430-435.

Spear, L. P.(2000). The adolescent brain and age-related behavioral manifestations. *Neuroscience & Biobehavioral Reviews*, *24* (4), 417-463.

Steinberg , L. (2010) . A dual systems model of adolescent risk-taking. *Developmental Psychobiology*, *52* (3), 216-224.

Steinberg, L., Albert, D., Cauffman, E., Banich, M., Graham, S., & Woolard, J. (2008). Age differences in sensation seeking and impulsivity as indexed by behavior and self-report: Evidence for a dual systems model. *Developmental Psychology*, *44* (6), 1764-1778.

Telzer, E. H. (2015). Dopaminergic reward sensitivity can promote adolescent health: A new perspective on the mechanism of ventral striatum activation. *Developmental Cognitive Neuroscience*, *17*, 57-67.

Tulving, E. (1985). Memory and consciousness. *Canadian Psychology*, *26* (1), 1-12.

Tulving, E. (2001). Episodic memory and common sense: How far apart? *Philosophical Transactions of the Royal Society of London*, *356* (1413), 1505-1515.

Tulving, E., & Markowitsch, H. J. (1998). Episodic and declarative memory: Role of the hippocampus. *Hippocampus*, *8*, 198-204.

Tversky, A., & Kahneman, D. (1973). Availability: A heuristic for judging frequency and probability. *Cognitive Psychology*, *5*, 207-232.

Vigilant, L., Roy, J., Bradley, B. J., Stoneking, C. J., Robbins, M. M., & Stoinski, T. S. (2015). Reproductive competition and inbreeding avoidance in a primate species with habitual female dispersal. *Behavioral Ecology and Sociobiology*, *69* (7), 1163-1172.

Wechsler, D. (1991). *WISC-III: Wechsler Intelligence Scale for Children*. New York: Psychological Corporation.

Weinert, F. E., & Schneider, W. (1999). *Individual Development from 3 to 12: Findings from the Munich Longitudinal Study*. Cambridge: Cambridge University Press.

Wertz, A. E., & Wynn, K. (2014). Thyme to touch: Infants possess strategies that protect them from dangers posed by plants. *Cognition*, *130* (1), 44-49.

Wimmer, G. E., & Shohamy, D. (2012). Preference by association: How memory mechanisms in the hippocampus bias decisions. *Science*, *338* (6104), 270-273.

Yonelinas, A. P., & Ritchey, M. (2015). The slow forgetting of emotional episodic memories: An emotional binding account. *Trends in Cognitive Sciences*, *19* (5), 259-267.

第二部分
儿童情景记忆及其监测能力测量的进展

　　情景记忆是有关个体自身的一种记忆，儿童情景记忆的发展对其自我同一性（sense of identity）的发展具有重要意义（Picard et al.，2013）。Tulving（2001）提出，情景记忆是发生在一定时间和空间背景下的、与个体相关的具体细节的记忆。因此，良好的情景记忆测验需要关注五个要素：核心事实信息（如物体、图片）、时间、空间、细节和对上述四个要素进行整合的能力。从情景记忆被提出以来，情景记忆的概念就在不断地发展和完善，相应的测量方式也在不断地发展和完善。从最开始仅对核心事实信息的记忆进行考察，到同时对项目记忆和来源记忆进行考察，再到对核心事实信息和时间、空间进行考察，一直发展到最近通过虚拟现实技术的测验能够同时考察情景记忆的五个方面。然而，一般的情景记忆测验却不适合对婴儿的情景记忆进行考察，因为婴儿处于前语言阶段。研究婴儿情景记忆，对于了解情景记忆的发展机制和情景记忆的起始发生时间有重要意义。所以，这一部分将介绍婴儿情景记忆的研究范式及眼动技术在婴儿情景记忆研究中的应用。

第五章 传统情景记忆测验及其新发展

　　从情景记忆被提出以来，情景记忆的概念就在不断地发展和完善，随之其测验方式也在不断地发展和完善。本章介绍了传统的情景记忆测验，包括纸笔或口述式情景记忆测验、基于核心事实信息的实验室情景记忆测验、基于项目记忆和来源记忆的实验室情景记忆测验、基于核心事实信息和时空背景的实验室情景记忆测验，重点介绍了基于项目记忆和来源记忆的实验室情景记忆测验，其中包括 R/K 范式、序列范式、多键范式、排除范式、纯来源范式等不同范式。传统的情景记忆测验的实验范式较多，操作灵活，适用范围广，但不能很好地反映出情景记忆的整体性，生态效度较差。近些年来，研究者开发出了基于虚拟现实技术的情景记忆测验，本章对此进行了详细的介绍。

第一节　传统的情景记忆测验

一、纸笔或口述式情景记忆测验

（一）纸笔或口述式情景记忆测验的理论基础

情景记忆包括对已经发生的事件的回忆和对没有发生的事件的想象两个部分。Tulving（2002）提出，情景记忆既可以是对过去发生的，在特定时间、特定地点或特定情景下的具体事件的模拟，也可以是对未来可能会发生的，在特定时间、特定地点或特定情景下的具体事件的模拟。无论是对已经发生事件的回忆，还是对未发生事件的想象，时间、空间、事件细节等信息都是个体谈论事件或者行为时的重要背景信息（Fivush & Nelson，2006；Fivush & Baker-Ward，2005）。情景记忆中对未来事件的想象，是个体将自我投射到未来，以预先体验未来可能要发生的事件，这是人类具有高度适应性认知能力的重要体现（Atance & O'Neill，2001）。前期关于情景记忆的研究主要集中于对已经发生事件的回忆的研究，后来许多关于情景记忆的研究开始包含对未来可能发生事件的想象的研究（Addis et al.，2008；Schacter et al.，2007）。所以，纸笔或口述式情景记忆测验包含对过去发生事件的回忆和对未来可能发生事件的想象两部分内容。

（二）纸笔或口述式情景记忆测验的施测过程

赵婧和苏彦捷（2013）采用口述式情景记忆测验，对学龄儿童的情景记忆能力与心理理论水平的关系进行了考察。测验分为回忆过去和想象未来两部分，要求被试回忆过去某段时间内发生的或者想象未来某段时间内可能会发生的一件印象深刻的事（包括具体时间、地点、人物、详细介绍）。计分时，统计被试在所有题目中谈及自我和他人的次数，以及谈及具体情景事件的数目（有明确的时间、地点和人物的一件具体的事情），即"谈及自我""谈及他人""谈及具体情景"的得分（Addis et al., 2008；Lu et al., 2008）。

（三）纸笔或口述式情景记忆测验的优点和不足

纸笔或口述式情景记忆测验施测简单，可以适用于各个年龄阶段，并可以将情景记忆测验扩展到想象未来的部分，在很大程度上丰富了情景记忆的内涵。纸笔或口述式情景记忆测验虽然也借用了 Tulving（2002）关于情景记忆的理论框架，认为情景记忆是对过去已经发生或者未来可能发生的具体事件的模拟，但没有更深入地对情景记忆的核心事实信息、时间、空间、细节四个要素整体进行考察。此外，该测验无法确定标准答案，所以也就无法判断被试的情景记忆内容是否正确。

二、基于核心事实信息的实验室情景记忆测验

早期关于情景记忆的测验大多只考察情景记忆中的核心事实信息，如对词的记忆、对图片的记忆等，很少对情景记忆中的背景信息进行考察，所以并非真正意义上的情景记忆测验，现在已经很少使用（Lezak et al., 2012）。之后，学者将情景记忆分为项目记忆和来源记忆两个成分（Jacoby，1991），并据此发展出了各种测量情景记忆的范式，成为目前情景记忆测验的主流范式。

三、基于项目记忆和来源记忆的实验室情景记忆测验

情景记忆是个体对发生在特定时间、特定空间、与个体自身相关且具有细节的事件的记忆。人们常常觉得见过某个人，但是又不知道在哪里见过；知道某件事情，但又不知道是从哪里知道的；知道自己听过某个故事，但是又不知道是谁对自己讲述的。这些现象反映了情景记忆中核心事实信息和背景信息的分离。研究者提出，情景记忆中的核心事实信息和背景信息涉及两种不同的记忆过程：有关事件核心事实信息的记忆被称为项目记忆，即对信息本身的记忆；有关事件背景信息的记忆被称为来源记忆，即对信息来源的记忆，此处的信息来源既包括获取信息时的时间和空间特征，也包括其他背景信息及信息获取的媒介和感知觉通道（Marcia et al., 1993）。

最早发现情景记忆中项目记忆和来源记忆会发生分离的是 Schacter 等（1984）。Schacter 和他的女助手想考察一位名为吉恩的具有外显的记忆缺陷的

病人是否具有掌握信息的能力。在研究中，Schacter 和他的一名女助手轮流向吉恩讲述一些人为编造的事件，例如，"鲍勃的父亲是一位消防员" "简·方达最喜欢的早餐是燕麦粥"。Schacter 或他的女助手向吉恩讲述完一个事件后，由另一个人马上对吉恩的记忆效果进行考察，问吉恩 "鲍勃的父亲的职业是什么？" "简·方达最喜欢的早餐是什么？" 等。结果出乎他们意料，吉恩有时能够给出上述问题的正确回答，但是当他们继续追问吉恩是如何知道这些事情的时候，吉恩却给出了各种不正确的答案，如 "侥幸猜中的" "在报纸上读到的" "在广播上听到的"，唯独不记得是 Schacter 或他的女助手刚刚告诉他的。也就是说，吉恩只能记得信息本身，但无法记住信息的来源。Schacter 将这种记忆缺陷称为来源失忆症，并将对核心事实信息的来源的记忆称为来源记忆。

后来，大量有关情景记忆的研究发现项目记忆和来源记忆存在显著区别。第一，很多研究发现，当被试对项目本身能进行正确再认或回忆时，他们却不能准确地报告项目的来源信息，而且这种现象具有跨年龄的一致性（Ackil & Zaragoza，1998；Ferguson et al.，1992；Foley & Johnson，1985）。第二，项目记忆和情景记忆之间出现了实验性分离，表现为有些因素能够影响项目记忆，却不影响来源记忆；而另外一些因素能够影响来源记忆，但是并不影响项目记忆（Lindsay et al.，1991；Rybash et al.，1997；Von Hecker & Meiser，2005）。第三，情景记忆中项目记忆和来源记忆的认知过程所激活的脑区不同。项目记忆主要依赖熟悉性加工，即基于不同熟悉强度的加工；而来源记忆主要依赖回想加工，即对来源信息的有意识提取（Jacoby，1991）。来自脑损伤病人的研究和使用功能性脑成像技术（如 fMRI）的研究都发现，旁海马皮层（parahippocampalcortices），特别是嗅周皮层与项目记忆有关，而海马与来源记忆有关，但也有研究者认为，项目记忆和来源记忆都与海马相关（Wais et al.，2010）。

根据情景记忆的项目记忆和来源记忆理论，研究者发展出了各种测量情景记忆的范式。一般对项目记忆进行测验时，要求被试对已经学过的项目进行新/旧判断或者回忆；对来源记忆进行测验时，要求被试判断学习核心事实信息时的背景信息，如判断事实内容是由男性还是女性读出的（杨志新和吴怀东，2000），学习时材料呈现的位置和颜色等（聂爱情等，2007）。项目记忆和来源记忆的研究范式主要有 R/K 范式、序列范式、多键范式、排除范式、纯来源范式等，下面我们将逐一进行介绍。

（一）R/K 范式

早期对情景记忆的研究多采用再认记忆范式、自由回忆范式、线索回忆范式或者内隐记忆测验范式等，但这些范式无法确定测量的是语义记忆还是情景记忆（张凤娇，2006）。Tulving 提出用 R/K 范式测量情景记忆，可以将情景记忆和语义记忆进行分离。

该范式一般采用词或者图片作为实验材料。整个实验分为学习阶段和测验阶段。在学习阶段，主试通过计算机给被试逐个呈现实验材料，要求被试对其进行记忆或者其他认知操作，如判断所呈现刺激是词还是非词，判断所呈现刺激的颜色等。学习阶段完成之后，进入情景记忆测验阶段。在测验阶段中，主试将在学习阶段出现过的刺激和未在学习阶段出现过的但是与其具有相似性的刺激进行混合，之后逐一呈现给被试，要求被试判断这个刺激是否在前面的学习阶段出现过。如果被试判断该刺激在前面的学习阶段出现过，则需要进一步判断该刺激为"知道"（know，K）还是"记得"（remember，R）。Tulving（1999）将"知道"描述为"知道在前面的学习阶段见过该刺激，但不记得当时的具体情景"，将"记得"描述为"不仅知道该项目曾经在前面的学习阶段出现过，而且记得当时的具体情景，如自身的情感、鲜明的表象，以及其他的特殊细节"。研究者常使用信号检测论对数据进行分析，计算被试对新/旧判断的击中率、虚报率。项目记忆的成绩通常用"击中率−虚报率"或者辨别力指数（d'）来表述。

R/K 范式虽然能够比较好地区分情景记忆和语义记忆，也是目前应用最为广泛的情景记忆测验范式，但是也存在一定的问题，如无法判断被试做出"R"反应时的情景记忆是否准确。

（二）序列范式

序列范式在来源记忆研究中出现得比较早，也是应用较多的一种范式。Wilding 等（1995）的研究就使用了这一范式，在这一研究中，首先在学习阶段，被试听或看一些单词；接着在测验阶段，将学过的单词、没学过的单词混合在视觉或听觉通道呈现，被试的任务首先是判断单词是不是在学习阶段学过的（项目再认），如果单词被判断为学过的，被试就接着判断这一单词是看到的还是听到的。

此后，其他一些研究者也使用了相同的范式。例如，Wilding 和 Rugg（1996）的研究是在学习阶段由男性或女性读出单词，测验阶段也是首先要求被试判断单词是否在学习阶段学过,即新/旧判断,如果单词被判断为"旧",接着判断学习阶段读该单词者是男性还是女性。Lorsbach 等(1991)曾使用该范式研究了学习障碍儿童的来源记忆。在学习阶段,给被试呈现 32 个需要填空的句子,如"Kermit is the name of a＿＿＿＿",答案总是一个名词,并且仅存在一个正确答案,分别要求被试说出或仅仅思考该填什么词。在测验阶段,呈现的刺激包括 32 个正确答案和 32 个新词,要求被试先做新/旧判断,当被试判断为"旧"时,则要求其报告在学习阶段他们仅仅是说出了该答案,还是仅仅思考过该答案。从 20 世纪 90 年代后期开始,该范式被越来越多的研究者使用。

序列范式的主要缺陷是来源判断任务的滞后性,被试也许在做项目判断时已经提取了来源信息,但由于实验范式的局限性,来源判断任务必须在项目判断任务完成后进行。

（三）多键范式

多键范式是为克服序列范式的不足而提出的,其基本思想是先学习几种不同来源(如不同颜色、不同位置、不同系列)的项目,然后在测验阶段,新、旧项目混合呈现,被试的任务是在判断项目是不是学过的同时,还要提取旧项目在学习阶段的来源。由此,相应的反应为:"旧+来源 1""旧+来源 2"……以及"新"。使用这种范式的研究也相当多,如 Kuo 和 Van Petten(2006)呈现由不同颜色描绘的图形;Guo 等在不同形状的图形上呈现汉字(Guo et al., 2006,2010);Senkfor 等(1998)播放不同来源的声音;Michael 等(1999)呈现不同位置的单词。

与序列范式不同的是,多键范式的来源信息与项目是被同时提取的,在研究中使用这一范式能保证来源信息的提取与大脑记录同步进行,但这一实验范式也存在一定的不足,即对结果进行解释时相对困难。较小儿童对任务理解有难度,因此,儿童实验研究中较少使用该范式。

（四）排除范式

排除范式也是一种经典范式,由 Jacoby(1991)提出,其基本过程是首先学习不同背景中的项目,接着在测验阶段,新、旧项目混合呈现,要求被试把在其中一种背景中学习的项目判断为目标刺激,而把在其他背景中学习的项目及新项目判断为非目标刺激。统计新/旧判断的正确率,将其作为情景记忆的指标。

在 Wilding 和 Rugg(1996)的研究中,先由不同性别的声音读出单词,接着,在测验阶段要求被试把在一种性别的声音中获得的单词判断为目标,而把在另一种性别的声音中获得的单词与新单词判断为非目标。此后,采用这一范式的研究也较多，如 Henson 等（1999）发表了有关单词再认的排除范式研究，Yael 等（2003）进行了图形颜色的来源记忆研究。当然，排除范式也存在一定的不足，即对项目进行排除判断时存在猜测因素，被试以熟悉性为基础就可以对非目标项目做出排除反应，而只对目标项目进行更多的控制加工。

（五）纯来源范式

虽然上述范式从形式上将再认与源检测进行了分离，然而从逻辑上来讲，只要要求被试对再认的项目进行源检测，就不可避免地包含了这样的假设，即源检测总是在再认之后发生，必须以再认为前提。然而，不可排除的一种可能是，在日常生活中，当我们在路上偶遇许多年前的同窗时，也许首先进入我们脑海的是当年在学堂中嘻嘻玩笑的情景，正是这些背景信息使我们得以确认此人是谁。由此，必须找到一种再认与源检测彼此互不干扰的任务，排除再认与源检测互相干扰的可能。为此，Hikari（1998）提出了纯来源范式，其基本思想是，在测验阶段只呈现学过的旧项目，要求被试判断项目的来源。

早在 1981 年，Johnson 和 Foley 就曾借助于此范式研究来源记忆，分析了来源记忆与项目记忆间的区别。然而，到目前为止，使用该范式的研究并不多见。此外，运用多键范式和序列范式都很难进行神经生理研究，如使用多键范式，很难分辨事件相关电位（event related potential，ERP）、fMRI 记录到的脑部激活部位到底是由再认还是由源检测引起的；使用序列范式也一样，该任务要求源检测在时间上相对滞后，而事实上，很有可能在做再认判断时，源检测就已经发生了，因此记录到的激活脑区可能发生混淆。纯来源范式使得源检测彻底与再认等项目记忆相分离，避免了序列范式中源检测的滞后性，特别适于神经生理研究。一方面，研究者可以要求被试分别进行再认等项目记忆任务和纯来源任务，分别用 ERP、fMRI 等技术记录脑部反应，如 Scott 等（2003）的研究；另一方面，研究者也可以在同一任务中要求被试对某些刺激进行再认，而对另一些刺激进行源检测，分别用 ERP、fMRI 等技术记录脑部反应，如 Mitchell 等（2006）的研究。

四、基于核心事实信息和时空背景的实验室情景记忆测验

纸笔测验通常聚焦于记住事实信息（如词和数的列表）的能力，而上述项目记忆和来源记忆测验只是区分了项目记忆和来源记忆，与实际生活中的情景记忆还有较大差异，没有对事件发生的时空背景进行评估（Lezak et al., 2012）。此外，上述测验所使用的刺激与真实世界的情景是非常不同的，而且缺乏丰富性和自我关联性，和个体日常生活中的情景记忆有低相关（Matheis et al., 2007；

Plancher et al.，2010，2012），难以准确预测个体的日常情景记忆能力（Farias et al.，2003；Gioia & Isquith，2004）。

因此，为了更好地评估情景记忆及其发展，Drummey 和 Newcombe（2002）设计了一个适合儿童的范式。实验人员教授 4 岁、6 岁和 8 岁儿童新颖（但真实）的事实，如尼罗河是世界上最长的河流。一周后，当儿童记得这个事实时，他们被问及他们是如何知道这些信息的。结果表明，4 岁儿童的来源记忆水平较差，6 岁和 8 岁儿童的来源记忆水平较 4 岁儿童更高，6 岁和 8 岁儿童的来源记忆水平之间没有差异。

Guillery-Girardet 等（2013）开发了"什么-在哪-何时"（what-where-when paradigm）范式考察儿童情景记忆的发展。在"什么-在哪-何时"范式中，儿童需要分别完成"什么"任务、"在哪"任务和"何时"任务。在"什么"任务中，用一个特制小册子呈现实验材料。实验材料为一张动物图片和一张非动物图片（特征），动物图片在左侧，非动物图片在右侧（图 5-1）。其中 1/3 的刺激配对是主试事先安排好的，1/3 的配对是主试当着被试的面完成的，另外 1/3 的配对需要被试自己完成。在被试配对过程中，主试把所有剩余的特征图片（非动物图片）给被试，然后逐一呈现动物图片，要求被试根据自己的意愿进行匹配。

在测验阶段，主试逐一呈现非动物图片，要求被试匹配当时呈现的动物图片；然后进行记得/知道/猜测（remember/know/guess，R/K/G）任务，考察被试对图片的匹配是"记得"、"知道"还是"猜测"；之后再要求被试判断匹配的来源，是事先匹配好的，还是主试匹配的，还是被试自己匹配的。计算正确配对的个数，作为"什么"任务的得分。

图 5-1 "什么"任务示意图

资料来源：Guillery-Girard，B.，Martins，S.，Deshayes，S. Hertz-Pannier，L.，Chiron，C.，Jambaqué，I.，et al.（2013）. Developmental trajectories of associative memory from childhood to adulthood：A behavioral and neuroimaging study. *Frontiers in Behavioral Neuroscience*，*27*，1-12

在"在哪"任务中，要求被试根据动物图片边框的颜色，将其匹配到带有相同颜色色块的相应的格子里。之后，被试有 1 分钟的时间可以继续查看动物与格子的匹配（图 5-2）。

在测验阶段，动物图片的边框没有颜色，格子中也没有色块。主试将所有的动物图片一起给被试，要求被试填在之前配对的格子里。计算放对位置的动物图片的个数，作为"在哪"任务的得分。

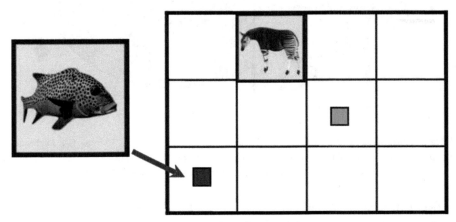

图 5-2 "在哪"任务示意图

资料来源：Guillery-Girard，B.，Martins，S.，Deshayes，S. Hertz-Pannier，L.，Chiron，C.，Jambaqué，I.，et al.（2013）. Developmental trajectories of associative memory from childhood to adulthood：A behavioral and neuroimaging study. *Frontiers in Behavioral Neuroscience*，27，1-12

在"何时"任务中，要求被试将所有的动物图片根据颜色匹配在木质轮子的卡槽里。轮子转动一次，被试只能看到一个卡槽。当被试将所有的图片都放入轮子上的卡槽后，被试有 1 分钟的时间可以观看展示完整图片顺序的卡槽（图 5-3）。

在测试阶段，动物图片的边框没有颜色，卡槽中也没有色块。主试将所有的动物图片一起给被试，要求被试放在之前配对的卡槽中。如果被试将动物图片放在了对应的卡槽中，计 1 分；如果没有放到对应的卡槽中，但是在顺序上与前面图片保持一致，计 0.5 分，例如，第一张图片，第二张图片、第三张图片分别放在了第一个位置，第二个位置、第三个位置，则每张图片计 1 分；如果第七张图片、第八张图片、第九张图片分别放在了第一个位置、第二个位置、第三个位置，则第七张图片与前一张图片在顺序上不一致，不得分，第八张图片、第九张图片与前一张图片在顺序上一致，各计 0.5 分。之后将分数相加，作为"何时"任务的得分。

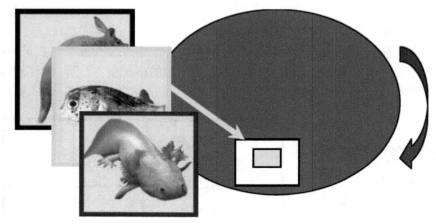

图 5-3 "何时"任务示意图

资料来源：Guillery-Girard，B.，Martins，S.，Deshayes，S. Hertz-Pannier，L.，Chiron，C.，Jambaqué，I.，et al.（2013）. Developmental trajectories of associative memory from childhood to adulthood：A behavioral and neuroimaging study. *Frontiers in Behavioral Neuroscience*，27，1-12

在计算情景记忆总分时，需要首先将"什么"任务、"在哪"任务和"何时"任务得分转化为标准 Z 分数，然后用这些标准 Z 分数合成情景记忆总分。

五、传统情景记忆测验的优点与不足

情景记忆测验的实验范式较多，操作灵活，适用范围广。研究者可以根据不同的实验要求，选择不同的情景记忆测验的实验范式。例如，考察情景记忆脑机制的研究，需要捕捉回忆阶段脑内的神经生理活动情况，所以不能选择序列范式，只能选择多键范式或者排除范式。灵活性还表现在根据被试不同的年龄和能力，选择适合的实验设置和实验材料进行测验。例如，以正常成年个体为被试，可以选择记忆难度较大的材料作为实验材料，刺激呈现时间可以较短，以免出现地板效应；如果测验被试为儿童，则可以选择较容易记忆的材料进行测验，并将材料呈现较长的时间，以免出现天花板效应。

情景记忆的实验性测验操作灵活，适用范围广，但同时也带来了一定的问题。其一，不同测验结果难以进行比较。因为不同的研究者采用的范式不同，即使采用了相同的范式，但是在实验材料、实验设置等方面也存在差别，所以测验结果只能在单一研究内进行比较，不同研究的测验结果无法进行直接比较。

由此对测验结果的解释也带来了一定的困难。其二，传统的实验测验一般只能对项目记忆和来源记忆进行测量，而不能同时就核心事实信息、细节、时间、空间和对上述四个要素整合的能力等五个方面同时进行考察。其三，上述的实验范式与真实情景差距甚大，测验结果在现实生活中的应用价值受到限制。

第二节　情景记忆测验的新发展——虚拟现实技术的运用

真正的情景记忆评估，意味着要测试作为一个整体的所有情景记忆的成分以及各成分之间的复杂联系。虽然目前有许多情景记忆测验可用，但很少有测验能完全体现出情景记忆的内涵。事实上，这些测验通常聚焦于记住核心事实信息的能力，而很少能评估其对时间、空间等背景信息的记忆，更别提复杂的绑定过程了。正是这个复杂的绑定过程使一个情景的不同特征相互联系，从而形成紧密结合的心理表征。

此外，传统情景记忆测验的生态效度受到了批评（Bowman，1996；Farias et al.，2003；Sbordone & Long，1996；Schultheis et al.，2002）。这些情景记忆测验背离了日常生活的场景，它们所使用的刺激与真实世界的情景是非常不同的，而且缺乏丰富性和自我关联性。因为这些测验远离人们的日常生活经验，所以个体在测验中的表现并不能预测个体在真实世界中的行为（Bowman，1996；Farias et al.，2003；Sbordone & Long，1996；Schultheis et al.，2002；Jacoby et al.，1996；Pearman & Storandt，2004；Reid & Maclullich，2006）。我们在日常生活中的大部分记忆操作是无意识的，而不是有意识的。然而，心理学测试通常不使用无意识学习，因为当编码不被控制时，研究者难以对其测量。以前的实验研究表明，当被试有意识地学习项目时，也就是说，为了记住项目，他们做出了有意识的努力的时候，他们的记忆任务比他们无意识地学习项目或没有被告知他们的记忆将被测试时表现更好（Greene，1986；Neill et al.，1990；Old & Naveh-Benjamin，2008）。

因此，经典情景记忆测验不能很好地反映出情景记忆的整体性（Pearman &

Storandt，2004）。为促进情景记忆研究的发展，需要开发出一种能提高生态效度和增加实验控制的新的测量情景记忆的工具。虚拟现实技术的发展，为能够反映出情景记忆的整体性且具有很高生态效度的情景记忆测验的产生提供了可能性。虚拟现实技术是一种可以创建和体验虚拟世界的计算机仿真系统，它利用计算机生成一种模拟环境，是一种多源信息融合的、交互式的三维动态视景和实体行为的系统仿真，使用户沉浸到该环境中。相比于传统的情景记忆测验，使用虚拟现实技术的情景记忆测验可以使用户体验更接近日常生活。

一些学者已经开始运用虚拟现实技术来对情景记忆进行研究（Burgess et al.，2001；Plancher et al.，2010）。采用虚拟现实技术进行情景记忆测验，已成为情景记忆测验发展的重要趋势之一。

一、应用基于虚拟现实技术的情景记忆测验的案例

Parsons 和 Rizzo（2008）开发了一个情景记忆测试。在这个情景记忆测试中，年轻的被试被要求学习和回忆在虚拟情景中呈现的物体。结果发现，被试在采用虚拟现实技术的情景记忆测验中的表现与传统的情景记忆测验结果一致。这个结果表明，被试在虚拟情景中的学习涉及类似于学习语言材料的过程。

Plancher 等（2008）通过采用虚拟现实技术的情景记忆测验考察了情景记忆的年龄发展特点。在他们的实验中，被试置身于一个虚拟城镇中，有的驾驶汽车，有的作为一个旅客，会遇到不同的特定区域（如市政厅、火车站）。在沉浸结束时，研究者通过一个情景记忆测试来评估被试对特定区域的记忆和对时间、空间背景的记忆。初步结果表明，老年被试相比于年轻被试的项目记忆和对时间、空间背景的记忆都更差。

随后，Plancher 等（2010）进行了另一项利用虚拟现实技术测量情景记忆的研究，不仅考察了项目记忆和时间、空间背景的记忆，而且考察了情景记忆中的特征绑定，我们在这里进行较详细的介绍。Plancher 等的研究主要有两个目的：第一，在虚拟环境中探索情景记忆中的项目记忆、时间背景、空间背景以及特征绑定的年龄效应；第二，观察在有意编码和无意编码条件下情景记忆的年龄效应。研究选择了 82 名年轻人和 78 名没有痴呆症的老年人作为被试，年龄（年轻人、健康老年人）和编码形式（无意编码、有意编码）为被试间变量。

虚拟环境由计算机生成的三维模型组成。这个环境是用 Virtools Dev 3.0 软件（www.virtools.com）构建的。虚拟环境在笔记本电脑上运行，并使用具有真

正的方向盘、油门踏板和刹车踏板的虚拟设备进行探索。研究者将虚拟环境用投影仪投射到高 85 厘米、宽 110 厘米的屏幕上。被试坐在一个舒适的椅子上，虚拟环境被投射在他们面前 150 厘米处。被试沉浸在虚拟环境中之前，先在空的虚拟环境中接受了培训。培训课程一直持续到他们对虚拟环境感觉舒适为止。被试可以自由地在训练轨道上的任何地方驾驶汽车，要求被试不要驾驶得太快，然后让被试沉浸在虚拟环境中。虚拟环境是基于巴黎的城市环境创建的。虚拟环境中只有一条可用的路线，由 9 个弯道、10 个特定区域组成。这些特定区域按被试遇到的顺序排列，依次为高层建筑、商店、路障、市政厅、餐厅、车祸现场、火车站、拱廊建筑物、旧红色建筑物和公园。垃圾箱、障碍物、树木、广告牌和静止的汽车构成了该城镇的其他一些元素。每个特定区域都有某些这样的其他元素，例如，在市政厅前，有一个女人在走路、一个广告牌、障碍物和树木。

被试被随机分配到无意编码和有意编码的实验条件之下。在无意编码条件下，只要求被试开车穿过虚拟城镇，仿佛刚来到这里居住一样看一看它。在有意编码条件下，要求被试尽量记住尽可能多的元素，并记住行程，以便他们能够在演示结束时回想起来。在这种条件下，他们也被告知要关注这个虚拟的城镇，想象他们刚刚来到这里居住。在城镇驾驶结束后，对所有的被试进行了相同的情景记忆测试。要求被试以书面形式自由回忆：尽可能多地回忆出虚拟情境中的要素及与此相关联的时间、地点和细节。自由回忆的指令如下："回忆你在城镇中看到的所有元素，元素的细节，看到元素的时间（在驾驶的开始、在中间或者在最后）和地点（在你的前方、左边或者右边）。"例如，一个可能的答案是：在城镇的尽头，有一个带有时钟的火车站在被试的前方。为了测试被试在自由回忆下记忆中的视觉空间，要求被试绘制城镇地图并在地图上定位元素。当他们完成这个任务时，要求被试在正确的地图上指出元素的位置。回忆任务完成之后再进行一个再认任务。被试必须从 3 个不同的图像中选择他们在城镇中看到的项目。这个测试由 10 个关于城镇中的元素和位置的问题组成。有 5 个问题是关于交通事故的，例如，"你在事故现场前看到了谁？"还有 5 个问题涉及城镇上的其他元素，例如，"集装箱是什么颜色的？"

该情景记忆测验分别对项目记忆、细节、时间、地点和绑定进行评分。项目记忆的评分为被试能够自由回忆出来的元素数量。虚拟情境中，共有 10 个主要元素（如火车站、餐厅、市政厅等）和 22 个与主要元素相关的次要元素（如火车站旁的女孩儿），总共 32 个元素。对于细节的评分共有 22 个评分点，如"女人的红色 T 恤"。对于时间记忆的评分共有 32 个评分点，即被试必须回想起元素是何时出现的，是驾驶的"开始"、"中间"还是"最后"。地点记忆的评分分为两个不同部分：口头的地点回忆和视觉空间任务的地点回忆。对于口头的地点回忆来说，被试必须记住与元素相关的空间信息，如元素是"在他们前方"、"在他们的左边"还是"在他们的右边"，共 32 个评分点。对于视觉空间任务的地点回忆来说，要求被试绘制城镇地图并在地图上定位元素，共 41 个评分点，包括基于正确转弯的数量（9 个）和基于在地图上正确定位元素的数量（32 个）。

对于绑定的评分如下，当一个元素被回忆时，被试也能够回忆起相关成分（如细节、时间、口头空间和视觉空间）。例如，如果被试回忆起火车站，那么记录被试看到它的时间和地点的回忆，以及关于它的细节的回忆。一共有 5 种不同的绑定得分：①被试除了元素的信息之外，不能回忆起任何信息；②被试除了元素的回忆之外，还能回忆起 1 个相关的信息（如时间的回忆）；③被试除了元素的回忆之外，还能回忆起 2 个相关的信息（如时间和口头空间的回忆）；④被试除了元素的回忆之外，还能回忆起 3 个相关的信息（如时间、口头空间和视觉空间的回忆）；⑤被试除了元素的回忆之外，还能回忆起 4 个相关的信息（如时间、口头空间、视觉空间和细节的回忆）。对于每个绑定得分，既可以计算绑定百分比（正确绑定的数量除以所回忆的元素的总数），以实现被试之间的比较，也可计算整体的绑定得分。

研究结果显示，在有意编码条件下，项目记忆表现出随着年龄的增长而下降的趋势。空间和绑定方面的情景记忆能力，在有意编码和无意编码条件下，均表现出了随年龄增长而下降的趋势。该研究采用一种新的基于虚拟现实技术的情景记忆测验验证了前人的结果，并用它来评估对复杂场景的绑定。这些结果表明，基于虚拟现实技术的情景记忆测验可以作为评估情景记忆年龄特征的有效工具。

除了开发适合成年人和老年人的基于虚拟现实技术的情景记忆测验外，也有研究者开发了适合儿童的基于虚拟现实技术的情景记忆测验。

Picard 等（2017）为了开发一个新的具有生态效度的，能够同时测量儿童和成年人的情景记忆测验工具，使用基于虚拟现实技术的情景记忆测验和传统情景记忆测验任务，分别对 6～24 岁的 125 名被试（67 名女孩，58 名男孩）施测，他们被分成 6 个年龄组：6 岁（24 名），7 岁（24 名），8～10 岁（25 名），10～12 岁（15 名），14～16 岁（15 名）和 18～24 岁（22 名）。然后对用两种测验所得到的情景记忆能力的发展概况进行比较。

基于虚拟现实技术的情景记忆测验场景由计算机生成的虚拟环境的三维模型组成。这个环境是由 Virtools Dev 3.0 软件和 3D 软件构建的，用于创造虚拟城市情景展。城镇环境是虚构的，但有些建筑是基于法国巴黎的建筑风格而虚构的。虚拟环境在一台笔记本电脑上运行，被试必须使用操纵杆来探索虚拟城市。在进入城镇之前，被试接受了培训，直到他们对使用仪器感到舒适为止。训练时使用的道路是一个空的道路，与正式测验时使用的环境相比，除了这条道路有一些相似性外，二者没有任何其他的共同元素。实验中不是仅仅向被试展示一个在城镇里行走的录像，而是让被试通过自己操纵行走在这个城镇里，因为与前者相比，后者能显示出更独特的记忆痕迹。被试沉浸在虚拟的城市环境中，环境中带有典型的城市噪声的背景声音。环境中只有一条可用的路线，周围有各种各样的视觉元素。总共有 27 种不同的元素在沉浸过程中被观察到。每个元素只能遇到一次。一些元素是非常独特的，与其他元素完全不同（如喷泉、火车站），而其他一些元素则不那么鲜明，结合了共同特征和独特细节（例如，遇到了好几个男人，但只有一个穿棕色 T 恤的光头男人）。元素被放在路的左边、右边或者中间。在编码阶段，被试被告知，他们必须去拜访一个住在火车站附近的、开着门的红色建筑里的朋友。为了找到路线，他们必须跟随显眼的黄色广告牌上画着的路线图导航，这确保了所有的被试都能看到每一种元素。在虚拟城市的行走过程中，被试必须尽量记住尽可能多的元素，以便在展示结束后回忆起这些元素。他们不仅要注意这些元素，而且还要注意它们的细节、遇到的地点和时间。要记住的元素经常被安排在广告牌和广告牌之间以及广告牌周围。因此，所有的被试都会以相同的顺序遇到所有的元素。暴露时间是不受限制的，它取决于被试的速度。测试阶段出现在编码阶段结束后 15 分钟。在测验阶段，要求被试采用自由回忆的方式，尽可能多地回忆编码阶段所遇到的信息，而不需要任何特定顺序的说明。答案是由被试口述的，由主试记录（Plancher et al.，2013）。

研究结果显示，主要的情景记忆成分的发展速度较慢，情景记忆的发展横跨了从儿童到成年早期这样一个宽泛的年龄范围。此外，基于虚拟现实技术的情景记忆测验和传统情景记忆测验中都发现了年龄效应，但发展情况有所不同，传统情景记忆测验对年龄效应不像基于虚拟现实技术的情景记忆测验那么敏感。基于虚拟现实技术的情景记忆测验显示出了更精细的和更长期的年龄差异，证实了情景记忆在青春期以后仍在持续发展。

二、基于虚拟现实技术的情景记忆测验的优点

（一）更接近日常生活经验

传统情景记忆测验不能很好地反映出情景记忆的整体性，生态效度较差（Pearman & Storandt，2004）。虚拟现实技术是灵活的，可以创建无限的环境和实验任务，以贴近真实生活情境。虚拟现实技术使用一个由电脑生成的三维环

境，环境中包含多种感官刺激（如视觉、听觉、嗅觉、本体感受等）（Schultheis & Rizzo，2001）。此外，当被试沉浸在虚拟环境中时，他们在其中对自己有更多的控制感，可以有真实的沉浸感（Mestre & Fuchs，2006）。Plancher 等（2010）的研究也发现，相比于传统的情景记忆测验，基于虚拟现实技术的情景记忆测验与日常认知测验的相关程度更高。

（二）更具有年龄敏感性

使用基于虚拟现实技术的情景记忆测验的少数几项研究（Burgess et al.，2001；Plancher et al.，2013）的结果表明，与传统情景记忆测验相比，基于虚拟现实技术的情景记忆测验对于觉察年龄效应更敏感，能更准确地描述情景记忆的缺损（Spiers et al.，2001）。众所周知，自我中心比非自我中心的发展更早，在空间测量上，大多数纸笔测验和实验室测验根据非自我中心参照来评估空间记忆，基于虚拟现实技术的情景记忆测验实现了在编码和提取任务中依赖自我中心的空间参照框架。Picard 等（2017）的研究发现，虽然在基于虚拟现实技术的情景记忆测验和传统情景记忆测验中都发现了年龄效应，但传统情景记忆测验对年龄效应不像基于虚拟现实技术的情景记忆测验那么敏感，基于虚拟现实技术的情景记忆测验显示出了更强的年龄敏感性。

（三）能够增加被试的测验动机

Picard 等（2017）在研究中发现，基于虚拟现实技术的情景记忆测验验能增加刺激的丰富性，使测验更有趣。Harris 和 Reid（2005）也发现，基于虚拟现实技术的情景记忆测验能增加被试在测验中的动机。所以，基于虚拟现实技术的情景记忆测验更适合儿童（Attree et al.，2009）。

参 考 文 献

聂爱情，郭春彦，沈模卫.（2007）. 图形项目记忆与位置来源提取的 ERP 研究. 心理学报，（1），50-57.

杨志新，吴怀东.（2000）. 男女大学生对两性嗓音源记忆的差异性研究. 心理科学，（3），329-331，383.

张凤娇.（2006）. 双侧水平眼跳对老年人情景记忆衰退的影响. 长春：东北师范大学.

赵婧，苏彦捷.（2013）. 学龄儿童的情景记忆与心理理论的关系. 心理与行为研究，11（2），158-163.

Ackil, J. K., & Zaragoza, M. S. (1998). Memorial consequences of forced confabulation: Age differences in susceptibility to false memories. *Developmental Psychology*, *34* (6), 1358-1372.

Addis, D. R., Wong, A. T., & Schacter, D. L. (2008). Age-related changes in the episodic simulation of future events. *Psychological Science*, *19* (1), 33-41.

Atance, C. M., & O'Neill, D. K. (2001). Episodic future thinking. *Trends in Cognitive Sciences*, *5* (12), 533-539.

Attree, E. A, Turner, M. J., & Cowell, N. (2009). A virtual reality test identifies the visuospatial strengths of adolescents with dyslexia. *Cyberpsychology and Behavior*, *12* (2), 163-168.

Bowman, M. L. (1996). Ecological validity of neuropsychological and other predictors following head injury. *Clinical Neuropsychologist*, *10*, 382-396.

Burgess, N., Maguire, E. A., Spiers, H. J., & O'Keefe, J. (2001). A temporoparietal and prefrontal network for retrieving the spatial context of lifelike events. *Neuroimage*, *14*, 439-453.

Cansino, S., Maquet, P., Dolan, R. J., & Rugg, M. D. (2002). Brain activity underlying encoding and retrieval of source memory. *Cerebral Cortex*, *12* (10), 1048-1056.

Cycowicz, Y. M., Friedman, D., & Duff, M. (2003). Pictures and their colors: What do children remember? *Journal of Cognitive Neuroscience*, *15* (5), 759-768.

Dobbins, I. G., Foley, H., Schacter, D. L., & Wagner, A. D. (2002). Executive control during episodic retrieval: Multiple prefrontal processes subserve source memory. *Neuron*, *35* (5), 989-996.

Drummey, A. B., & Newcombe, N. S. (2002). Developmental changes in source memory. *Developmental Science*, *5* (4), 502-513.

Farias, S. T., Harrell, E., Neumann, C., & Houtz, A. (2003). The relationship between neuropsychological performance and daily functioning in individuals with Alzheimer's disease: Ecological validity of neuropsychological tests. *Archives of Clinical Neuropsychology*, *18* (6), 655-672.

Ferguson, S. A., Hashtroudi, S., & Johnson, M. K. (1992). Age differences in using source-relevant cues. *Psychology and Aging*, *7* (3), 443-452.

Fivush, R., & Baker-Ward, L. (2005). The search for meaning: Developmental perspectives on internal state language in autobiographical memory. *Journal of Cognition & Development*, *6* (4), 455-462.

Fivush, R., & Nelson, K. (2006). Parent-child reminiscing locates the self in the past. *British Journal of Developmental Psychology*, *24* (1), 235-251.

Foley, M. A., & Johnson, M. K. (1985). Confusions between memories for performed and imagined actions: A developmental comparison. *Child Development*, *56* (5), 1145-1155.

Gioia, G. A., & Isquith, P. K. (2004). Ecological assessment of executive function in traumatic brain injury. *Developmental Neuropsychology*, *25* (1-2), 135-158.

Greene, R. L. (1986). Word stems as cues in recall and completion tasks. *Quarterly Journal of Experimental Psychology*, *5*, 163-166.

Guillery-Girard, B., Martins, S., Deshayes, S., Hertz-Pannier, L., Chiron, C., & Jambaqué, I., et al. (2013). Developmental trajectories of associative memory from childhood to adulthood: A behavioral and neuroimaging study. *Frontiers in Behavioral Neuroscience*, *27*, 1-12.

Guo, C. Y., Chen, W. J., Tian, T., Paller, K. A., & Voss, J. L. (2010). Orientation to learning context modulates retrieval processing for unrecognized words. *Chinese Science Bulletin*, *55*（26）, 2966-2973.

Guo, C. Y., Duan, L., Li, W., Paller, K. A. (2006). Distinguishing source memory and item memory: Brain potentials at encoding and retrieval. *Brain Research*, 1118, 142-154.

Hala, S., Rasmussen, C., & Henderson, A. M. E. (2005). Three types of source monitoring by children with and without autism: The role of executive function. *Journal of Autism and Developmental Disorders*, *35*（1）, 75-89.

Harris, K., & Reid, D. (2005). The influence of virtual reality play on children's motivation. *Canadian Journal of Occupational Therapy*, *75*（1）, 21-29.

Henson, R. N. A., Shallice, T., & Dolan, R. J. (1999). Right prefrontal cortex and episodic memory retrieval: A functional MRI test of the monitoring hypothesis. *Brain*, *122*（7）, 1367-1381.

Hikari, K. (1998).*Recognition Memory vs. Source Memory: A Comparison of Their Time-course in a Speed-accuracy Trade-off Paradigm*. PHD dissertation, New York University.

Jacoby, L. L. (1991). A process dissociation framework: Separating automatic from intentional uses of memory. *Journal of Memory and Language*, *30*（5）, 513-541.

Jacoby, L. L., Jennings, J. M., & Hay, J. F. (1996). Dissociating automatic and consciously controlled processes: Implications for diagnosis and rehabilitation of memory deficits// Herrmann, D. J., McEvoy, C. L., Hertzog, C., Hertel, P., & Johnson, M. K. (Eds.). *Basic and Applied Memory Research: Theory in Context*（Vol. 1, pp. 161-193）. Mahwah: Erlbaum.

Kuo, T. Y., & Van Petten, C. (2006). Prefrontal engagement during source memory retrieval depends on the prior encoding task. *Journal of Cognitive Neuroscience*, *18*（7）, 1133-1146.

Lezak, M. D., Howieson, D. B., Bigler, E. D., & Tranel, D. (2012). *Neuropsychological assessment*. New York: Oxford University Press.

Lindsay, D. S., Johnson, M. K., & Kwon, P. (1991). Developmental changes in memory source monitoring. *Journal of Experimental Child Psychology*, *52*（3）, 297-318.

Lorsbach, T. C., Melendez, D. M., & Carroll-Maher, A. (1991). Memory for source information in children with learning disabilities. *Learning and Individual Differences*, *3*（2）, 135-147.

Lu, H., Su, Y., & Wang, Q. (2008). Talking about others facilitates theory of mind in Chinese preschoolers. *Developmental Psychology*, *44*（6）, 1726-1736.

Marcia, K. J., Hashtroudi S, & Stephen, L. D. (1993). Source Monitoring. *Psychological Bulletin*,

114（1）, 3-28.

Matheis, R. J., Schultheis, M. T., Tiersky, L. A., DeLuca, J., Millis, S. R., & Rizzo, A. （2007）. Is learning and memory different in a virtual environment? *Clinical Neuropsychologist*, *21*（1）, 146-161.

McAllister-Williams, R., & Rugg, M.（2002）. Effects of repeated cortisol administration on brain potential correlates of episodic memory retrieval. *Psychopharmacology*, *160*（1）, 74-83.

Mestre, D. R., & Fuchs, P.（2006）. Immersion et présence// Fuchs, P., Moreau, G., Berthoz, A., Vercher, J. L.（Eds.）. *Le traitéde la réalitévirtuelle*（pp.309-338）. Paris: Ecole des Mines de Paris.

Michael, D. R., Astrid M S., & Michael C.（1999）. Event-related potentials and the recollection of associative information. *Cognitive Brain Research*, *4*（4）, 297-304.

Mitchell, K. J., Raye, C. L., Johnson, M. K., & Greene, E. J.（2006）. An fMRI investigation of short-term source memory in young and older adults. *Neuroimage*, *30*（2）, 627-633.

Negut, A., Matu, S. A., Sava, F. A., & David, D.（2016）. Virtual reality measures in neuropsychological assessment: A meta-analytic review. *The Clinical Neuropsychologist*, *30*（2）, 165-184.

Neill, W. T., Beck, J. L., Bottalico, K. S., & Molloy, R. D.（1990）. Effects of intentional versus incidental learning on explicit and implicit tests of memory. *Journal of Experimental Psychology: Learning, Memory, and Cognition*, *16*, 457-463.

Old, S. R., & Naveh-Benjamin, M.（2008）. Differential effects of age on item and associative measures of memory: A meta-analysis. *Psychology and Aging*, *23*, 104-118.

Parsons, T. D., & Rizzo, A. A.（2008）. Initial validation of a virtual environment for assessment of memory functioning: Virtual reality cognitive performance assessment test. *Cyberpsychology and Behavior*, *11*, 17-25

Pearman, A., & Storandt, M.（2004）. Predictors of subjective memory in older adults. *Journal of Gerontology, Series B: Psychological Sciences and Social Sciences*, *59*, 4-6.

Picard, L., Abram, M., Orriols, E., & Piolino, P.（2017）. Virtual reality as an ecologically valid tool for assessing multifaceted episodic memory in children and adolescents. *International Journal of Behavioral Development*, *41*, 211-219.

Picard, L., Mayor-Dubois, C., Maeder, P., Kalenzaga, S., Abram, M., Duval, C., et al. （2013）. Functional independence within the self-memory system: New insights from two cases of developmental amnesia. *Cortex*, *49*（6）, 1463-1481.

Plancher, G., Barra, J., Orriols, E., & Piolino, P.（2013）. The influence of action on episodic memory: A virtual reality study. *Quarterly Journal of Experimental Psychology*, *66*, 895-909.

Plancher, G., Gyselinck, V., Nicolas, S., & Piolino, P.（2010）. Age effect on components of episodic memory and feature binding: A virtual reality study. *Neuropsychology*, *24*（3）,

379-390.

Plancher, G., Nicolas, S., & Piolino, P.(2008). Contribution of virtual reality to neuropsychology of memory: Study in aging. *Psychologie et NeuroPsychiatrie du Vieillissement*, *6*, 7-22.

Plancher, G., Tirard, A., Gyselinck, V., Nicolas, S., & Piolino, P. (2012). Using virtual reality for characterize episodic memory profiles in amnestic mild cognitive impairment and Alzheimer's disease: Influence of active/passive encoding. *Neuropsychologia*, *50*(5), 592-602.

Ranganath, C., & Paller, K. A. (1999). Frontal brain potentials during recognition are modulated by requirements to retrieve perceptual detail. *Neuron*, *22* (3), 605-613.

Reid, L. M., & Maclullich, A. M.(2006). Subjective memory complaints and cognitive impairment in older people. *Dementia and Geriatric Cognitive Disorders*, *22*, 471-485.

Ruffman, T., Rustin, C., Garnham, W., & Parkin, A. J. (2001). Source monitoring and false memories in children: Relation to certainty and executive functioning. *Journal of Experimental Child Psychology*, *80* (2), 95-111.

Rybash, J. M., Rubenstein, L., & DeLuca, K. L. (1997). How to become famous but not necessarily recognizable: Encoding processes and study-test delays dissociate source monitoring from recognition. *American Journal of Psychology*, *110* (1), 93-114.

Sbordone, R. J., & Long, C. J.(1996). *Ecological Validity of Neuropsychological Testing*. Delray Beach: St. Lucie Press.

Schacter, D. L., Addis, D. R., & Buckner, R. L. (2007). Remembering the past to imagine the future: The prospective brain. *Nature Reviews Neuroscience*, *8*, 657-661.

Schacter, D. L., Harbluk, J. L., & McLachlan, D. R. (1984). Retrieval without recollection: An experimental analysis of source amnesia. *Journal of Verbal Learning and Verbal Behavior*, *23* (5), 593-611.

Schultheis, M. T., & Rizzo, A. A. (2001). The application of virtual reality technology in rehabilitation. *Rehabilitation Psychology*, *46*, 296-311.

Schultheis, M. T., Himelstein, J., & Rizzo, A. R.(2002). Virtual reality and neuropsychology: Upgrading the current tools. *Journal of Head Trauma Rehabilitation*, *17*, 379-394.

Scott, D. S, Lauren, R. M., & Jessica, B. S.(2003). Distinct prefrontal cortex activity associated with item memory and source memory for visual shapes. *Cognitive Brain Research*, *17* (1), 75-82.

Senkfor, A. J., & Van Petten, C. (1998). Who said what? An event-related potential investigation of source and item memory. *Journal of Experimental Psychology Learning Memory & Cognition*, *24* (4), 1005-1025.

Slotnick, S. D., Moo, L. R., Segal, J. B., & Jr Hart, J. (2003). Distinct prefrontal cortex activity associated with item memory and source memory for visual shapes. *Cognitive Brain Research*, *17* (1), 75-82.

Spiers, H. J., Burgess, N., Maguire, E. A., Baxendale, S. A., Hartley, T., Thompson,

P. J., et al.（2001）. Unilateral temporal lobectomy patients show lateralized topographical and episodic memory deficits in a virtual town. *Brain*, *124*（12）, 2476-2489.

Tulving, E.（2001）. Episodic memory and common sense：How far apart? *Philosophical Transactions of the Royal Society of London. Society B：Biological Sciences*, 356（1413）, 1505-1515.

Tulving, E.（2002）. Episodic memory：From mind to brain. *Annual Reviews of Psychology*, *53*, 1-25.

Van Petten, C., Senkfor, A. J., & Newberg, W. M.（2000）. Memory for drawings in locations：Spatial source memory and event-related potentials. *Psychophysiology*, *37*（4）, 551-564.

Von Hecker, U., & Meiser, T.（2005）. Defocused attention in depressed mood：Evidence from source monitoring. *Emotion*, *5*（4）, 456-463.

Wais, P. E., Squire, L. R., & Wixted, J. T.（2010）. In search of recollection and familiarity signals in the hippocampus. *Journal of Cognitive Neuroscience*, *22*（1）, 109-123.

Wilding, E. L., & Rugg, M. D.（1996）. An event-related potential study of recognition memory with and without retrieval of source. *Brain*, *119*（3）, 889-905.

Wilding, E. L., Doyle, M. C., & Rugg, M. D.（1995）. Recognition memory with and without retrieval of context：An event-related potential study. *Neuropsychologia*, *33*（6）, 743-767.

Yael M C., Friedman, D., & Duff, M.（2003）. Pictures and their colors：What do children remember? *Journal of Cognitive Neuroscience*, *15*（5）, 759-768.

第六章　婴幼儿情景记忆测量的发展

　　情景记忆是人类适应复杂环境的基础，使得人类可以根据过去经验做出适应性决策。作为影响人类正常学习、生活和工作的一种重要能力，情景记忆是何时发展起来的？生命初期的婴儿是否已经形成了情景记忆？心理学家通过多种手段试图对婴儿进行测量，以揭开人类情景记忆的面纱。本章从情景记忆的概念演变入手，对婴儿情景记忆的测量任务及范式进行了总结，分析了传统范式中视觉配对比较任务（visual paired-comparison task，VPC）、移动共轭强化范式（the mobile conjugate reinforcement paradigm）和操作火车任务（the operant train task）等，并分析了眼动技术为什么更适合用于语言尚未发展成熟的婴幼儿情景记忆能力测量，以及哪些眼动指标在婴幼儿情景记忆能力测量中更适用等问题。

第一节　婴幼儿情景记忆测量的关键问题

一、情景记忆概念的演变

要对婴幼儿情景记忆进行有效测量，就必须首先厘清情景记忆的概念，从而为开展婴幼儿情景记忆水平测量提供必要的理论结构，保障测量的结构效度和内容效度。

情景记忆是指对发生在特定时间、特定地点，强调其记忆内容、地点和时间的特定个人经历的记忆（Tulving，2002）。但随着研究的不断深入，这一定义在界定情景记忆内涵时出现了许多问题，促使其概念发生了改变。例如，个体可以通过语义记忆来回忆事件中"发生了什么""在哪里发生""何时发生"等组成部分，完成对情景记忆的作答，而不必包含回忆具体事件和具体感受。例如，大多数人知道他们自己（who）是在特定的日期（when）、特定的城市（where）出生的，但是人们几乎无法回忆自己出生时的具体细节（Columbo & Hayne，2010）。为了弥补这一缺陷，Tulving 随后将情景记忆与一种特定的意识体验联系在一起，作为情景记忆的定义，即自我意识（autonoetic consciousness），它具体是指个体在记忆中的事件发生时，体验到自己亲身感受的现象（转引自Dahl et al.，2013）。

（一）概念演变的优点

概念演变除了能够解决前文提到的语义记忆的混淆问题之外，还具有两个额外的优点。首先，其提高了情景记忆概念的有效性，使研究对象更为集中。将情景记忆与自我意识紧密联系，强调了人类记忆的生动性，其伴随了生命的原始经验，使情景记忆概念的有效性得以提高。其次，其扩展了情景记忆的研究领域。将情景记忆与自我意识相联系，侧重强调了情景记忆可以跨越时间，侧重在精神上穿越时间的能力，记忆的主体不仅可以追溯到过去（Addis et al.，2004），还可以展望未来（Suddendorf & Corballis，2007）。

（二）概念演变的缺点

然而，概念演变所产生的情景记忆与自我意识之间的紧密联系也存在缺点。第一，加入自我意识，使得情景记忆的研究范围变得模糊，研究难度增加。意识可能是认知科学中最不容易理解的现象之一。将其作为情景记忆定义中的一个关键成分，可能会引起许多潜在问题。第二，增加了实验操作的难度。试图通过纯粹的行为手段来研究意识较难实现，并且在无语言能力的被试样本中很难考察情景记忆能力，这些使得研究者在回答婴儿和动物是否具备情景记忆能力等问题时遇到困难（Columbo & Hayne，2010）。

因此，当对非人类物种的情景记忆进行研究时，比较心理学家认为应该使用"记忆"这一术语，或者基于 Tulving 提出的情景记忆的原始定义，即"记忆"是指回忆出有关事件的"什么"（what）、"地点"（where）和"时间"（when）等信息的能力。因此，心理学家通常在研究中使用"类情景记忆"（episodic-like memory）或"WWW 记忆"（WWW memory）来表征情景记忆。

二、婴儿情景记忆测量的重要性

（一）对于理解情景记忆的起始发生时间有重要意义

一方面，有研究者认为，人类只有在 4 岁海马回路成熟后，才能形成稳定的情景记忆。形成新的情景记忆，需要 MTL、前额叶皮层以及海马等结构的参与。在婴儿时期，这些大脑区域的髓鞘化和连接性在形态和体积等方面与成熟大脑相比有很大的差异，有研究者认为，人类在 4 岁之前很难形成稳定的情景记忆（McCormack & Hoerl，1999）。最近有研究也证实了该观点。例如，在一项寻找任务中，3 岁的儿童能够回忆出在哪个房间（where）中有 3 个玩具（what）被藏了起来，但是无法像 4 岁的儿童那样能够回忆出玩具被藏的时间顺序（when）（Hayne & Imuta，2011）。可见，4 岁之前儿童的情景记忆能力还未发育成熟。

另一方面，有研究者坚持认为，个体在生命早期已经形成了稳定的情景记忆。Peterson 等（2005）在研究中发现，儿童出现情景记忆的最早年龄取决于儿童当前的年龄，相较于年龄越大的儿童，年龄越小的儿童能够回忆起的关键情景事件就越早。Tustin 和 Hayne（2010）在研究中发现，有些 10 岁的儿童能够回忆起发生在 1 岁之前的事件，并且这些事件在本质上是情境性的，同时得到了父母的确认。这些研究证实了存在一部分非常小的婴儿能够对出生后的个人经历进行编码、存储，并且有一部分儿童能够在 8~9 岁时成功提取相关记忆（Tustin & Hayne，2010）。由此可见，人类的情景记忆是何时发生的，并在何时达到关键期，需要得到进一步研究。

（二）对于理解情景记忆的发展机制有重要意义

情景记忆包含两个过程：关联绑定过程和控制过程。关联绑定过程使得记忆的各个成分之间形成联结，并共同形成完整的情景记忆。对多个项目成功绑定并在检索阶段表现出灵活性，是情景记忆功能的体现，而海马的功能完整性对于加工项目与项目、项目与时间、项目与地点之间的联结尤为重要。由于儿童的海马功能尚未成熟，利用眼动技术对不同年龄儿童的情景记忆编码模式进行研究，对于理解海马功能的发展具有重要意义。

情景记忆的另一过程是控制过程，这一过程需要认知努力，包括记忆策略、元认知过程以及重构能力，以支持对情景记忆项目及背景的提取。婴儿及年幼儿童尚未发展出较好的控制能力，因此，如果针对儿童的控制能力进行实验分组，则能够更好地考察关联绑定对于情景记忆发展的重要作用。

第二节　婴幼儿情景记忆测量的任务及范式

迄今，常用于评估婴儿情景记忆的实验范式包括视觉配对比较任务（Bachevalier & Nemanic，2008）、操作性条件反射范式（operant conditioning paradigm）（Fagen & Rovee-Collier，1976）、模仿范式（imitation paradigm）（Rovee-Collier & Giles，2010）等。

一、传统范式

（一）视觉配对比较任务

视觉配对比较任务是一种视觉再认范式。通过给婴儿同时呈现一个熟悉刺激和一个新异刺激，研究者发现，相比于熟悉刺激，婴儿对新异刺激的注视时间更长（Iii，1973）。

1. 具体操作

传统的 VPC 范式包含熟悉阶段和测试阶段。在熟悉阶段中，给婴儿呈现刺激，使婴儿对该刺激的注视时间达到一定的标准。经过一定时间的间隔，同时给婴儿呈现两种刺激：一种是熟悉的；另一种是新异的。如果婴儿对新异刺激的注视时间显著长于对熟悉刺激的注视时间，就可认为其具有再认记忆。这就是所谓的新异偏好。一般认为当婴儿出现这种新异偏好时，才能推断出记忆的存储的存在。

如今，当婴儿对熟悉刺激注视较长时间时，也能证明其具有记忆的存储，这通常在婴儿很小的时候出现，例如，新生儿由于熟悉母亲的脸，会对其注视更长时间。

2. 可以操作的变量

在 VPC 中，实验者可以操纵熟悉阶段与测试阶段间隔时间的长短，以及熟悉阶段的刺激数量或者刺激的维度（如颜色、方位）变化等。

3. 主要发现

视觉再认是一种早期出现的基础性的记忆（Hayne，2004；Rose et al.，2004）。新异偏好似乎在出生 3 天的新生儿中就已经出现。在进行了 2 分钟的延迟之后，出生 3 天的新生儿就已经表现出了对新异、复杂刺激的偏好，对其注视时间长于对熟悉刺激的注视时间（Pascalis & De Schonen，1994）。

有证据表明，婴儿具有长时再认的能力。例如，4 个月的婴儿经过 10 秒钟的熟悉阶段后，无法在 2 分钟的延迟间隔之后再认出面孔，而 5～6 个月的婴儿可以做到（Cornell，1974）。Iii（1973）发现，4～5 个月的婴儿在进行了 2 分钟的熟悉阶段之后，在间隔 2 天之后能够再认出抽象图案，并且在间隔 14 天之后能够再认出人类面孔。

总之，婴儿在间隔数分钟、数小时、数天和数周延迟之后，能够完成视觉配对比较任务。

（二）操作性条件反射范式：移动共轭强化范式和操作火车任务

另外一种评估婴儿情景记忆的范式是操作性条件反射范式，包括移动共轭强化范式和操作火车任务（Rovee-Collier，1997）。采用以上范式时，只需收集婴儿的运动行为指标，无需通过语言即可考察其记忆。移动共轭强化范式适用于 2～7 个月的婴儿，而操作火车任务适用于 6～24 个月的婴幼儿。

1. 具体操作

在移动共轭强化范式[图 6-1（a）]中，婴儿学习利用踢腿反应使一个架空的婴儿床转动。训练程序包括非强化阶段、强化阶段、第二次非强化阶段和测试阶段。具体操作为在 3 分钟的非强化阶段中，在婴儿的脚踝处绑上丝带并且不让婴儿直接碰触到移动设施。此时，婴儿只能看到这个移动设施，但却不能通过踢腿使其移动。在这一阶段确定婴儿的踢腿基线次数。随后进入 9 分钟的强化阶段，使丝带连接着婴儿的脚踝和移动设施。此时，踢腿能够使移动设施移动。最后，3 分钟的第二次非强化阶段用来评估婴儿是否学习到了踢腿和移动设施之间的关系，只有在无延迟条件下保持踢腿率超过基线水平 1.5 倍的婴儿，才被认为学会了两者之间的关系，并且才能有资格参加较长间隔的测试。对这部分婴儿训练 6 周后进行测试。在测试中，将这一移动设施悬挂在婴儿的上方，此时测量婴儿的踢腿率。在这个阶段，脚踝带并不连接移动设施。如果婴儿再认成功，他们会开始用"踢"这一动作来使可移动物体移动，其踢腿率会高于基线水平；如果婴儿再认失败，其踢腿率会低于基线水平或与基线水平无差异（Merz et al., 2017）。

对于 6～18 个月的婴幼儿，在操作火车任务[图 6-1（b）]中，移动设施被一辆微型火车所代替，婴幼儿可以通过按压杠杆使其在环形轨道上移动（Hartshorn & Rovee-Collier, 1997）。其余过程与移动共轭强化范式相似（Mullally & Maguire, 2014）。

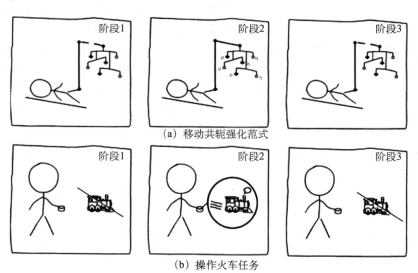

（a）移动共轭强化范式

（b）操作火车任务

图 6-1 操作性条件反射范式

资料来源：Mullally, S. L., & Maguire, E. A.（2014）. Learning to remember: The early ontogeny of episodic memory. *Developmental Cognitive Neuroscience*, *9*, 12-29

2. 可以操作的变量

在操作性条件反射范式中，研究者可以操纵强化期与间隔时间的长短，以及操纵项目的数量等。

3. 主要发现

Hayne 等（1986）在研究中利用移动共轭强化范式考察 2 个月婴儿的记忆，结果显示，该年龄段的婴儿能够编码并保持特定的细节信息至少 24 小时。研究中设置了 15 分钟的练习阶段，经过 24 小时的间隔，婴儿能够区分出 5 个物体的变化。当 5 个物体均出现变化时，婴儿表现出最佳的区分能力。然而，当多于 5 个物体变化时，婴儿表现出提取失败（Hayne et al.，1986）。其原因可能在于 2 个月的婴儿还不能很好地进行概括。

在移动共轭强化范式中，3 个月的婴儿经过 3 天的间隔时间后，也能表现出较好的记忆保持能力，并且在训练阶段和测试阶段之间的间隔时间内呈现提示物会提高提取的正确率。例如，在 Hayne 等（2000）的研究中，3 个月的婴儿完成该范式 13 天后，给其呈现一个提示物，在提示出现 24 小时之后，被试表现出了较好的记忆保持能力，但在未给出提示之前却没有该效应。这表明在测试之前提供提取某段记忆的机会，会促进个体对该记忆的检索，并且这种效应在 3 个月的婴儿中也稳定存在。总之，利用移动共轭强化范式的研究显示，婴儿的记忆能力会随着年龄的增长而逐渐提高（Hayne et al.，2000）。

Hartshorn 等（1998）采用移动共轭强化范式对 2～6 个月婴儿进行测查，并比较了 6、9、12、15 和 18 个月婴幼儿在操作火车任务中的表现。间隔时间为 24 小时到 15 周。结果显示，记忆保持时间随年龄的增长而不断增加，2 个月的婴儿的记忆保持时间只有 24 小时，而 18 个月的幼儿可以在 13 周之后依然记得（Hartshorn et al.，1998）。

总之，操作性条件反射范式可以较好地评估前言语阶段婴儿的记忆表现，其主要原因可能在于婴儿很喜欢看移动共轭强化范式中的物体（如火车）的反复运动，这种动机起到了非常关键的作用。

移动共轭强化范式等任务在编码阶段期间，由于有相同的刺激/动作反复展示，或是训练婴儿的操作通常会重复进行多次，所以，有研究者认为，实验中考察的不是单一情景记忆。事实上，在真实生活中，情景记忆往往不可重复。

（三）模仿范式

模仿范式利用了婴儿模仿他人行为的自然倾向，并适用于 6 个月及以上的婴幼儿。最早研究相关模仿记忆的研究者是皮亚杰，他认为，婴儿有能力对自己所看到的行为形成一种心理表征，并在一段时间内保持这种表征。

模仿范式包含延迟模仿范式（deferred imitation paradigm）和引发模仿范式（elicited imitation paradigm）。

1. 具体操作

在延迟模仿范式中，成人或者是同伴示范者向婴儿呈现一个新异物体的动作，之后采用三个阶段进行该范式。阶段一，预处理阶段，婴儿预先接受玩偶A和玩偶B的配对处理；阶段二，向婴儿展示对玩偶A的目标动作（从玩偶手中取出手套，摇动手套，更换手套）；阶段三，间隔一段时间后，进行延迟模仿测试。如果看到婴儿在玩偶B上重现目标动作，则表明婴儿具有两个玩偶之间的配对记忆，具体过程如图6-2所示。

图 6-2　延迟模仿范式的三个阶段

资料来源：Rovee-Collier，C.，& Giles，A.（2010）. Why a neuromaturational model of memory fails: Exuberant learning in early infancy. *Behavioural Processes*，*83*（2），197-206

在阶段二的演示过程中，最重要的一点在于演示者不能触碰玩偶B。通过这种方式，婴儿只能看到玩偶A和特定行为之间的联结。此时，婴儿只能通过对特定动作过程形成表征才能完成随后的测试。因此，该范式更多考察的是回忆，而不是再认（Mullally & Maguire，2014）。

引发模仿范式用于评估9～32个月的婴幼儿。与延迟模仿范式的不同在于，其测试的时间不固定，允许婴幼儿在演示之前和之后触碰物体，允许婴幼儿在演示之后练习演示的动作，并且演示者对行为进行言语解释。引发模仿范式更多考察的是再认，而不是回忆。

2. 可以操作的变量

该范式通常可以改变新异物体的数量、目标行为的数量、演示和测试之间的间隔时间，以及对在延迟间隔之间是否有提示进行操作等。虽然该范式没有包含地点因素，但是研究者可以根据自己的实验目的对范式进行修改，使其考察情景记忆中的地点因素。

3. 主要发现

延迟模仿范式反映了类情景记忆，需要婴儿对每个动作按时间顺序进行准确编码才能顺利完成该任务。在延迟模仿范式中，6 个月的婴儿能够对一个物体的 3 个动作在重复演示了 6 次之后，在间隔 24 小时的测试中成功重现该动作。然而，当项目和动作数量增加，或演示遍数减少后，6 个月的婴儿很难重现该动作（Collie & Hayne，1996）。另外一项研究证实了类似的结果，实验设置 3 个物体的 5 个目标行为，6 个月的婴儿在 24 小时之后只能够重复其中一些目标行为。对 9 个月的婴儿进行延迟模仿的研究发现，在间隔一周之后，对目标行为的再认能够预测婴儿间隔一个月的回忆结果（Bauer et al.，2000）。

另外，在使用该范式时，研究者也考虑到婴儿情景记忆灵活性方面的表现。Hayne 等（1997）的研究发现，对一些线索的改变（如木偶的颜色）影响了 12 个月的婴儿的记忆成绩，但对 18 个月的幼儿无影响；而对另外一些线索的改变（如木偶的颜色和形状均改变）能够影响 18 个月的幼儿的记忆成绩，但对 21 个月的幼儿无影响。这种所谓的对上下文和背景的概括具有巨大的理论意义，这标志着婴幼儿的海马功能发生了一个新的飞跃。

同时，随着年龄的增长，婴幼儿的记忆保持时间也随之增加。例如，有研究显示，14～16 个月的幼儿能够记忆 4 个月之前的延迟模仿任务中的动作，以及 6 个月之前的动作（Bauer et al.，2000）。除此之外，20 个月的幼儿能够记得 12 个月之前的动作。然而，Herbert 和 Hayne（2000）发现，24 个月的幼儿仅能够完成间隔 3 个月的延迟模仿任务，当间隔 6 个月时，他们无法完成延迟模仿任务（Herbert & Hayne，2000），这可能在于 Bauer 等（2000）的研究给婴儿提供了一些提取线索，而 Herbert 和 Hayne（2000）的研究没有。

婴幼儿能够成功模仿所需要的重复次数随年龄的增长而逐渐减少。另外，婴幼儿对动作序列时间顺序的记忆能力，也随着年龄的增长而不断提高。

（四）寻找物体范式或对象放置-移除范式

婴儿或低龄幼儿的语言能力还未发育成熟，其实他们所能理解的要比他们所能表达的内容多，因此利用非语言性的寻找物体范式（item-finding paradigm），能够有效考察情景记忆的发展变化。这种范式为将人类与其他物种情景记忆的发展进行比较提供了方法（Salwiczek et al.，2010）。

这种范式最初是用来证明灌丛鸟存在对于某些特定食物（what）在何时（when）被存储在何地（where）的记忆的（Clayton & Dickinson，1998）。

1. 具体操作

寻找的物体可以是玩具或者食物。其具体操作为主试在婴幼儿面前的两个盒子中均放置玩具，然后另外一名主试从其中一个盒子中取出一个玩具。经过24小时之后，告诉其去找到玩具，看其能否找到正确的盒子。

2. 可以操作的变量

该范式通常可以改变物体的性质、数量以及对测试之间的间隔时间进行操作等。

3. 主要发现

Russel 和 Thompson（2003）利用该范式下的玩具放置-移除任务和食物搬运任务，考察了 14～25 个月幼儿的类情景记忆。在间隔 20 分钟或 24 小时之后告知被试找到相应物品，结果发现，只有年龄最大的被试组（22～25 个月）能够更多地找到相应物品，年龄最小组（14～17 个月）的记忆表现显著低于随机水平。研究者认为，之所以会出现该种情况，原因在于儿童在解决这种问题时利用了一种联合策略。由于看到错误盒子的机会多（放置和移除，共两次），所以儿童能够对错误的盒子形成更强的联结绑定（Russell & Thompson，2003）。这一解释与在间隔 24 小时条件下得出的结果相一致，在该条件下，相同年龄儿童的表现处于随机水平，这是间隔时间更长，其联合绑定作用减弱的原因。中间年龄组（18～21 个月）在两种延迟条件下的表现均处于随机水平，而最大年龄组的表现最好，这说明他们经过一年的发育已经能够摆脱错误联结的影响，转而采用更为有效的记忆策略。

这种范式能够有效考察年幼儿童，尤其是语言能力尚未发展的婴儿的情景记忆的发展情况。

二、新突破

眼动技术以其无干扰性的优点被广泛用于研究各种认知过程，尤其是记忆。眼动技术不仅能够针对记忆变化的主体和时间特征给出描述性信息，还能够揭示变化为什么出现。另外，采用眼动技术可以避免由不同年龄的婴幼儿在运动能力上的差异所引发的限制，能够对更大年龄范围的被试进行研究。因此，将眼动技术运用于婴幼儿情景记忆研究已经成为一种研究取向（Pathman & Ghetti，2016）。

（一）眼动技术与偏好观察相结合

有研究者认为，操作性条件反射范式和模仿范式中，在编码阶段，刺激材料的呈现次数较多，是重复事件，并不是真正意义上的情景记忆，因此，有研究者针对单一事件的记忆进行了研究。

1. 具体操作

Kano 和 Hirata（2015）发明了一种新颖的眼动跟踪方法，来研究无语言能力的类人猿对单一事件的长时记忆。在该方法中，将相同的电影两次呈现给类人猿，间隔 24 小时，并且在两次演示中比较其眼动指标。结果显示，类人猿可以根据以往单一事件的长时记忆，对与未来事件有关的地点或物体进行预期性的观察（Kano & Hirata，2015）。6 个月的婴儿已经能够表现出预期性的观察能力，因此，Nakano 和 Kitazawa（2017）利用该范式对较大年龄范围的婴儿对单一事件的长时记忆能力发展进行了考察。

在该范式中，研究人员制作了 2 分钟的视频。第一个视频用于考察与位置相关的情景记忆。在该研究中，6～24 个月的婴幼儿观看该视频，其中穿着金刚套装（猿 KK）的演员从两个相同的门中的其中一个门（目标门）中出来，并攻击了其中一个人类演员。使用眼动技术，考察在间隔 24 小时后第二次观看该视频时，在类人猿演员 KK 出现之前，婴幼儿能否预期类人猿演员 KK 会从目标门出现，并优先注视目标门，具体流程见图 6-3。

目标门 非目标门

图 6-3 关于位置记忆的视频流程

从左到右依次为场景 1：0～4s，人类演员打招呼，分别坐在目标门和非目标门旁；场景 2：4～13s，人类演员捡起香蕉；场景 3：13～18s，亮灯；场景 4：18～22s，类人猿演员 KK 出现；场景 5：22～32s，类人猿演员 KK 打目标门前的人

资料来源：Nakano, T., & Kitazawa, S.（2017）. Development of long-term event memory in preverbal infants：An eye-tracking study.*Scientific Reports*，7，44086

第二个视频用于考察与项目相关的长时事件记忆。12～24 个月的幼儿观看第二个剪辑视频，其中被类人猿演员 KK 击打的人类演员在两个物品中拿起了其中一个物品（目标工具），并用它击退了类人猿演员 KK。在 24 小时后，幼儿再次观看相同的视频时，考察在人类演员拿起目标工具之前，幼儿能否增加对目标工具的注视时间（Nakano & Kitazawa，2017），具体流程见图 6-4。

🪓目标工具　✝非目标工具

图 6-4　关于项目记忆的视频流程

从左到右依次为场景 1：0～7.3s，人类演员和类人猿演员 KK 玩耍；场景 2：7.3～13s；人类演员被类人猿演员 KK 打；场景 3：13～18.3s；人类演员向工具走去；场景 4：18.3～24s，人类演员拿起目标工具；场景 5：24～36s；人类演员用目标工具打类人猿演员 KK

资料来源：Nakano，T.，& Kitazawa，S.（2017）. Development of long-term event memory in preverbal infants：An eye-tracking study.*Scientific Reports*，7，44086

2. 主要发现

实验收集了被试对不同兴趣区的注视时间以及每个时间段内对不同物体的注视时间差。结果表明，18 个月以上的幼儿具有长时记忆能力，能够对目标人物的出现地点进行预期观察。然而针对物体时，只有 24 个月以上的幼儿会对视频中使用的工具产生注视偏好，说明 24 个月的幼儿对物体形成了更精确的记忆（Pathman & Ghetti，2016），并且研究者倾向于将该范式的结果与延迟模仿任务的结果进行比较。

（二）眼动技术与 VPC 相结合

如上文所述，传统的 VPC 范式包含熟悉阶段和测试阶段。在测试阶段，同时给婴儿呈现两种刺激，即一种熟悉刺激和一种新异刺激，并收集婴儿对两种刺激的眼动指标，考察婴儿在熟悉刺激上的注视时间是否短于对新异刺激的注视时间，若前者短于后者，即表明婴儿具有记忆熟悉项目的能力。

1. 具体操作

对熟悉阶段的控制，对于该范式的顺利实施较为关键。在熟悉阶段，刺激的展示形式为三角形空间结构（左上角、右上角和底部中间）的一种组合，如图 6-5 所示。随着试次的增多，被试对熟悉项目的注视时间会逐渐减少。当三个连续试次的平均注视时间为前三个试次平均注视时间的一半时，即认为婴儿对该位置或项目较熟悉。

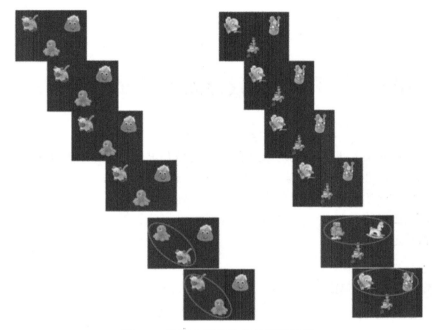

图 6-5　熟悉与测试阶段的实验流程

资料来源：Richmond，J. L.，Zhao，J. L.，& Burns，M. A.（2015）. What goes where? Eye tracking reveals spatial relational memory during infancy. *Journal of Experimental Child Psychology*，*130*，79-91

在新异刺激的改变上，有两个维度：一是置换位置（图 6-5 左侧）；二是置换物体（图 6-5 右侧）（Richmond et al.，2015）。首先让婴幼儿熟悉材料，图片呈现 4 次，每次呈现 10 秒，当婴儿达到了熟悉标准后，对其进行记忆测试，收集其眼动指标。在置换位置条件下，第一次记忆测试时，3 个物体中有两个物体的位置被调换，并在第二次记忆测试中恢复到原来熟悉阶段的位置；而在置换物体条件下，第一次记忆测试时，有两个物体被新异物体替换，并在第二次记忆测试时恢复。

2. 主要发现

该研究收集了熟悉阶段和测试阶段婴幼儿对特定位置的注视时间及其比

例，结果发现，在置换位置条件下，18 个月和 27 个月的幼儿出现了新异偏好；在置换物体条件下，3 组年龄的被试均未出现新异偏好。进一步延长熟悉时间后发现，当具有足够的编码时间时，9 个月的婴儿会编码物体的位置，并对其变化较敏感。

第三节　婴幼儿情景记忆测量的眼动指标

由于针对婴幼儿的研究对眼动仪的灵活性要求较高，大多数研究均采用了 Tobii 眼动仪（Richmond et al.，2015；Richmond & Nelson，2009）。该眼动仪不需要将被试固定在眼动仪前方，灵活性较好。

根据眼动指标所反映的内容，可将其进一步分为时间维度指标、空间维度指标和其他指标。

一、时间维度指标

（一）总注视时间

总注视时间（total viewing time）是指个体在某兴趣区内所有的注视时间的累加。Nakano 和 Kitazawa（2017）对考察类人猿是否具有长时记忆能力的范式进行了修改，设置了两种视频材料，让 6、12、18 和 24 个月大的婴幼儿观看其中一个视频故事：一个富有攻击性的、扮演类人猿的演员从两个相同的门的其中一个门中走出。24 小时后，再让被试观看相同视频，在第二次观看中，当演员从目标门走出之前，18 和 24 个月大的幼儿会有预期地注视着那个演员将会出现的门，但 6 和 12 个月大的婴儿没有表现出这种行为。

接着，让 12、18 和 24 个月大的婴幼儿观看另一个不同的视频故事：一个人在两个物体中拿起一个工具去"反击"类人猿。24 小时后，18 和 24 个月大的幼儿在人类演员拿工具之前更多地注视目标工具。在比较了对两种工具的总注视时间之后，研究者发现，24 个月大的幼儿对人类演员使用过的目标工具注视时间更长，但 18 个月大的幼儿没有表现出这种偏好，即相比于 18 个月大的幼儿，24 个月大的幼儿能够形成稳定的记忆。该研究证实了采用眼动技术可以收集比口头报告更真实、更可靠的预期性注视指标，以反映个体的长时记忆能力。

（二）平均注视时间比例

最初采用平均注视时间比例（proportion of viewing time）指标考察个体对项目联结记忆的研究是在成人被试中进行的（Hannula & Ranganath，2009；Hannula et al.，2007）。平均注视时间比例是指对某项目的注视时间在对所有项目的总注视时间中所占的比例。

Hannula 等（2007）在研究中，让被试学习背景图片并匹配相应的面孔，测试中要求被试根据背景从三张面孔中选择匹配的面孔，分别计算个体对三张面孔的平均注视时间比例指标，并将整个注视过程区分早、晚期，以考察个体在三张面孔上的注视行为在早期阶段和晚期阶段的差异（Hannula et al.，2007；Hannula & Ranganath，2009）。研究者比较了正确试次中和不正确试次中对所选择的项目的平均注视时间比例，发现个体在正确试次中对所选项目的平均注视时间比例显著高于错误试次中的平均注视时间比例。因此，项目-项目联结（在该研究中是面孔-背景联结）影响了早期的眼动模式，并且这一眼动效应似乎是自发产生的（在刺激呈现时，并没有记忆提取的要求）。

Richmond 和 Nelson（2009）受到该范式的启发，将其运用到 9 个月大的婴儿被试身上，让婴儿观看面孔-风景对，由一屏呈现三组面孔风景对，如果对匹配项目的平均注视时间显著超过该屏总注视时间的 33%，就代表着婴儿对其进行了更多的注视。在对其与成人的眼动模式进行比较后，研究者发现，与成人被试相似，9 个月大的婴儿也对熟悉配对的平均注视时间比例更高，这表明 9 个月大的婴儿也具有相应的联结记忆能力（Richmond & Nelson，2009），但年龄较大的幼儿却没有表现出与成人相似的眼动模式。为了进一步探讨该问题，Koski 等（2013）利用相同范式对 4 岁幼儿进行了考察，也采用了该指标，结果表明，当需要进行外显报告时，即当他们对正确匹配具有清晰意识时，他们也表现出了与成人一致的眼动模式，对匹配的面孔风景配对的注视时间更长；而当不需要进行外显报告时，他们没有出现该眼动模式，这表明指导语也会影响实验结果的准确性。因此，试次数的多少、刺激的复杂程度、任务指导语都可能会影响眼动模式，研究者建议在对婴儿眼动指标进行解释时需要谨慎对待

（Koski et al.，2013）。

二、空间维度指标

　　婴幼儿眼动模式的特殊性，如注意持续时间短等特点，导致较少研究采用空间维度指标对婴幼儿情景记忆的注意偏好进行考察，而是大多采用时间维度指标，并且选择累加性的晚期指标以保证研究结果的稳定性和可重复性。但某些在成人研究中使用较为成熟，并且较少受到注意持续时间短的特点影响的空间指标可以在今后研究中逐步使用，如首次注视点位置（the position of first fixation）等。首次注视点位置即个体首个注视点的位置，反映了个体对该位置的偏好或优先加工该位置的刺激材料。一般在成人的研究中，注视持续时间超过 250 毫秒时，说明个体对该项目进行了编码。在婴幼儿研究中，相比于成人，婴幼儿对实验材料的注视的目的性较弱，持续时间较短，因此当研究对象为婴幼儿时，可以根据实验目的将该标准进行适当调整，以保证其对项目进行了加工。

　　另外，在关于婴儿注意偏向转移的研究中，Kulke 等（2015）在研究中考察 1 个月和 9 个月婴儿在刺激冲突和非冲突条件下的注意转移情况，收集了婴儿的主要注视位置（initial fixations land）指标，即首次注视点位置，发现多集中在屏幕的中央，这与之前的研究相一致，婴儿都倾向首先注视靶子项目。

　　因此，首次注视点位置可能是反映婴儿项目偏好或注意转移较为良好的指标之一。

三、其他指标

　　针对婴幼儿记忆研究的范式多数无法在成人被试中得以验证，而且考察婴幼儿的任务设置也不相同，导致很多研究结果之间无法进行直接比较。思考如何针对不同被试收集同一因变量指标，就成了发展研究的关键。瞳孔扩大度（pupil dilation）的使用恰好解决了这一问题，它是指由任务引发的瞳孔直径的变化反应，反映了注意控制的变化（Goldinger & Papesh，2015）。瞳孔直径与情景记忆相联系，已经在成人被试中得到了证实。相比于熟悉项目，对于能够回想起来的项目，被试的瞳孔直径变化更大（Võ et al.，2008）。因此，有研究针对成人和婴儿采用相同实验材料并收集了该指标，比较婴儿是否存在瞳孔直径上的新旧效应，以考察婴儿的情景记忆水平（Hellmer et al.，2018；Jackson &

Sirois，2009）。

在该研究中，被试需要观看 40 张各种物体的简单线条图，在编码阶段，不告知被试需要记忆；在测试阶段，增加了 40 张新图，让被试对这 80 张图逐屏进行回想、熟悉以及没见过的再认判断。在测试阶段收集瞳孔直径变化指标，以刺激呈现后 0～500 毫秒的直径平均值作为基线指标，以 1000～2000 毫秒的直径平均值作为瞳孔直径大小。这样做的目的在于降低婴儿数据的删除率。结果发现，成人被试对能够回想起来的刺激的瞳孔变化显著大于对熟悉刺激的瞳孔变化。7 个月的婴儿也表现出了与成人类似的新旧效应，然而，在 4 个月的婴儿被试中却没有出现该效应。

由此可见，利用瞳孔直径指标能够较好地避免由语言能力和运动能力不同所产生的发展研究结果无法直接比较的问题，适用于婴幼儿情景记忆研究。

参 考 文 献

Addis，D. R.，Mcintosh，A. R.，Moscovitch，M.，Crawley，A. P.，& Mcandrews，M. P.（2004）. Characterizing spatial and temporal features of autobiographical memory retrieval networks：A partial least squares approach. *Neuroimage*，*23*（4），1460-1471.

Bachevalier，J.，& Nemanic，S.（2008）. Memory for spatial location and object-place associations are differently processed by the hippocampal formation，parahippocampal areas TH/TF and perirhinal cortex. *Hippocampus*，*18*（1），64-80.

Bauer，P. J.，Wenner，J. A.，Dropik，P. L.，& Wewerka，S. S.（2000）. Parameters of remembering and forgetting in the transition from infancy to early childhood. *Monographs of the Society for Research in Child Development*，*65*（4），1-213.

Clayton，N. S.，& Dickinson，A.（1998）. Episodic-like memory during cache recovery by scrub jays. *Nature*，*395*（6699），272-274.

Collie，R.，& Hayne，H.（1996）. Deferred imitation by 6- and 9-month-old infants：More evidence for declarative memory. *Infant Behavior & Development*，*19*（1），403.

Colombo，M.，& Hayne，H.（2010）. Episodic memory：Comparative and developmental issues//Blumberg，M. S.，Freeman，J. H.，& Robinson，S. R.（Eds.）. *Oxford Handbook of Developmental Behavioral Neuroscience*（pp.617-636）. New York：Oxford University Press.

Cornell，E.（1974）. Infants' discrimination of photographs of faces following redundant presentations. *Journal of Experimental Child Psychology*，*18*（1），98-106.

Dahl，J. J.，Sonne，T.，Kingo，O. S.，& Krøjgaard，P.（2013）. On the development of episodic memory：Two basic questions. *Nordic Psychology*，*65*（2），189-207.

Fagen，J. W.，& Rovee-Collier，C.（1976）. Effects of quantitative shifts in a visual reinforcer on the instrumental response of infants. *Journal of Experimental Child Psychology*，*21*（2），

349-360.

Goldinger, S. D., & Papesh, M. H.（2015）. Pupil dilation reflects the creation and retrieval of memories. *Current Directions in Psychological Science*, *21*（2）, 90-95.

Hannula, D. E., & Ranganath, C.（2009）. The eyes have it: Hippocampal activity predicts expression of memory in eye movements. *Neuron*, *63*（5）, 592-599.

Hannula, D. E., Ryan, J. D., Tranel, D., & Cohen, N. J.（2007）. Rapid onset relational memory effects are evident in eye movement behavior, but not in hippocampal amnesia. *Journal of Cognitive Neuroscience*, *19*（10）, 1690-1705.

Hartshorn, K., & Rovee-Collier, C.（1997）. Infant learning and long-term memory at 6 months: A confirming analysis. *Developmental Psychobiology*, *30*（1）, 71-85.

Hartshorn, K., Rovee-Collier, C., Gerhardstein, P., Bhatt, R. S., Klein, P. J., & Aaron, F., et al.（1998）. Developmental changes in the specificity of memory over the first year of life. *Developmental Psychobiology*, *33*（1）, 61-78.

Hayne, H.（2004）. Infant memory development: Implications for childhood amnesia. *Developmental Review*, *24*（1）, 33-73.

Hayne, H., & Imuta, K.（2011）. Episodic memory in 3- and 4-year-old children. *Developmental Psychobiology*, *53*（3）, 317-322.

Hayne, H., Greco, C., Earley, L., Griesler, P., & Rovee-Collier, C.（1986）. Ontogeny of early event memory: II. Encoding and retrieval by 2- and 3-month-olds . *Infant Behavior & Development*, *9*（4）, 461-472.

Hayne, H., Gross, J., Hildreth, K., & Rovee-Collier, C.（2000）. Repeated reminders increase the speed of memory retrieval by 3-month-old infants. *Developmental Science*, *3*（3）, 312-318.

Hayne, H., MacDonald, S., & Barr, R.（1997）. Developmental changes in the specificity of memory over the second year of life. *Infant Behavior and Development*, *20*（2）, 233-245.

Hellmer, K., Söderlund, H., & Gredebäck, G.（2018）. The eye of the retriever: Developing episodic memory mechanisms in preverbal infants assessed through pupil dilation. *Developmental Science*, *21*（2）, 1-10.

Herbert, J., & Hayne, H.（2000）. The ontogeny of long-term retention during the second year of life. *Developmental Science*, *3*（1）, 50-56.

Iii, J. F. F.（1973）. Infants' delayed recognition memory and forgetting. *Journal of Experimental Child Psychology*, *16*（3）, 424-450.

Jackson, I., & Sirois, S.（2009）. Infant cognition: Going full factorial with pupil dilation. *Developmental Science*, *12*（4）, 670-679.

Kano, F., & Hirata, S.（2015）. Great apes make anticipatory looks based on long-term memory of single events. *Current Biology*, *25*（19）, 2513-2517.

Koski, J., Olson, I. R., & Newcombe, N. S.（2013）. Tracking the eyes to see what children remember. *Memory*, *21*（3）, 396-407.

Kulke, L., Atkinson, J., & Braddick, O.（2015）. Automatic detection of attention shifts in infancy: Eye tracking in the fixation shift paradigm. *Plos One*, *10*（12）, e0142505.

McCormack, T., & Hoerl, C. (1999). Memory and temporal perspective: The role of temporal frameworks in memory development. *Developmental Review*, *19*(1), 154-182.

Merz, E.C., Mcdonough, L., Huang, Y.L., Foss, S., Werner, E., & Monk, C. (2017). The mobile conjugate reinforcement paradigm in a lab setting. *Developmental Psychobiology*, *59*(5), 668-672.

Mullally, S.L., & Maguire, E.A. (2014). Learning to remember: The early ontogeny of episodic memory. *Developmental Cognitive Neuroscience*, *9*, 12-29.

Nakano, T., & Kitazawa, S. (2017). Development of long-term event memory in preverbal infants: An eye-tracking study. *Scientific Reports*, *7*, 44086.

Pascalis, O., & De Schonen, S. (1994). Recognition memory in 3- to 4-day-old human neonates. *Neuroreport*, *5*(14), 1721-1724.

Pathman, T., & Ghetti, S. (2016). More to it than meets the eye: How eye movements can elucidate the development of episodic memory. *Memory*, *24*(6), 1-16.

Peterson, C., Grant, V. V., & Boland, L. D. (2005). Childhood amnesia in children and adolescents: Their earliest memories. *Memory*, *13*(6), 622-637.

Richmond, J.L., Zhao, J.L., & Burns, M. A. (2015). What goes where? Eye tracking reveals spatial relational memory during infancy. *Journal of Experimental Child Psychology*, *130*, 79-91.

Richmond, J., & Nelson, C. A. (2009). Relational memory during infancy: Evidence from eye tracking. *Developmental Science*, *12*(4), 549-556.

Rose, S. A., Feldman, J. F., & Jankowski, J. J. (2004). Infant visual recognition memory. *Developmental Review*, *24*(1), 74-100.

Rovee-Collier, C.(1997). Dissociations in infant memory: Rethinking the development of implicit and explicit memory. *Psychological Review*, *104*(3), 467-498.

Rovee-Collier, C., & Gills, A. (2010). Why a neuromaturational model of memory fails: Exuberant learning in early infancy. *Behavioural Processes*, *83*(2), 197-206.

Russell, J., & Thompson, D. (2003). Memory development in the second year: For events or locations? *Cognition*, *87*(3), B97-B105.

Salwiczek, L. H., Watanabe, A., & Clayton, N. S. (2010). Ten years of research into avian models of episodic-like memory and its implications for developmental and comparative cognition. *Behavioural Brain Research*, *215*(2), 221-234.

Suddendorf, T., & Corballis, M. C. (2007). The evolution of foresight: What is mental time travel, and is it unique to humans? *Behavioral & Brain Sciences*, *30*(3), 299-313.

Tulving, E. (2002). Episodic memory: From mind to Brain. *Annual Reviews of Psychology*, *53*, 1-25.

Tustin, K., & Hayne, H. (2010). Defining the boundary: Age-related changes in childhood amnesia. *Developmental Psychology*, *46*(5), 1049-1061.

Võ, M. L-H, Jacobs, A. M., Kuchinke, L., Hofmann, M., Conrad, M., & Schacht, A., et al. (2008). The coupling of emotion and cognition in the eye: Introducing the pupil old/new effect. *Psychophysiology*, *45*(1), 130-140.

第七章　儿童情景记忆信心判断测评 [①]

　　情景记忆是个体对特定时间、特定地点发生事件的记忆。情景记忆监测能力的测评对于情景记忆研究至关重要。本章第一节从记忆监测能力是情景记忆的必要组成部分、记忆监测能力与情景记忆有共同神经生理基础、情景记忆加工水平与记忆监测准确性相互影响、情景记忆监测能力研究的实践意义四个角度分析了情景记忆监测能力测评的必要性；并进一步详细解析了情景记忆信心判断的绝对准确性和相对准确性的计算方法；针对儿童情景记忆信心判断测评时易出现的年龄适用性问题，提出了在对其测评时需要注意问题形式（question format）、信心判断收集方法、所选量表复杂程度和准确性指标选择是否适合相应年龄儿童的建议。

　　① 本章内容发表于：姜英杰，岳阳.（2018）. 儿童情景记忆信心判断测评：方法及适用性. *东北师大学报（哲学社会科学版）*，*294*（4），228-233.

情景记忆可以划分为两个部分,即项目记忆和联结记忆(Yonelinas,2002)。项目记忆是指对单个项目的记忆,而联结记忆是在项目记忆成功之后,对项目与项目之间、项目与背景之间形成的成功绑定。绑定加工涉及诸多信息,如时间、空间、背景等。作为儿童情景记忆的重要组成部分,元记忆能力得到了越来越多的关注,研究者对其在情景记忆中所产生的作用进行了探究(Howie & Roebers,2010)。

元记忆是指对主体记忆过程的认知(Flavell,1979),包含两个相互作用的成分:监测过程(monitoring process)和控制过程(control process)。这两个过程在记忆与元记忆之间形成一个闭合的反馈环路,通过对记忆过程的实时监测,个体能够对记忆进程进行控制并选择合适的记忆策略,以进行有效学习(Nelson,1990)。一方面,在情景记忆的编码过程中,为完成复杂的绑定加工,个体必须要协调控制各种认知资源,对多维度信息进行组织编码,因此,控制过程,即元记忆能力对于情景记忆至关重要;另一方面,在情景记忆的检索过程中,其突出特征是伴随主观体验,这种主观体验会受到监测过程的调节,这对于相关上下文信息(contextual information)的成功提取,以及根据对检索结果的监测做出准确的判断等过程有重要作用。由此可见,监测过程与控制过程对于情景记忆至关重要。

研究者在探讨这两大过程在情景记忆中所产生的作用时,其难点在于如何准确反映儿童情景记忆的监测准确性,这关系到结论的准确性。因此,本章对情景记忆监测能力测评的必要性、情景记忆信心判断准确性的计算以及儿童情景记忆信心判断测评应注意的问题进行总结,以期在方法层面上为儿童情景记忆及儿童情景记忆信心判断准确性等相关研究提供启示。

第一节　情景记忆监测能力测评的必要性

一、记忆监测能力是情景记忆的必要组成部分

情景记忆的两成分发展模型(two-components episodic memory development

model）认为，情景记忆主要包含两个相互作用的组成部分：联想成分（associative component）和策略成分（strategic component）（Shing et al.，2008；Ghetti & Lee，2011）。联想成分是指在编码、存储和提取过程中将事件的不同方面绑定成一个整体情节的认知过程，其主要依赖于 MTL 和海马；而策略成分是指在编码、存储过程中，通过利用已有知识和策略对信息的多个特征进行组织、整合，以实现精细加工的过程，这体现了元记忆的监控能力，主要依赖于前额叶皮层（Shing & Lindenberger，2011）。这两个成分是情景记忆不可分割的两个方面，两者的协同发展才会产生高水平的情景记忆加工。可见，记忆监测能力对于情景记忆编码至关重要。

二、记忆监测能力与情景记忆有共同的神经生理基础

有研究显示，情景记忆与元记忆可能具有共同的神经生理基础，前额叶皮层对于两种认知过程的执行有重要作用。Chua 等（2009）对元记忆监测指标，即前瞻性元记忆判断——知道感判断（feeling of knowing，FOK）和回溯性元记忆判断——信心判断（judgment of confidence，JOC）的研究发现，个体在做元记忆判断时，内侧前额叶皮层和外侧前额叶皮层得到了更大程度的激活（Chua et al.，2009）。进一步讲，有研究表明，前瞻性元记忆判断与内侧前额叶皮层的功能相关（Schnyer et al.，2004），而回溯性元记忆判断与外侧前额叶皮层的功能相关（Moritz et al.，2006）。这表明，前额叶皮层对于元记忆能力至关重要。另外，有关孤独症个体情景关系记忆缺失的研究发现，前额叶皮层功能损伤是其主因（Maister et al.，2013）。可见，记忆监测能力与情景记忆具有共同的神经生理基础，这可能是两种成分相关的重要原因。

三、情景记忆加工水平与记忆监测准确性相互影响

情景记忆的回想过程会影响元记忆判断。情景记忆的双过程加工模型认为，情景记忆的检索过程包含两个独立的过程，即回想过程和熟悉过程。回想是指个体对事件的背景信息进行回忆的过程（例如，我在学校的图书馆见过她）。相反，熟悉是指个体在缺乏对背景信息的提取时对记忆强度的整体评估（例如，我见过她，但是记不清时间和地点）（Ghetti & Lee，2011；Yonelinas，2001）。当个体能够回忆出具体的背景信息，即做出"记得"反应时，其信心判断值更

高，并且其元记忆判断更准确。因此，情景记忆的加工程度会影响对记忆内容的元记忆判断（Souchay et al.，2013）。

另外，情景记忆监测能力的发展对情景记忆的发展有促进作用，会为在情景记忆相关要素间形成联想记忆提供执行功能上的保障。Maister 等（2013）在研究中对比了孤独症儿童和正常儿童的联结记忆，发现孤独症儿童由于在执行功能上的缺陷，如很难对工作记忆容量进行准确监测，不能成功通过对定势转换（set shifting）、认知抑制（inhibition）等调控过程的综合运用，协调和控制认知资源以进行有效的绑定加工，进而影响了孤独症儿童对核心事实信息、空间信息和时间信息间的联想记忆的形成。可见，记忆监测能力的发展对于情景记忆的发展起到了重要的保障作用。

四、情景记忆监测能力研究的实践意义

一方面，在现实生活中，情景记忆监测能力研究在司法领域的目击者元记忆准确性研究中具有重要的实践意义（Allwood et al.，2007），其中，儿童的情景记忆监测准确性发展是研究者关注的热点；另一方面，儿童证词的准确与否直接关系到罪行的认定，大多情况下以儿童对事件回忆的信心程度作为是否采纳证言的标准，因此，研究者非常关注儿童的情景记忆元认知监测准确性及其发展（Allwood et al.，2005）。另外，对元记忆监测能力的考察，对于了解特殊儿童，如自闭症谱系障碍儿童（Wilkinson et al.，2010；Wojcik et al.，2013）、轻度认知障碍（mild cognitive impairment，MCI）儿童（Perrotin et al.，2007）的情景记忆及元记忆损伤的特点、成因和脑机制的探究，以及了解儿童情景记忆及元记忆监测能力的发展特点、如何利用元记忆策略促进儿童情景记忆的发展（Daugherty & Ofen，2015）等问题均有启发意义。

此外，儿童情景记忆的发展伴随整个童年期及青少年期（Ghetti & Lee，2011）。同时，元记忆监测的研究发现，个体的元记忆监测能力在儿童期（7～12 岁）处于不断发展中（Howie & Roebers，2010）。在这一特殊阶段，对于两种认知能力均处在发展关键期的儿童来讲，能否准确收集儿童情景记忆信心判断准确性指标并分析其背后的意义，对于儿童情景记忆和元记忆监测能力的发展研究均有启示。因此，在对这一综合能力进行考察时，有必要对这一指标的计算方法和需要注意的年龄适用性问题进行总结。

第二节 情景记忆信心判断准确性的计算

信心判断的准确性有两类,即绝对准确性和相对准确性(Hacker et al.,2009)。绝对准确性反映的是个体的正确率与信心判断之间的差异,而相对准确性反映的是信心判断对正确项目和错误项目的区分度(Nelson,1984)。一方面,对监测准确性的相对或绝对测量的选择应该基于测量所发生的背景,并需要考虑研究的主要目的。例如,如果研究者关注个体在项目之间做出判断的一致性程度,那么选择计算相对准确性是恰当的。另一方面,如果研究者关注相关干预、训练是否能够使得监测判断准确性发生变化或者使准确性提高,此时计算绝对准确性更合适(Nietfeld et al.,2005)。尽管如此,绝大多数情景记忆信心判断准确性研究既计算了信心判断的绝对准确性,又计算了其相对准确性,以期能够综合反映准确性的不同方面及其稳定性。这两种准确性均有多种计算方法。

一、绝对准确性

反映绝对准确性的指标包括校准(calibration)、海曼相关(Hamann coefficient)、是否高低估(over/underconfidence)等,其中,考察高低估的指标有两种:一是绘制校准曲线;二是计算偏差(bias)。本节将对以上指标进行详细介绍。

（一）校准

校准反映的是信心判断与记忆成绩之间的差异,适用于信心判断和记忆成绩均是连续变量的条件(Hacker et al.,2009)。具体计算公式如公式 7-1 所示。

$$校准 = \frac{1}{n} \cdot \sum_{t=1}^{T} n_t \left(r_{tm} - c_t \right)^2 \tag{7-1}$$

其意义是计算出信心判断与实际记忆成绩之间的平均误差大小。其中,n 代表进行回忆或再认的项目总数。T 代表涉及的信心判断等级,如信心判断等级从 50%(猜测)～100%(完全确定),就会有 6 个等级:50%～59%、60%～69%、70%～79%、80%～89%、90%～99% 和 100%。c_t 是指在信心等级 r 上的记忆正确率的平均值,r_{tm} 是指在信息等级 r 上的信心判断平均值。n_t 是指在信

心等级 r 条件下进行判断的项目数（Allwood et al.，2005），其值越接近于 0，代表其准确性越好。

Buratti 和 Allwood（2012）的研究考察了要求被试对信心判断进行校正能否提高被试的情景记忆信心判断准确性，收集了被试对视频问题的答案及其百分等级信心判断值，计算了校准指标，结果发现，给被试提供对其信心判断进行校正的机会能够提高其信心判断的准确性，该指标能够较好地反映记忆成绩与信心判断之间的差异，但其计算方法是对该差异进行了平方，无正负方向之分，因此不能反映高低估情况（Buratti & Allwood，2012；Weber & Brewer，2004）。

（二）海曼相关

海曼相关适用于对分类变量的处理分析。当信心判断为二分变量，即判断自己答案为正确，或判断自己答案为错误时，可以根据信号检测论把被试的信心判断和记忆成绩之间的关系分为两个条件，即两个击中（hit）条件和两个漏报（miss）条件。如果被试回答正确且其信心判断也为正确，或回答错误且其信心判断也为错误，即信心判断和记忆成绩一致，则为击中，反之则为漏报。

例如，在表 7-1 中，a 为回答正确、信心判断也将其判断为答对；d 为回答错误、信心判断也将其判断为答错；b 为回答错误、但信心判断将其判断为答对；c 为回答正确、但信心判断将其判断为答错。如公式 7-2 所示，海曼相关系数等于击中的项目数减去漏报的项目数与全部总和的商（Hacker et al.，2009）。

表 7-1　2×2 成绩-信心判断匹配表

项目	回答正确	回答错误
判断为答对	击中 a	漏报 b
判断为答错	漏报 c	击中 d

$$海曼相关=\frac{(a+d)-(b+c)}{a+b+c+d} \tag{7-2}$$

由于海曼相关与相对准确性指标伽马相关（Gamma coefficient，γ）的数据分类相似，均是 2×2 模式的，有研究利用 Monte Carlo 模拟方法对两者之间的分布差异进行了比较，发现两者除代表的根本意义存在差异之外，即海曼相关反映的是绝对准确性，而伽马相关反映的是相对准确性，海曼相关的数据可能更符合正态分布，并且当测试次数少于 50 次时，海曼相关更为准确、合理

（Nietfeld et al.，2005）。

（三）绘制校准曲线

在测查学习者在进行学习判断时是否存在高估或者低估的情况时，绘制校准曲线和计算偏差的方法均能实现该目的。绘制校准曲线方法的优点在于较为直观；其不足之处在于无法对不同条件进行差异比较，且诊断标准的有效性有待考察。当个体的校准曲线较为波动，即点高于与点低于诊断线的情况均出现时，很难做出是否出现高低估的判断。

在绘制校准曲线时，以信心判断的等级范围作为横坐标（如 0～10、11～20、21～30 等），以在特定信心判断的等级范围内计算出的记忆成绩作为纵坐标，绘制出正方形图。以点（0，0）及（100，100）之间的连线作为对角线，如果校准曲线在对角线上方，说明信心判断出现了低估；反之则出现了高估（Buratti et al.，2013）。例如，Weber 和 Brewer（2003）的研究欲考察面孔个数和信心判断的级别数对面孔再认信心判断准确性的影响，分别绘制了校准曲线并计算了校准和偏差指标。通过直观比较真实校准曲线与理想校准曲线之间的距离，结果发现 50 分制量表（即 50%不确定到 100%非常确定）的面孔信心判断准确性优于 100 分制量表的准确性（Weber & Brewer，2003）。

（四）偏差

偏差指标是对个体整体高低估情况的反映，通过对差异进行累加，能够较好地避免校准曲线中无法进行差异比较的问题。

偏差的计算方法与校准基本一致，只是不将信心判断与记忆成绩的差值进行平方处理（Allwood et al.，2005）。其值为正，代表被试表现出了高估；其值为负，代表被试表现出了低估；其值越接近于 0，代表其准确性越好。Weber 等（2013）的研究欲考察决策过程中以及元记忆判断过程中的策略使用对面孔再认信心判断准确性的影响，收集了偏差指标，结果发现，相比于排除策略，归纳策略条件下出现了更少的低估现象，准确性更高。由此可见，偏差指标不仅能够较好地反映高低估信息，还能够反映个体的信心判断准确性。

可见，根据实验目的及数据收集方式，采用不同的计算方法，才能够最大程度地呈现出结果所代表的意义。

二、相对准确性

与绝对准确性不同，相对准确性评估的是学习者对其正确答案和错误答案的区分能力。反映相对准确性的指标有伽马相关、区分度指标斜率（slope）和信号检测论中的辨别力等指标。

（一）伽马相关

Nelson（1984）首次将伽马相关运用于测量个体元记忆监测的相对准确性中，认为该指标是一种较为理想的考察记忆监测相对准确性的指标。至此之后，该指标被广泛地运用于记忆监测研究中。例如，有研究统计了 2000—2008 年发表在记忆与认知领域的四本重要期刊中（Journal of Experimental Psychology：General；Journal of Experimental Psychology：Learning，Memory，and Cognition；Journal of Memory and Language；Memory & Cognition）采用伽马相关考察元记忆监测准确性的文章，共 64 篇，其中有 31 篇采用伽马相关作为元记忆监测准确性的指标（Masson & Rotello，2009）。这说明该指标得到了广大研究者的认可。

伽马相关适合处理分类数据，其最大的优点在于对数据的分布没有严格要求。与海曼相关相似，二者均收集信心判断与记忆成绩一致条件的项目数与不一致条件的项目数（Allwood，2010）。但其计算方法为两种击中条件乘积和两种漏报条件乘积的差与击中条件乘积和漏报条件乘积的和之商（Nelson，1984），值的范围为[-1，1]，如公式 7-3 所示，其值越大，说明其准确性越好。

$$伽马相关 = \frac{ad - bc}{ad + bc} \qquad （7-3）$$

（二）斜率

斜率反映的是个体能否在信心判断指标上区分出正确答案和错误答案的能力，其计算方法为正确答案的信心判断平均值与错误答案的信心判断平均值的差，该值越大，代表其相对准确性越好（Allwood，2010）。在公式 7-4 中，MC_c 代表正确答案的平均信心判断值，MC_i 代表错误答案的平均信心判断值。

$$斜率 = MC_c - MC_i \qquad （7-4）$$

例如，Buratti 等（2013）的研究欲考察情景记忆信心判断准确性的稳定性，计算了 8~9 岁、10~11 岁儿童和成人的情景记忆信心判断偏差、校准和斜率指标，结果发现，8～9 岁儿童出现了最大程度的高估，即儿童的绝对准确性较差；而在斜率指标上，不同年龄组之间的差异不显著，说明儿童的相对准确性与成人相似，发展出了较好的元记忆监测能力，并且发现不同年龄间被试的信心判断并不稳定（Buratti et al.，2013）。由此可见，斜率指标计算简便，能够较好地反映了个体对正确答案及错误答案的区分度。

（三）信号检测论中的辨别力指标

在实际应用中，前人研究发现，利用伽马相关计算元记忆相对准确性的研究也存在一些问题，即得到的数值变化范围较小，使得统计检验结果常常不显著，或者得到与假设相悖的结论（刘希平等，2013）。这使得研究者开始探索新的计算方法以规避这些问题，基于信号检测论提出的 d_a（Benjamin & Diaz，2008）和 meta-d' 指标（Maniscalco & Lau，2012）就是在这样的背景下发展起来的。

Benjamin 和 Diaz（2008）对信号检测论进行了分析，提出了可以用于测量元记忆相对准确性的新指标辨别力指数 d_a，将信号检测论中的信号分布与噪声分布之间的距离作为个体对正确答案和错误答案分辨能力的指标，并对其进行了校正，作为个体的元认知判断相对准确性指标（Weber & Brewer，2004）。具体计算方法请参见刘希平等（2013）的研究。

另外，Maniscalco 和 Lau（2012）利用信号检测论作为基础，考察个体的元记忆监测准确性，分离出了物理信号分布和心理信号分布，并分别计算了辨别力指数 d' 和元认知判断准确性 meta-d'。

在经典的信号检测论中，假设信号分布和噪声分布均为正态，根据信号和反应的匹配程度，可以形成四种结果，即正确拒斥（correct rejection，CR）、虚报（false alarm，FA）、漏报（miss，M）、击中（hit，H）等，详见表 7-2。如公式 7-5，根据击中率和虚报率，可以算出被试的物理辨别力指数 d'。

表 7-2　物理信号分布中可能出现的四种结果

项目	反应为噪声	反应为信号
噪声分布 S1	正确拒斥	虚报
信号分布 S2	漏报	击中

$$辨别力指数 d' = Z(H) - Z(FA) \qquad (7\text{-}5)$$

根据被试反应计算出相应的击中率和虚报率，之后将其转化为 Z 分数（可查标准正态分布表找到其对应的 Z 值），计算出辨别力指数 d'。

在心理信号分布中，信心判断可以被看作一种二级区分任务（secondary discrimination task）。被试需要对自己的正确答案和错误答案进行区分，并在信心判断指标上反映出来。在这种条件下，其击中率和虚报率就被重新定义了。如表 7-3 所示，其数据分布由物理信号分布（噪声和信号）变成心理信号分布（错误作答和正确作答）。进一步将表 7-2 与表 7-3 合并为表 7-4，可以清楚地呈现出个体对物理刺激做出的是否见过的作答和其对作答的信心判断。计算辨别力时需要分别计算击中率与虚报率，公式 7-6 呈现了心理信号分布击中率的计算方法。

表 7-3　心理信号分布中可能出现的四种结果

项目	信心判断为低	信心判断为高
错误作答	正确拒斥	虚报
正确作答	漏报	击中

表 7-4　物理信号分布和心理信号分布集合可能出现的具体结果

项目		信心判断为低	信心判断为高
噪声分布 S1	错误作答 1（虚报）	正确拒斥 2	虚报 2
	正确作答 1（正确拒斥）	漏报 2	击中 2
信号分布 S2	错误作答 1（漏报）	正确拒斥 2	虚报 2
	正确作答 1（击中）	漏报 2	击中 2

注：1 为物理信号分布中出现的结果；2 为心理信号分布中出现的结果

以击中率为例：

$$击中率_2 = \frac{n(\text{高信心且正确})}{n(\text{正确})} = \frac{n(\text{高信心击中}) + n(\text{高信心正确拒斥})}{n(\text{击中}) + n(\text{正确拒斥})} \quad (7\text{-}6)$$

由此可以计算出心理信号分布中的虚报率等指标，进而计算出 meta-d' 以代表被试的元记忆监测的相对准确性。这种方法的优点在于能够排除反应偏向对元记忆监测准确性的影响，从而更好地反映出一个人的信心判断与准确性之间的关系。然而，需要注意的是，信心判断并不总是二分变量，当进行多级评分时，需要对多个级别进行高低分类（Fleming & Frith，2014）。

但是以上两个指标还属于推广阶段，尚需要更多的实验结果来证明其有效性。

第三节　儿童情景记忆信心判断测评应注意的问题

以往关于儿童情景记忆信心判断准确性的发展研究起始于 8～9 岁，为何没有对低龄儿童进行探索？其原因究竟在于低龄儿童尚未发展出准确的元记忆判断能力，还是在于儿童对信心判断任务理解不清？为探究这一问题，找到儿童元记忆能力发展的关键期，我们认为研究者在进行深入探究时需要注意以下问题。

一、问题形式的年龄适用性

问题形式是指考察儿童情景记忆时所采用的收集方式，包含记忆的类型和针对记忆内容所进行的不同提问方式，主要涉及回忆与再认的对比，以及问题的偏向性对儿童情景记忆信心判断准确性的影响。

首先，低龄儿童在自由回忆条件下的信心判断准确性优于再认。Allwood 等（2008）在研究中分析了问题形式对儿童事件记忆信心判断准确性的影响。他们选取 8～9 岁、12～13 岁儿童和成人大学生作为被试，设置开放式的自由回忆条件和二选一的再认条件，要求被试观看一段视频，一周之后进行自由回忆和再认，将自由回忆的内容编码为陈述句，并在一周之后要求被试分别对陈述句和再认答案进行信心判断。研究收集了被试的绝对准确性指标：是否高低估。结果发现，在该指标上，年龄和问题形式的交互作用显著，8～9 岁儿童在自由回忆条件下无高估，而在再认条件下有高估，而 12～13 岁儿童和成人被试在两种问题形式间均无显著差异。这表明，只有低龄儿童的情景记忆信心判断准确性会受问题形式的影响（Allwood，2010），而 12 岁以上的儿童及成人已经具有较稳定的元记忆监测能力，能够成功排除问题形式对其的影响。

Koriat 和 Goldsmith（1996）认为，产生这一特点的原因可能在于，人们不是把脑海中所有浮现的内容全部报告出来，而是会根据所在的场景和要求，进行元认知策略性评估和控制，有选择地报告一部分正确信息，保留不确定信息。另外，对成人被试的研究结果显示，是否给被试报告的自由，对于其元记忆准确性有帮助。因此，当在自由回忆条件下，儿童能够控制哪些信息要报告，即拥有是否进行报告的选择权时，他们也可以利用元认知的控制能力使其正确率得以上升。相反，在再认条件下，他们则无法选择。因此，相比于再认，儿童的自由回忆可能更可信（Koriat et al.，2001）。

另外，儿童很难排除误导性问题的影响，因而难以对正误答案给出准确的信心判断（Roebers，2002；Roebers & Howie，2003）。Roebers 和 Howie（2003）在研究中分析了误导性问题和无偏性问题对儿童情景记忆信心判断准确性的影响。他们选取 8 岁、10 岁和成人作为被试，实验中让被试观看一段 7 分钟的视频，被试需要注意观看并给出对视频的看法，主试并没有提前告知被试需要记忆视频的具体内容。14 天之后由一名主试提问关于视频的相关问题，包含 8 道无偏性问题（无导向性的开放问题）、8 道误导性问题（暗示错误答案的问题）和 4 道填充问题（暗示正确答案的问题，其作答不进入统计分析），让被试进行回答，并通过对问题答案进行三点评分式信心判断，收集其信心程度。结果发现，在无偏性问题条件下，相比于错误答案，儿童能够对正确答案给出高信心判断；然而在误导性问题条件下，儿童对正确答案和错误答案的信心判断无差异，其元认知监测能力受到影响。由此可见，儿童的情景记忆信心判断准确性具有问题形式的年龄适用性。

二、信心判断收集方法的年龄适用性

儿童做信心判断时的收集方法可能会对信心判断准确性产生影响。以往研究显示，儿童在小学初级阶段，即 7～9 岁时，随着学习和测试中自我监控能力的提高，儿童表现出较好的元认知监测准确性（Schneider & Lockl，2008）。此时收集的外显信心判断指标，通常是对答案做出"在多大把握上是正确的"准确性评估。而当采用眼动指标作为其内隐信心判断指标时，有研究证实，儿童在表现出外显的信心判断准确性以前就已经具有了初步的内隐信心判断准确性。Paulus 等（2013）的研究收集了 3.5 岁儿童对信心判断量表的注视时间，并比较了 3.5 岁儿童对代表不同信心程度的表情图案（例如，笑脸图案代表高信心，哭脸图案代表低信心）的注视时间，将注视时间最长的表情图案记为其信心判断水平。结果发现，在简单条件下，3.5 岁儿童虽然在外显信心判断指标上并没有表现出元记忆监测能力，但是在眼动指标上，儿童对正确答案，即之前学习过的项目的高信心判断标识的注视时间更长，表现出初步的内隐信心判断准确性。

可见，如果要对低龄儿童的信心判断进行研究，就不建议选取外显指标。眼动技术可以作为收集较低年龄儿童的信心判断指标的新方法，适合对低龄儿童的内隐信心判断进行测评。

三、所选量表复杂程度的年龄适用性

所选量表的复杂程度也可能会影响儿童的情景记忆元认知表现。量表的复杂程度包含两个方面：一是量表表征方式的复杂程度；二是量表等级数的多少。当前研究中关于信心量表的选择，可以根据表征方式的不同大致分为具体和抽象两种类型。具体型可以分为图画表情型和线型标注型，而抽象型可以分为数字百分比型和言语估计型。具体型更适合低龄儿童，而较为抽象的数字百分比型和言语估计型多用于成人的研究中。例如，在年幼儿童的研究中多采用图画表情型，用积极表情、中性表情和消极表情代表其信心判断的准确程度（Roebers & Howie，2003）；而线型标注型是让被试在一个长方形上，在50%确定到100%确定之间标示出被试的信心判断值。采用这种方法的研究者认为，6～10岁儿童在表达可能性时可能需要借助于如大小、形状和颜色等具体表征的帮助（Allwood，2010）。可见，具体型的信心判断收集方式可能更适用于低龄儿童。

然而，这种量表表征方式上的差异可能只在一定年龄范围内会对儿童信心判断准确性产生影响，而对年龄较大儿童的影响较小。Allwood等（2007）就这一问题设计了实验并进行了年龄间的比较，考察了信心判断领域中经常用到的四种信心判断量表对儿童信心判断准确性的影响。实验选取11～12岁儿童，让其在观看一段视频之后，对44道二选一的再认问题进行回答，随后进行信心判断。针对这四种信心判断量表收集了被试的信心判断值。实验结果发现，11～12岁儿童在这四种量表上没有出现信心判断及准确性上的差异。由此可见，11～12岁儿童已经能够排除具体和抽象形式的影响，较好地理解信心判断的意义，准确报告出信心判断值。

另外，信心判断量表等级数量的多少，对于儿童情景记忆信心判断准确性也具有年龄适用性。被试能否理解不确定性和可能性，对于准确报告信心判断非常关键。Roebers等（2007）的研究发现，对于儿童来讲，在信心判断阶段需要区分的类型越少，他们越容易理解，年幼儿童能更好地掌握三分量表（Roebers et al.，2007）。然而，Roebers 和 Howie（2003）为了验证是不是因为五点评分对于 8 岁儿童来说过于复杂而出现 Roebers（2002）的研究中 8 岁儿童的信心判断准确性较差的现象，设置了三点评分量表并排除了社会期待对儿童的影响，重新对 8 岁儿童的信心判断准确性进行了考察，发现不能将 8 岁儿童的信心判断准确性低归因于其处理五点评分量表存在困难（Roebers & Howie，2003）。由此可见，量表等级数的多少可能只对年幼儿童的信心判断准确性产生影响，而对 8 岁以上儿童的影响较小。

四、准确性指标的年龄适用性

信心判断准确性可以分为两类，即绝对准确性和相对准确性。在对儿童情景记忆的元记忆监测能力进行考察时，选择计算儿童的绝对准确性还是相对准确性所做出的发展性研究结论可能不同（Nietfeld et al.，2005）。有研究显示，10 岁儿童在对视频材料进行嫌疑犯面孔再认时，已经具备了区分自己正确答案和错误答案的能力，即在相对准确性上与成人差异不显著（Howie & Roebers，2010）。然而，有研究显示，相比于成人，11 岁儿童在目击者再认中的信心判断绝对准确性较差，并表现出更大程度上的过度自信（Keast et al.，2007）。这可能是由两种元记忆监测准确性所测查的元记忆能力的不同方面所决定的。儿童首先发展出对自己正误答案的区分能力，随着学习经验的增加，他们才能逐渐发展出更为客观的元记忆绝对准确性。

另外，元记忆绝对准确性可能更容易受到实验材料难易程度的影响。在绝对准确性研究中，有一个值得注意的现象是难易效应。它是指个体在较难项目（正确率较低的项目）上容易出现更大程度的高估（Allwood，2010；Howie & Roebers，2010）。因此，计算儿童信心判断绝对准确性时需要注意实验材料的难度，以避免材料难度混淆了情景记忆信心判断准确性的发展变化。在对比低龄儿童的情景记忆监测能力的差异时，需要综合考虑不同准确性指标的适用性。

综上可见，在探讨儿童情景记忆元认知判断准确性时，需要注意记忆测试的问题形式、信心判断的收集方法、所选量表的复杂程度以及不同类型的准确性是否适合相应年龄的儿童。

参 考 文 献

刘希平, 石靓子, 唐卫海.（2013）. 一种测量记忆监测相对准确性的新指标：da. 心理科学,
（4）, 989-993.

Allwood, C. M.（2010）. The realism in children's metacognitive judgments of their episodic
memory performance//Efklides, A., & Misailidi, P.（Eds.）. *Trends and Prospects in
Metacognition Research*（pp. 149-169）. New York：Springer.

Allwood, C. M, Granhag, P. A, Jonsson, A. C.（2007）. Child witness' metamemory realism.
Scandinavian Journal of Psychology, 47（6）, 461-470.

Allwood, C. M, Innes-Ker, A.H., Homgren, J., & Fredin, G.（2008）. Children's and adults'
realism in their event-recall confidence in responses to free recall and focused questions.
Psychology Crime & Law, 14（6）, 529-547.

Allwood, C. M., Jonsson, A. C., & Granhag, P. A.（2005）. The effects of source and type
of feedback on child witnesses' metamemory accuracy. *Applied Cognitive Psychology*, 19
（3）, 331-344.

Benjamin, A. S., & Diaz, M.（2008）. Measurement of relative metamnemonic accuracy//Dunlosky,
J., & Bjork, R. A.（Eds.）. *Handbook of Metamemory and Memory*（pp.73-94）. New York：
Psychology Press.

Buratti, S., & Allwood, C. M.（2012）. The accuracy of meta-metacognitive judgments：Regulating
the realism of confidence. *Cognitive Processing*, 13（3）, 243-253.

Buratti, S., Allwood, C. M., & Johansson, M.（2013）. Stability in the metamemory realism
of eyewitness confidence judgments. *Cognitive Processing*, 15（1）, 39-53.

Chua, E. F., Schacter, D. L., & Sperling, R. A.（2009）. Neural correlates of metamemory：
A comparison of feeling-of-knowing and retrospective confidence judgments. *Journal of
Cognitive Neuroscience*, 21（9）, 1751-1765.

Daugherty, A. M., & Ofen, N.（2015）. That's a good one! Belief in efficacy of mnemonic
strategies contributes to age-related increase in associative memory. *Journal of Experimental
Child Psychology*, 136, 17-29.

Flavell, J. H.（1979）. Metacognition and cognitive monitoring：A new area of cognitive-
developmental inquiry. *American Psychologist*, 34（10）, 906-911.

Fleming, S. M., & Frith, C. D.（2014）. *The Cognitive Neuroscience of Metacognition*. New
York：Springer.

Ghetti, S., & Lee, J.（2011）. Children's episodic memory. *Wiley Interdisciplinary Reviews
Cognitive Science*, 2（4）, 365-373.

Hacker, D. J., Dunlosky, J., & Graesser, A. C.（2009）. *Handbook of Metacognition in Education*.
New York：Routledge.

Howie, P., & Roebers, C. M.（2010）. Developmental progression in the confidence-accuracy
relationship in event recall：Insights provided by a calibration perspective. *Applied Cognitive*

Psychology, *21*（7）, 871-893.

Keast, A., Brewer, N., & Wells, G. L.（2007）. Children's metacognitive judgments in an eyewitness identification task. *Journal of Experimental Child Psychology*, *97*（4）, 286-314.

Koriat, A., & Goldsmith, M.（1996）. Monitoring and control processes in the strategic regulation of memory accuracy. *Psychological Review*, *103*（3）, 490-517.

Koriat, A., Goldsmith, M., Schneider, W., & Nakash-Dura, M.（2001）. The credibility of children's testimony: Can children control the accuracy of their memory reports? *Journal of Experimental Child Psychology*, *79*（4）, 405-437.

Maister, L., Simons, J. S., & Plaisted-Grant, K.（2013）. Executive functions are employed to process episodic and relational memories in children with autism spectrum disorders. *Neuropsychology*, *27*（6）, 615-627.

Maniscalco, B., & Lau, H.（2012）. A signal detection theoretic approach for estimating metacognitive sensitivity from confidence ratings. *Consciousness & Cognition*, *21*（1）, 422-430.

Masson, M. E., & Rotello, C. M.（2009）. Sources of bias in the Goodman-Kruskal gamma coefficient measure of association: Implications for studies of metacognitive processes. *Journal of Experimental Psychology: Learning, Memory, and Cognition*, *35*（2）, 509-527.

Moritz, S., Gläscher, J., Sommer, T., Büchel, C., & Braus, D. F.（2006）. Neural correlates of memory confidence. *Neuroimage*, *33*（4）, 1188-1193.

Nelson, T. O.（1984）. A comparison of current measures of the accuracy of feeling-of-knowing predictions. *Psychological Bulletin*, *95*（1）, 109-133.

Nelson, T. O.（1990）. Metamemory: A theoretical framework and new findings. *Psychology of Learning & Motivation*, *26*, 125-173.

Nietfeld, J. L., Cao, L., & Osborne, J. W.（2005）. Metacognitive monitoring accuracy and student performance in the postsecondary classroom. *Journal of Experimental Education*, *74*（1）, 7-28.

Paulus, M., Proust, J., & Sodian, B.（2013）. Examining implicit metacognition in 3.5-year-old children: An eye-tracking and pupillometric study. *Frontiers in Psychology*, *4*（1）, 145.

Perrotin, A., Belleville, S., & Isingrini, M.（2007）. Metamemory monitoring in mild cognitive impairment: Evidence of a less accurate episodic feeling-of-knowing. *Neuropsychologia*, *45*（12）, 2811-2826.

Roebers, C. M.（2002）. Confidence judgments in children's and adults' event recall and suggestibility. *Developmental Psychology*, *38*（6）, 1052-1067.

Roebers, C. M., & Howie, P.（2003）. Confidence judgments in event recall: Developmental progression in the impact of question format. *Journal of Experimental Child Psychology*, *85*（4）, 352-371.

Roebers, C. M., Linden, N. V. D., Schneider, W., & Howie, P.(2007). Children's metamemorial judgments in an event recall task. *Journal of Experimental Child Psychology*, *97*（2）, 117-137.

Schneider, W., & Lockl, K.（2008）. Procedural metacognition in children: Evidence for developmental trends//Dunlosky, J., & Bjork, R. A.（Eds.）. *Handbook of Memory and Metamemory*（pp.391-409）. New York: Psychology Press.

Schnyer, D. M., Verfaellie, M., Alexander, M. P., Lafleche, G., Nicholls, L., & Kaszniak, A. W.（2004）. A role for right medial prefontal cortex in accurate feeling-of-knowing judgements: Evidence from patients with lesions to frontal cortex. *Neuropsychologia*, *42*(7), 957-966.

Shing, Y. L., & Lindenberger, U.（2011）. The development of episodic memory: Lifespan lessons. *Child Development Perspectives*, *5*（2）, 148-155.

Shing, Y. L., Werkle-Bergner, M., Li, S. C., & Lindenberger, U.（2008）. Associative and strategic components of episodic memory: A life-span dissociation. *Journal of Experimental Psychology: General*, *137*（3）, 495-513.

Souchay, C., Guillery-Girard, B., Pauly-Takacs, K., Wojcik, D., & Eustache, F.（2013）. Subjective experience of episodic memory and metacognition: A neurodevelopmental approach. *Frontiers in Behavioral Neuroscience*, *7*, 212.

Tulving, E.（1972）. Episodic and semantic memory//Tulving, E., & Donaldson, W.（Eds.）. *Organization of Memory*（pp.381-403）. New York: Academic Press.

Tulving, E.（2002）. Episodic memory: From mind to brain. *Annual Reviews of Psychology*, *53*, 1-25.

Weber, N., & Brewer, N.（2003）. The effect of judgement type and confidence scale on confidence-accuracy in face recognition. *Journal of Applied Psychology*, *88*（3）, 490-499.

Weber, N., & Brewer, N.（2004）. Confidence-accuracy calibration in absolute and relative face recognition judgments. *Journal of Experimental Psychology: Applied*, *10*（3）, 156-172.

Weber, N., Woodard, L., & Williamson, P.（2013）. Decision strategies and the confidence-accuracy relationship in face recognition. *Journal of Behavioral Decision Making*, *26*（2）, 152-163.

Wilkinson, D. A., Best, C. A., Minshew, N. J., & Strauss, M. S.（2010）. Memory awareness for faces in individuals with autism. *Journal of Autism & Developmental Disorders*, *40*(11), 1371-1377.

Wojcik, D. Z., Moulin, C. J., & Souchay, C.（2013）. Metamemory in children with autism: Exploring "feeling-of-knowing" in episodic and semantic memory. *Neuropsychology*,

27（1），19-27.

Yonelinas，A. P.（2001）. Components of episodic memory：The contribution of recollection and familiarity. *Philosophical Transactions of the Royal Society of London*，*356*（1413），1363-1374.

Yonelinas，A. P.（2002）. The nature of recollection and familiarity：A review of 30 years of research. *Journal of Memory & Language*，*46*（3），441-517.

第三部分
儿童情景记忆及其监测能力的发展

　　作为儿童较早出现的记忆，情景记忆对其情景思维、情感等有重要影响（Allen & Fortin，2013）。对情景记忆进行有效的监测，对于之后的学习和记忆能够起到良好的导向作用。本部分将围绕情景记忆及其监测能力的发展展开，从三个方面介绍情景记忆及其监测能力的发展：首先，通过以图片内容的再认作为项目记忆任务，以图片与颜色背景的联结记忆作为来源记忆任务，并对两种记忆结果分别做信心判断，考察3～6岁儿童情景记忆及其监测能力的发展特点；其次，围绕时间信息的三个基本属性——时序、时距和时点，介绍其中关于时间记忆的研究成果；最后，对生命性在记忆过程中的作用进行系统研究，探讨词语的生命性属性对记忆提取过程的影响；目击者对证词的信心判断是一种情景记忆监测能力，本书考察了权威和从众在肯定与否定反馈中对目击者信心判断准确性的影响。

第八章　3～6 岁儿童情景记忆及其监测能力的发展 [①]

　　情景记忆可以分为项目记忆和来源记忆，项目记忆是对事件内容的回忆；来源记忆是对与事件相联系的时间、空间等背景及其关系的记忆（Cycowicz et al.，2001）。作为儿童较早出现的记忆，情景记忆对其情景思维、情感等有重要影响（Allen & Fortin，2013）。信心判断是记忆监测的一个重要指标。它是指个体对已经完成的学习任务测试成绩的预测，即对提取准确性的预测。对情景记忆过程进行监测，能够指导个体将来活动的有效进行，对学习和记忆活动起着重要的作用。

---

　　① 本章内容发表于：金雪莲，姜英杰，王志伟.（2018）.3～6 岁儿童情景记忆及其监测能力的发展.*心理与行为研究*，16（5）：650-656.

第一节 儿童情景记忆及其监测能力研究现状

一、儿童情景记忆的发展趋势及研究范式

（一）儿童情景记忆的发展趋势

1. 儿童情景记忆能力随年龄的增长而逐步提高

已有研究表明，儿童情景记忆能力随年龄的增长而逐步提高。Chalmers（2014）以图片为项目识别内容，以时间线索为来源记忆内容，测试 4～5 岁儿童，发现 5 岁儿童的项目记忆能力和时间来源记忆能力显著优于 4 岁儿童。Lee 等（2016）以 7～11 岁的儿童和成人为被试，以图片为项目记忆内容，以空间位置、时间和背景为来源记忆内容进行研究，发现来源记忆随年龄的增长而提高，空间来源记忆在 9 岁半时达到成人水平，时间和背景来源记忆发展较缓慢。可见，现有研究对儿童情景记忆在何时发生，以及早期发展趋势如何，仍未有定论。此外，有研究表明，个体项目记忆与来源记忆的发展速度是不一致的。Cycowicz 等（2001）以 7～9 岁的儿童和大学生为被试，以图片为项目记忆内容，以图片背景颜色为来源记忆内容，发现相较于提取项目信息，儿童对来源信息的提取难度更大。这种发展差异是否在学龄前儿童就已存在，尚待研究。

2. 情景记忆能力的性别差异

情景记忆中，关于性别差异的研究是广泛存在的。有研究表明，女性在言语记忆、位置记忆和面部识别方面表现出优势，男性显示出视觉空间记忆优势（Duff & Hampson，2001；Hassan & Rahman，2007）。Smith 等（2009）以 6～18 岁癫痫儿童为被试，发现女孩在故事回忆和词表学习任务上比男孩有显著优势，而在面孔识别上男女并没有显著差异。可以看出，虽然研究者对于情景记忆存在性别差异是广泛认同的，但对于情景记忆在不同方面的研究结论却不完全一致。

（二）儿童情景记忆的研究范式

1. 配对联想回忆范式

给被试呈现配对的名词，要求被试根据这对词进行发散联想，在头脑中构建出一幅情景。在测验阶段呈现目标词，让被试通过回忆刚才产生的情景，提取出与该词配对的线索词（Reggev et al.，2011）。这种范式对于被试能力的要求较高，因此不适用于年龄较小儿童。

2. 序列范式

实验要求被试学习带有背景的项目，然后进行混有新项目的两个子测试，分别判断项目是否学过及已学项目的来源（Roberts & Blades，1999）。例如，要求个体记忆不同颜色背景下的物体，随后测试儿童对物体的记忆成绩——项目记忆，以及对颜色背景的记忆成绩——来源记忆（Lee et al.，2014）。此范式分别对项目与来源信息进行提取，对情景记忆的考察更加深入细致，可适用于年龄较小儿童。

二、儿童信心判断的发展特点及研究范式

（一）儿童信心判断的发展特点

信心判断是回溯性监测的一种，是儿童较早具备的一种记忆监测能力（Geurten & Willems，2016）。刘希平（2001）在研究中比较了小学二年级学生、初二学生和大二学生的前瞻性与回溯性监测，发现回溯性监测发展较早，而前瞻性监测发展较晚。Wall 等（2016）让小学一年级、二年级和四年级学生估计数字位置，并判断估计的信心，发现儿童对小规模的数字估计比对大规模的数字估计更有信心。Hembacher 和 Ghetti（2014）让 3～5 岁儿童对学习过的新、旧图片再认后进行信心判断，发现 4 岁儿童能够有效地进行信心判断，并且 3 岁儿童也会有意识地降低其错误答案的信心。由此可见，信心判断是儿童早期进行记忆监测的有效指标。

（二）儿童信心判断的研究范式

信心判断的实验一般包括四个阶段。第一阶段是学习阶段，被试首先要记

忆一些资料；第二阶段是干扰阶段，让被试进行一些干扰任务，如倒数数；第三阶段是回忆或再认阶段；第四阶段是信心判断阶段，即在测试后让被试对回忆或再认内容的自信心进行判断。

信心判断的指标包括绝对准确性和相对准确性。绝对准确性是预测对某一个项目的学习程度有多高的精确性，反映的是人们对自己能否正确回忆一组项目的预测能力；相对准确性是预测两个项目的学习程度孰高孰低的精确性，反映的是被试对一个项目相对于另一个项目的回忆成绩的预测能力（贾宁等，2006）。

第二节　3～6 岁儿童情景记忆及其监测能力的发展研究

对于儿童早期情景记忆中项目记忆和来源记忆的发生时间和趋势，以及两种记忆发展的均衡性，目前还没有定论（Chalmers，2014），关于情景记忆的性别差异的研究结果也不一致（Duff & Hampson，2001；Smith et al.，2009），关于儿童情景记忆监测能力的研究更是匮乏。为了深入探讨情景记忆的发生、发展过程，本节从情景记忆的两个不同层面，即项目记忆和来源记忆入手，以序列范式为实验程序，考察不同性别 3～6 岁儿童项目记忆和来源记忆的发生、发展过程，并以信心判断为指标探讨两种记忆监测能力的发展特点。

一、研究方法

（一）被试

用抽签法从小学一年级和幼儿园大、中、小班随机抽取 114 名被试，被试视力良好，智力正常，年龄为 42～83 个月。3 岁组有 28 人（M=41.92 个月，SD=3.28），其中男生 14 人，女生 14 人；4 岁组有 28 人（M=53.00 个月，SD=2.82），其中男生 15 人，女生 13 人；5 岁组有 29 人（M=65.03 个月，SD=3.01），其中男生 14 人，女生 15 人；6 岁组有 29 人（M=77.56 个月，

SD=2.99），其中男生 15 人，女生 14 人。

（二）实验材料

采用 Barry 等（1997）的图片库，在平衡命名难度、熟悉性、视觉复杂性等方面后，选择 54 张图片作为实验材料，图片统一设置成 200 像素×200 像素。其中 6 张图片作为练习图片；24 张作为学习图片，学习图片配上了红色或者绿色的边框，配上边框后，图片为 283 像素×283 像素；24 张作为干扰图片，无背景颜色。实验平衡了图片的数量和颜色。

（三）实验程序

为避免环境干扰，实验在幼儿园休息室内进行，使用电脑呈现图片，被试通过在电脑上按键作答。

1）练习阶段。指导语："小朋友你好，我们来做一个小游戏，一会儿会看到几张这样的图片，你不仅要记住图片上的物品，还要记住图片边框的颜色。"每次呈现带有红色或绿色边框的图片各 1 张，每种颜色各 2 张，共 4 张，每张图片呈现 10 秒钟，并询问被试图片的内容和边框颜色，以确保被试确实对图片进行了学习。全部图片呈现完毕后，进行 2 分钟的游戏干扰任务。游戏结束后，让被试进行图片再认，其中有两张图片是已经学习过的，另外两张是新图片。每次呈现一张图片，询问被试是否见过，主试进行按键记录。然后进行信心判断，主试询问被试"你真的见过/没见过吗？"或者"你是不是没有记清楚？"如果确定见过或者没有见过，点击屏幕上的黄色笑脸。如果被试回答记不清楚了，告诉被试可以点击犹豫的表情。接下来让被试对其判断为见过的图片进行边框颜色的判定，主试进行按键记录，最后对颜色的判定进行信心判断，同图片再认判断过程相同；对于被试判断为没有见过的图片，不进行颜色判断，直接进入下一张图片的再认任务。如果被试连续两次无法通过练习，说明被试不理解实验目的，将其数据剔除。

2）正式实验。实验开始前再次对被试进行强调，不仅要记住图片的内容，还要记住图片边框的颜色，在图片全部呈现后会对学习的内容进行考核，记得越多越好，会有小奖励。实验共有 4 个组块，每个组块共有红色和绿色边框的图片各 3 张，共 6 张，每幅图片呈现 10 秒。学习后进行 2 分钟的游戏干扰任务。再认任务中，每个组块中加入 6 张新图片，被试共需对 12 张图片进行再认。颜色再认和信心判断阶段同练习阶段一致。

（四）实验设计

自变量为年龄（3 岁/4 岁/5 岁/6 岁）和性别（男生/女生），两者均为被试间变量，因变量为项目记忆准确性、来源记忆成绩和信心判断准确性。

（五）实验指标

1. 项目记忆和来源记忆指标

项目记忆指标是再认辨别力 $d'=Z_{击中}/Z_{虚报}$，以及项目记忆再认正确率（图片再认正确个数/再认新旧图片总数量）；来源记忆指标为来源记忆再认正确率（项目边框颜色判断正确的个数/旧项目判断为旧的正确个数）。

2. 信心判断指标

信心判断等级，采用 JOC 值表示。

信心判断的相对准确性，采用 Gamma 相关表示。其计算公式是：G=（C–D）/（C+D），C 表示一致对数目，D 表示不一致对数目。Gamma 取值范围是[–1, 1]，越接近 0，说明两者相关程度越低；越接近 1，说明两者相关程度越高。对 Gamma 值和 0 进行单样本 t 检验，如果差异显著，则说明被试不是随机猜测回忆成绩，即信心判断是有效的（贾宁等，2006）。

信心判断绝对准确性，采用两点距的绝对准确性 d 表示，其计算公式是：$d = |$ 记忆监测值–实际记忆值 $|$/实际记忆值，d 值越大，表明其准确性越差。

3. 项目记忆和来源记忆双分离指标

分别按照项目记忆和来源记忆成绩的平均数，将被试分为成绩高、低两组，并检测另一个指标（来源记忆或项目记忆）的差异显著性，如果其中一组差异显著，而另一组差异不显著，则说明两种记忆功能出现了分离（Glisky et al.，1995；王琥等，2005）。

二、研究结果

（一）3～6 岁儿童项目记忆的再认辨别力指数结果

3～6 岁儿童项目记忆再认辨别力指数 d' 的变化趋势如图 8-1 所示。4（年龄：3 岁/4 岁/5 岁/6 岁）×2（性别：男生/女生）的两因素方差分析结果表明，年龄的主效应显著[$F_{(3, 106)}$=5.20，$p<0.01$，η_p^2=0.13]，性别的主效应不显著[$F_{(1, 106)}$=0.73，p=0.40]，两者的交互作用不显著[$F_{(3, 106)}$=0.27，p=0.84]。

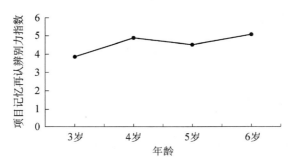

图 8-1　3～6 岁儿童项目记忆再认辨别力指数随年龄变化趋势

年龄的主效应显著，各年龄间的事后检验表明，4～6 岁儿童项目记忆再认辨别力指数显著优于 3 岁儿童（$ps<0.05$），4～6 岁儿童之间的差异不显著（$ps>0.05$）。

（二）3～6 岁儿童项目记忆监测能力的发展结果

1. 3～6 岁儿童项目记忆信心判断的相对准确性结果

为分析项目记忆监测的有效性，对 3～6 岁各年龄段儿童信心判断的相对准确性 Gamma 值与 0 做单一样本 t 检验：$t_{3岁(27)}$=20.35，$p<0.001$，Cohen's d=5.31；$t_{4岁(27)}$=29.92，$p<0.001$，Cohen's d=8.04；$t_{5岁(28)}$=61.01，$p<0.001$，Cohen's d=15.86；$t_{6岁(28)}$=40.22，$p<0.001$，Cohen's d=10.74。结果表明，3～6 岁各年龄段儿童信心判断的相对准确性 Gamma 值均显著高于 0，其项目记忆的信心判断并非随机猜测，即 3～6 岁儿童已经具备了有效的项目记忆信心判断能力。

2. 3～6 岁儿童项目记忆信心判断的绝对准确性结果

3～6 岁儿童的项目记忆信心判断的绝对准确性随年龄变化趋势如图 8-2 所示。为进一步分析不同性别 3～6 岁儿童项目记忆信心判断绝对准确性的发展趋势，进行 4（年龄：3 岁/4 岁/5 岁/6 岁）×2（性别：男生/女生）的两因素方差分析，结果表明，年龄的主效应显著[$F_{(3, 106)}$=3.65，$p<0.05$，η_p^2=0.09]，

性别的主效应不显著[$F（1，106）=2.14，p=0.15$]，两者的交互作用不显著[$F（3，106）=0.37，p=0.77$]。

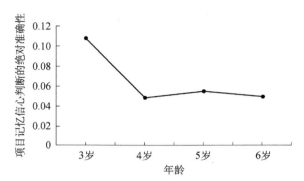

图 8-2　3～6 岁儿童的项目记忆信心判断的绝对准确性随年龄变化趋势

年龄的主效应显著，各年龄间的事后检验表明，4、5、6 岁儿童项目记忆信心判断的绝对准确性显著优于 3 岁儿童（$ps<0.05$），4、5、6 岁儿童之间项目记忆信心判断的绝对准确性不存在显著差异（$ps>0.05$）。

（三）3～6 岁儿童来源记忆正确率

3～6 岁儿童的来源记忆正确率随年龄变化趋势如图 8-3 所示。4（年龄：3 岁/4 岁/5 岁/6 岁）×2（性别：男生/女生）的两因素方差分析结果表明，年龄的主效应显著[$F（3，106）=21.74，p<0.001，\eta_p^2=0.38$]，性别的主效应不显著[$F（1，106）=0.33，p=0.57$]，两者的交互作用不显著[$F（3，106）=0.76，p=0.52$]。

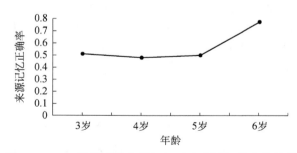

图 8-3　3～6 岁儿童的来源记忆正确率随年龄变化趋势

年龄的主效应显著，各年龄间的事后检验表明，6 岁儿童来源记忆的正确率显著优于 3、4、5 岁儿童（$ps<0.01$），3、4、5 岁儿童之间不存在显著差异

（$ps>0.05$）。

（四）3～6 岁儿童来源记忆的信心判断结果

1. 3～6 岁儿童来源记忆信心判断的相对准确性结果

为分析来源记忆监测的有效性，对 3～6 岁各年龄段儿童信心判断的相对准确性 Gamma 值与 0 做单样本 t 检验：$t_{3岁}(27)=-1.78$，$p=0.09$；$t_{4岁}(27)=-1.30$，$p=0.21$；$t_{5岁}(28)=0.39$，$p=0.70$；$t_{6岁}(28)=11.25$，$p<0.00$，$Cohen's$ $d=3.01$。结果表明，3～5 岁各年龄段儿童信心判断相对准确性 Gamma 值与 0 差异不显著，6 岁儿童信心判断相对准确性 Gamma 值与 0 差异显著，说明 3～5 岁儿童还不具备来源记忆的信心判断能力，直到 6 岁才发展出有效的来源记忆信心判断能力。

2. 3～6 岁儿童来源记忆信心判断的绝对准确性结果

3～6 岁儿童的来源记忆信心判断的绝对准确性随年龄变化趋势如图 8-4 所示。对 3～6 岁儿童来源记忆信心判断的绝对准确性进行 4（年龄：3 岁/4 岁/5 岁/6 岁）×2（性别：男生/女生）的两因素方差分析，结果表明，年龄的主效应显著[$F(3，106)=11.43$，$p<0.001$，$\eta_p^2=0.24$]，性别的主效应不显著[$F(1，106)=0.003$，$p=0.96$]，两者的交互作用不显著[$F(3，106)=1.24$，$p=0.30$]。

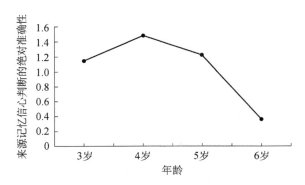

图 8-4 3～6 岁儿童的来源记忆信心判断的绝对准确性随年龄变化趋势

年龄的主效应显著，各年龄间的事后检验表明，6 岁儿童来源记忆信心判断的绝对准确性显著优于 3、4、5 岁儿童（$ps<0.05$），3、4、5 岁儿童之间不

存在显著差异（$ps>0.05$）。

（五）3～6 岁儿童项目记忆和来源记忆双分离结果

对 3～6 岁儿童项目记忆和来源记忆按成绩进行高低分组，如表 8-1 所示。

表 8-1　3～6 岁儿童项目记忆和来源记忆按成绩分组后描述性统计表

年龄	成绩	n	项目记忆（$M \pm SD$）	来源记忆（$M \pm SD$）
3 岁	项目记忆低分	10	0.78±0.03	0.50±0.08
	项目记忆高分	18	0.96±0.03	0.51±0.14
	来源记忆低分	16	0.88±0.13	0.43±0.07
	来源记忆高分	12	0.92±0.06	0.61±0.08
4 岁	项目记忆低分	9	0.89±0.11	0.47±0.18
	项目记忆高分	19	0.99±0.11	0.48±0.20
	来源记忆低分	14	0.94±0.01	0.33±0.11
	来源记忆高分	14	0.96±0.04	0.63±0.13
5 岁	项目记忆低分	17	0.93±0.03	0.49±0.16
	项目记忆高分	12	0.99±0.01	0.51±0.20
	来源记忆低分	15	0.96±0.03	0.37±0.09
	来源记忆高分	14	0.95±0.04	0.64±0.12
6 岁	项目记忆低分	17	0.96±0.02	0.77±0.13
	项目记忆高分	12	1.00±0.00	0.76±0.13
	来源记忆低分	17	0.98±0.03	0.67±0.08
	来源记忆高分	12	0.98±0.02	0.90±0.04

F 检验结果表明，3～6 岁儿童的项目记忆和来源记忆均出现双分离现象。将 3～6 岁儿童按项目记忆成绩高低分为两组，项目记忆成绩 F 检验结果为：$F_{3岁}(26)=-5.18$，$Cohen's\ d=-6.00$；$F_{4岁}(26)=-2.64$，$Cohen's\ d=-0.91$；$F_{5岁}(27)=-6.90$，$Cohen's\ d=-2.68$；$F_{6岁}(27)=-7.50$，$Cohen's\ d=-2.83$，$ps<0.05$；来源记忆成绩 F 检验结果为：$F_{3岁}(26)=-0.20$，$F_{4岁}(26)=-1.53$，$F_{5岁}(27)=-2.81$，$F_{6岁}(27)=0.11$，$ps>0.05$。将 3～6 岁儿童按来源记忆成绩高低分为两组，来源记忆成绩 F 检验结果为：$F_{3岁}(26)=-1.00$，$Cohen's\ d=-2.39$；$F_{4岁}(26)=-0.70$，$Cohen's\ d=-2.49$；$F_{5岁}(27)=-0.55$，$Cohen's\ d=-2.49$；$F_{6岁}(27)=-9.98$，$Cohen's\ d=-3.64$，$ps<0.05$；项目记忆成绩 F 检验结果为：$F_{3岁}(26)=-6.27$，$F_{4岁}(26)=-6.34$，$F_{5岁}(27)=-6.66$，$F_{6岁}(27)=-1.33$，$ps>0.05$。

三、分析讨论

（一）3～6 岁儿童情景记忆能力的发展趋势

本章研究发现，随年龄增长，3～6 岁儿童的情景记忆能力不断发展。其中，儿童从 3 岁开始已经具备了项目记忆能力，虽然 4～6 岁儿童的项目记忆能力增长相对缓慢，但显著优于 3 岁儿童。有研究表明，儿童情景记忆发生在 3～4 岁（Busby & Suddendorf，2005），这与本章研究中项目记忆的发生时间基本相同。

3～5 岁儿童的来源记忆能力发展相对缓慢，6 岁时出现转折，开始迅速增长。研究表明，儿童在 4 岁时已经能够记住事件发生时间的信息，时间来源记忆已有所发展（Chalmers，2014）。这与本章研究结论不一致，可能是由于时间与颜色来源记忆存在不同的发展趋势，时间来源记忆发展要先于颜色来源记忆（Lee et al.，2016）。Yim 等（2013）的研究表明，7 岁儿童的来源记忆能力要优于 4 岁儿童。在 Lindsay 等（1991）的研究中，分别让 4 岁和 6 岁儿童听故事，并配有与故事声音相同或不同（同性别或不同的性别）的人讲解，当讲解人员或内容比较相似时，4 岁儿童对故事进行判断的错误率明显比 6 岁儿童更高。因此，儿童早期在来源线索区别不明显时，他们的来源判断比较困难。本章研究采用颜色与图片相结合的方式，以颜色作为来源线索，儿童易混淆，增加了儿童判断时的难度。

研究表明，3～6 岁儿童项目记忆和来源记忆的性别差异不显著。Lowe 等（2003）以 5～19 岁儿童和青少年为被试测量其情景记忆能力，研究表明，女生的言语情景记忆能力优于男生，男生的空间记忆能力优于女生，这一结论与本章研究结果不一致，可能是因为两项研究采用的实验材料不同，以及测量的情景记忆内容也不相同。本章研究使用的是带有颜色背景的线条画图片，考察的是具体物体的形象记忆和颜色来源记忆；而 Lowe 等（2003）使用的是故事、线索-目标配对词等言语材料和由一系列分散的点组成的非言语材料，考察的是故事内容、目标词的言语记忆以及空间来源记忆。虽然已有多方面研究证实情景记忆是存在性别差异的（Siedlecki，2016），但本章研究发现，儿童的具体形象记忆和颜色来源记忆是不受性别因素影响的。

（二）3～6 岁儿童项目记忆与来源记忆发展的不平衡性

研究结果表明，儿童在 6 岁时来源记忆才刚刚发展，而在 3 岁时就已经具备项目记忆，4岁开始逐步提高，两种记忆的发展并不平衡。Cycowicz等（2001）的研究结果也表明，来源记忆的发展比项目记忆的发展更加持久。两种记忆发展的不平衡性，一方面可能是由于两种记忆信息的加工方式不一致。双加工理论认为，回想需要意识参与，是对事件细节的加工；而熟悉是自动化的，是对事件本身的记忆（Yonelinas et al.，2010）。项目记忆是以熟悉和回想为基础，即对图片的回忆或再认是熟悉或回想的加工过程，而来源记忆是以回想为基础，即对图片背景颜色的回忆需要回想的加工过程（郑志伟等，2015）。熟悉和回想在5岁前就已出现分离（Koenig et al.，2015），这也解释了3～6岁儿童项目记忆和来源记忆存在双分离的现象，这种双加工过程导致了项目记忆和来源记忆的发展不平衡。另一方面，也有研究表明这与来源记忆的神经机制有关。来源记忆的脑区定位在额叶，而额叶通常在青春晚期才能完全发育成熟（王琥等，2005），因此，儿童早期来源记忆脑区尚未成熟，导致其来源记忆发展速度较缓慢，滞后于项目记忆。

（三）3～6岁儿童项目记忆和来源记忆有效监测能力的年龄特点

本章研究发现，3～6岁儿童对项目记忆能够进行有效的监测，而对来源记忆的有效监测在6岁时才发展起来，其来源记忆的监测能力要晚于项目记忆。姜英杰和严燕（2013）的研究发现，5岁儿童能够对低难度项目进行有效监测，这与本章研究结果不一致。分析原因，一方面可能是因为两者的研究内容不同。姜淑梅（2016）的研究结果表明，材料难度、长度等会影响记忆监测水平。姜英杰和严燕（2013）的研究是以图片对作为记忆材料，考察了线索-目标之间的联结记忆监测能力；而本章研究以带有背景颜色的图片作为记忆材料，考察对新旧项目和项目-背景联结记忆的监测能力。两者采用的材料难度和测验方式不同，会直接影响对项目记忆或来源记忆监测的有效性。另一方面，两者所采用的研究范式不一致。姜英杰和严燕（2013）采用总项信心判断，是对回忆总数量进行信心判断；本章研究采用逐项信心判断，是对每一记忆结果分别进行信心判断。总项判断和逐项判断依赖于不同的记忆线索（Koriat，1997），因而可能导致二者信心判断结果不一致。此外，本章研究结果也表明，6岁儿童的情景记忆监测能力要显著优于6岁之前儿童，主要是因为6岁儿童大部分已经进入小学一年级，学校的学习训练使儿童在学习和记忆时目的更加明确，而且更为突出的是，相比于学龄前儿童，6岁儿童开始有意识地使用复述、组织材料（如红伞、绿苹果）等记忆策略，显著提高了其对记忆目标和记忆过程的监测能力（左梦兰等，1990）。

（四）3～6 岁儿童项目记忆和来源记忆监测准确性随年龄增长逐步提高

大量研究表明，儿童元记忆监测准确性随年龄增长而逐步提高（姜英杰和严燕，2013）。本章研究也发现，3～6 岁儿童项目记忆和来源记忆监测准确性随年龄增长都有所提高。虽然 3 岁儿童可以对项目记忆进行有效监测，但其准确性显著低于 4～6 岁儿童。3～5 岁儿童来源记忆信心判断的绝对准确性低于 6 岁儿童。一方面，准确性受到心理负荷的影响。黎坚等（2009）的研究表明，心理负荷水平越高，元记忆监测的准确性越低。在本章研究中，随着年龄的增长，儿童的心理资源分配能力逐渐提高，这降低了其心理负荷水平，促进了监测准确性的提高。另一方面，准确性还受到项目难度的影响。Nietfeld 等（2005）的研究表明，个体在简单项目上的判断更加准确，而在复杂项目上可能存在高估现象。在本章研究中，对于相对简单的项目记忆任务，4～6 岁儿童能够准确评估，而当来源记忆任务较为复杂时，儿童信心判断的准确性较低。

本章研究结论为：①3 岁儿童已具有项目记忆能力，4～6 岁儿童的项目记忆能力显著优于 3 岁儿童；3～5 岁儿童来源记忆发展缓慢，直到 6 岁才发展出有效的来源记忆。②3～6 岁儿童项目记忆和来源记忆的发展具有不平衡性。③3～6 岁儿童已经具备有效的项目记忆监测能力，但 4～6 岁儿童的监测准确性要高于 3 岁儿童。6 岁儿童能够有效监测来源记忆，其准确性显著高于 3～5 岁儿童。

参 考 文 献

贾宁，白学军，沈德立.（2006）. 学习判断准确性的研究方法. 心理发展与教育，22（3），103-109.

姜淑梅.（2016）. 材料数量和人格特质对学习判断的影响研究. 长春：东北师范大学.

姜英杰，严燕.（2013）.4～6 岁儿童元记忆监测判断的发展. 心理科学，36（2），406-410.

黎坚，袁文东，骆方，杜卫.（2009）. 心理负荷对元记忆监测准确性及偏差的影响. 心理发展与教育，25（3），61-67.

刘希平.2001. 回溯性监测判断与预见性监测判断发展的比较研究. 心理学报，33（2），137-141.

王琥，汪凯，孟玉，Tmc，L.，尹世杰.（2005）. 儿童和成年人项目记忆及源记忆的研究. 临床神经病学杂志，18（4），273-275.

郑志伟, 李娟, 肖凤秋. (2015). 熟悉性能够支持联结记忆: 一体化编码的作用. 心理科学进展, 23 (2), 202-212.

左梦兰, 于萍, 符明弘. (1990). 5~13 岁儿童元记忆发展的实验研究. 心理科学通讯, (4), 9-14, 20, 66.

Allen, T. A., & Fortin, N. J. (2013). The evolution of episodic memory. *PNAS, 110* (2), 10379-10386.

Barry, C., Morrison, C. M., & Ellis, A. W. (1997). Naming the Snodgrass and Vanderwart pictures: Effects of age of acquisition, frequency, and name agreement. *The Quarterly Journal of Experimental Psychology, 50* (3), 560-585.

Busby, J., & Suddendorf, T. (2005). Recalling yesterday and predicting tomorrow. *Cognitive Development, 20* (3), 362-372.

Chalmers, K. A. (2014). Whose picture is this? Children's memory for item and source information. *British Journal of Developmental Psychology, 32* (4), 480-491.

Cycowicz, Y. M., Friedman, D., Snodgrass, J. G., & Duff, M. (2001). Recognition and source memory for pictures in children and adults. *Neuropsychologia, 39* (3), 255-267.

Duff, S. J., & Hampson, E. (2001). A sex difference on a novel spatial working memory task in humans. *Brain & Cognition, 47* (3), 470-493.

Geurten, M., & Willems, S. (2016). Metacognition in early childhood: Fertile ground to understand memory development? *Child Development Perspectives, 10* (4), 263-268.

Glisky, E. L., Polster, M. R., & Routhieaux, B. C. (1995). Double dissociation between item and source memory. *Neuropsychology, 9* (2), 229-235.

Hassan, B., & Rahman, Q. (2007). Selective sexual orientation-related differences in object location memory. *Behavioral Neuroscience, 121* (3), 625-633.

Hembacher, E., & Ghetti, S. (2014). Don't look at my answer: Subjective uncertainty underlies preschoolers' exclusion of their least accurate memories. *Psychological Science, 25*, 1768-1776.

Koenig, L., Wimmer, M. C., & Hollins, T. J. (2015). Process dissociation of familiarity and recollection in children: Response deadline affects recollection but not familiarity. *Journal of Experimental Child Psychology, 131*, 120-134.

Koriat, A. (1997). Monitoring one's own knowledge during study: A cue-utilization approach to judgments of learning. *Journal of Experimental Psychology: General, 126* (4), 349-370.

Lee, J. K., Ekstrom, A. D., & Ghetti, S. (2014). Volume of hippocampal subfields and episodic memory in childhood and adolescence. *Neuroimage, 94*, 162-171.

Lee, J. K., Wendelken, C., Bunge, S. A., & Ghetti, S. (2016). A time and place for everything: Developmental differences in the building blocks of episodic memory. *Child Development, 87* (1), 194-210.

Lindsay, D. S., Johnson, M. K., & Kwon, P. (1991). Developmental changes in memory source monitoring. *Journal of Experimental Child Psychology*, *52*（3）, 297-318.

Lowe, P. A., Mayfield, J. W., & Reynolds, C. R.（2003）. Gender differences in memory test performance among children and adolescents. *Archives of Clinical Neuropsychology*, *18*（8）, 865-878.

Nelson, T. O.（1990）. Metamemory: A theoretical framework and new findings. *Psychology of Learning & Motivation*, *26*, 125-173.

Nietfeld, J. L., Cao, L., & Osborne, J. W.（2005）. Metacognitive monitoring accuracy and student performance in the postsecondary classroom. *Journal of Experimental Education*, *74*（1）, 7-28.

Reggev, N., Zuckerman, M., & Maril, A.（2011）. Are all judgments created equal? An fMRI study of semantic and episodic metamemory predictions. *Neuropsychologia*, *49*（5）, 1332-1342.

Roberts, K. P., & Blades, M.（1999）. Children's memory and source monitoring of real-life and televised events. *Journal of Applied Developmental Psychology*, *20*（4）, 575-596.

Siedlecki, K. L.（2016）. Spatial visualization ability mediates the male advantage in spatial and visual episodic memory. *Journal of Individual Differences*, *37*（3）, 194-200.

Smith, M. L., Elliott, I., & Naguiat, A.（2009）. Sex differences in episodic memory among children with intractable epilepsy. *Epilepsy & Behavior*, *14*（1）, 247-249.

Wall, J. L., Thompson, C. A., Dunlosky, J., & Merriman, W. E.（2016）. Children can accurately monitor and control their number-line estimation performance. *Developmental Psychology*, *52*（10）, 1493-1502.

Yim, H., Dennis, S. J., & Sloutsky, V. M.（2013）. The development of episodic memory: Items, contexts, and relations. *Psychological Science*, *24*（11）, 2163-2172.

Yonelinas, A. P., Aly, M., Wang, W. C., & Koen, J. D.（2010）. Recollection and familiarity: Examining controversial assumptions and new directions. *Hippocampus*, *20*, 1178-1194.

第九章　儿童时间元记忆的发展 [1]

　　1876 年"人差方程式"的发现标志着时间心理学相关研究的开端。但此后时间心理学研究进入一个休眠期，直至 20 世纪初，心理学家才集中对时间知觉的影响因素、本质及阈限、时间知觉与空间知觉的关系、儿童时间知觉等进行研究。20 世纪六七十年代后，时间认知的研究不断扩展，时间心理学进入腾飞的阶段，时间认知的研究逐渐渗透到时间表征、时间记忆（temporal memory）、时间推理及时间概念的扩展、时间隐喻、时间洞察力研究等领域。其中关于时间记忆的研究取得了丰硕成果，主要围绕时间信息的三个基本属性——时序、时距和时点展开，并且形成了关于时间记忆的理论。

　　① 本章内容主要摘自硕士学位论文：马芳芳.（2012）. 小学儿童时间元记忆的发展. 长春：东北师范大学.

第一节 时 间 记 忆

时间记忆是指一种时间认知形式。时间心理学家把刺激序列超出 5 秒钟以外的时间认知称为时间记忆，将刺激序列在 5 秒钟以内的时间认知称为时间知觉。时间知觉是指个体对直接或者同时作用于感觉器官的客观事件的顺序性与持续性的反应，人只能在很短暂的时间内把若干有限的事件排列有序并知觉为一个单位，在此单位中，各个事件则成为一个具有同时性特征的整体。

一、时间记忆的机制

研究者提出了一系列理论来解释时间知觉的机制，其中较有代表性的理论有注意闸门模型、神经活动强度理论等。

（一）注意闸门模型

注意闸门模型是在标量计时模型的基础上提出来的。标量计时模型认为，对时间信息的加工可以分为三个阶段：时钟阶段、记忆阶段、决策阶段。在时钟阶段，个体注意时间信息、开关闭合，此时起搏器以一定的速率向累加器发送脉冲，累加器收集脉冲，随后进入记忆阶段，该阶段由工作记忆和参照记忆组成，负责形成时间表征。决策阶段的任务是将当前工作记忆中的时间表征与参照记忆中的表征进行比较并做出判断。该模型认为在刺激呈现过程中，大脑内部持续发出的脉冲被收集并整合。大脑有着固定的加工信息的速率，当大脑内部的加工变快时，计数器收集的脉冲也变多。

注意闸门模型是一种认知模型。该模型的第一个组成部分是起搏器，起搏器会以一定的速率产生脉冲，脉冲产生的速率只受唤醒水平的影响。也就是说，刺激的特征和信息加工任务的特点都不会影响脉冲产生的速率。当人们注意时间信息时，注意闸门打开，脉冲被传送到累加器中。在时距开始的时候，开关打开，脉冲可以通过通道进行传输。认知计数器可以累加脉冲的数量，然后输送到工作记忆中存储。当外部的信号提示时距结束时，开关关闭，累积的脉冲数量被传输到参照记忆中存储。口头估计时距时，个体将工作记忆中累加的脉冲数量与参考记忆中不同的时距所对应的脉冲数量进行比较并做出决策。在完成时间产生任务和时间复制任务时，没有外部的终止信号，工作记忆中脉冲数量的累加与认知比较同时进行。如果收集到的脉冲数量低于标准的脉冲数量，这种认知比较会使得个体判断生成的时距短于目标时距。当工作记忆中的脉冲数量与参照记忆中的脉冲数量相近时，个体会判断生成的时距和目标时距是接近的。

（二）神经活动强度理论

Eagleman 和 Pariyadath（2009）提出了神经活动强度理论，他们做了一系列实验来证实该理论。神经活动强度理论认为，在短时距范围内（数百毫秒），刺激的表征所激活的神经能量与该刺激的主观时距成比例，或者说，刺激的表征所激活的神经能量会影响该刺激的主观时距。

Eagleman 和 Pariyadath（2009）认为，刺激的重复引起的时距缩短是由于重复抑制。他们认为，主观时距错觉可能反映了对刺激的预期错误以及刺激的编码效力的变化。Eagleman 和 Pariyadath（2009）的神经强度理论认为，时距知觉的这种变化模式与在刺激重复实验中观察到的神经活动的模式相似。重复抑制是指在较高的大脑皮层区域，对重复呈现的刺激的神经反应降低的现象，在以人类被试为研究对象的研究中，研究者在使用脑电信号的事件相关电位实验和使用血氧水平依赖（blood-oxygen-level-dependent，BOLD）的功能性磁共振成像实验中也观察到了重复抑制现象。

二、时间信息的基本属性

Frideman（1993）将时间信息区分出三类基本属性来帮助我们记住过去事件的时间，这三类基本属性分别为时序、时距和时点。

时序是指能将两个或两个以上事件知觉为不同的时间先后，并按顺序将其组织起来。基于时序的理论有连接链理论和顺序码理论。连接链理论认为，事件与在时间上直接相继的事件联结在一起，提供了时间记忆的参考信息；顺序码理论认为，联结的两个事件在时间上不一定紧密相连，所以有语义关联的事件的先后顺序就被存储在记忆里。

时距是指从事件发生到现在所逝去的时间量，有时也被称为相对时间。基于时距信息的理论主要有强度理论、传送带理论和背景重叠理论。强度理论假定，个体根据事件随时间流逝而发生改变的某种属性（如强度、准确性）来推断时间的距离；传送带理论认为，判断事件的时间从本质上来说就是估测其在记忆存储中和现在的距离；背景重叠理论假设，刺激呈现时会与很多背景成分相联系，同时假定这些背景成分会随着时间进程而发生变化。

时点也被称为绝对时间或位置，是指在一个较大的时间周期中事件所处的位置。基于时点的理论有时间标记理论、编码动摇理论、层次组织理论和重构理论。时间标记理论认为，时间信息是在对事件编码时就附上某种标记，通过提取这些时间标记来确定事件的时间位置；编码动摇理论假定在觉察事件时，用来编码的信息还包括某事件与别的参照点之间的联系或时间间隔，时间判断基于与参照点的时间联系做出反应；层次组织理论认为，对时间属性的表征采用了一种有组织的等级系统形式，项目在时间中的位置是由项目和不同等级中的时间联结起来确定的。重构理论的实质在于推断事件的时间，根据各种时间知识，也就是时间图示（temporal schema）来推断。

三、时间记忆的特征

自时间记忆研究兴起以来，很多研究者对此表现出浓厚的兴趣。很多实验室研究和对于各种事件的时间记忆研究提供了关于时间记忆特征方面的很多证据，但是一直都没有统一的界定。

Friedman（2004）总结出了时间记忆的 10 个重要特征。

1）从本质上来讲，时间记忆都是不精确的、大概的，但是人们回忆经历过的事件的时间时的表现要好于随机水平。

2）事件发生的时间越久，人们对其发生时间的判断准确性就越低。

3）通常情况下，我们对一个事件相关信息的记忆越丰富，人们判断这个事件的时间的准确性也会越高。

4）在对事件的时间进行判断时存在量尺效应。所谓量尺效应，是指人们在对事件的时间进行判断时，在精确的时间维度（如日期、星期）上比在粗糙的时间维度（如月、年）上判断得更精确。也就是说，在通常情况下，人们判断事件的日期比判断月份更准确，判断月份比判断年份更准确。

5）人们对于时间距离较近的不相关事件的记忆效果通常是很差的。我们通常会这样认为，人们在回忆时间上相近的两个事件时，准确性会很高。但事实并非如此，如果两个事件有内在的联系，则时间回忆的准确性会很高；如果没有联系，则准确性会很低。

6）如果一个事件发生在一个重大事件（如汶川地震）或者特殊事件（如结婚纪念日）之前或之后，那么这个事件的时间就会被准确记得。

7）人们对相关事件的顺序判断的准确性要远高于对不相关事件的顺序判断的准确性。

8）在对事件发生的时间进行判断时，如果没有相关的时间信息可以利用，不能使用重新建构策略进行时间判断，那么事件的距离信息也是可以被用来进行时间判断的。

9）使用距离过程这种时间记忆策略是有条件限制的，以记忆的时间界限为基础，一般情况下，如果事件的时间距离超过 2～3 个月，那么人们对事件的新近性判断就不存在显著差别。

10）很多重要事件（如汶川地震）或者有意义的事件（如自己的生日）的日期可以被直接提取。

这 10 个特征对于我们理解人类对过去事件的时间记忆机制很有帮助，其中很多特征与重构理论相一致，如特征 3、特征 4。尽管重构理论得到了许多研究的支持，但是距离过程在时间记忆中同样起到重要的作用。当非时间信息不能被重新建构，或重新建构比较困难时，我们仍然可以利用时间距离来判断时间（特征 8）。特征 9 也认为，距离过程也能为发生在最近几个月内的过去事件提供少许时间信息。Curran 和 Friedman（2003）认为，距离加工的过程比较迅速，所以距离过程是获得过去有限范围内时间信息的一种简单方式。顺序码理论的证据源于特征 7 的说明，只要当前的事件让我们想起更早的事件，在提取当前事件时就会激活这些顺序编码。当我们要判断两个相关事件的顺序或者要确定的事件时间与一个重要事件相关时，这种顺序编码的激活非常有效。这些都说明单一的时间记忆理论不足以说明时间记忆的过程，不同的加工方式会在不同的条件下起主要作用。

四、时间记忆模型

Janssen 等（2006）提出了时间信息选择模型，主要目的是确认在什么条件下使用什么种类的时间信息，是基于位置的信息还是基于距离的信息。该模型将基于位置与基于距离的时间记忆理论进行了整合，并且假设当经历某个事件时，主要时间信息将被存储，这些信息包括事件内容是什么、涉及哪些人物，以及事件发生的时间和地点。主要时间信息，即直接信息，包括事件发生在哪天、周几，以及月份、季节和年份的信息。超过一定的时间，这些直接信息中的一部分甚至全部信息都可能会被遗忘，并且最初元记忆的部分或者全部记忆也会被遗忘。除了主要时间信息，次要时间信息，也就是间接信息，也会被存储在记忆中。间接信息是指和事件背景有关的信息，如有代表性的事件。但是超过一定的时间间隔后，间接信息也可能会被遗忘。直接信息很可能会迅速地被遗忘。在间接信息的帮助下，这种信息能够被重新建构。

该模型还假定，如果被试选择使用基于位置的信息，如确切日期、相关事件和背景信息等，被试大部分会选择以绝对的时间形式来回答，这种形式与基于位置的信息一致。如果被试使用基于距离的信息，如记忆的清晰程度、其间发生事件的数量等来确认某个事件发生的日期，那么被试将选择用相对的时间形式来回答，它和基于距离的信息是一致的。绝对时间形式和相对时间形式的选择主要是基于次要时间信息的可用性以及独特性：如果次要时间信息是可用的或是独特的，那么被试将使用基于位置的信息并更偏好于用绝对时间形式来确定日期；如果次要时间信息是不可用的或是独特的，那么被试将使用基于距离的信息并更偏好用相对时间形式来确定日期。最后该模型还假定，与新闻事件相比，个人事件会与更多的背景信息和相关事件相联系。该模型中已经有了时间记忆策略的雏形，并对什么情况下使用何种策略进行了清晰界定，为以后关于时间记忆策略的研究奠定了基础。

五、时间记忆策略

研究者通过很多方式了解被试对时间进行判断时所使用的策略和所利用的基本信息。Friedman（1993）认为，影响被试时间判断的主要因素有以下几种：事件本身可提供推理的线索；对自己判断的信心水平；对自己努力的满意水平。人们在回忆时间时会对直觉信息进行自动加工，如果信心和努力水平都达到满意，人们才能做出判断。但是由于直觉信息太粗略，人们就不信任它，进而转向寻找线索进行推理，直到信心和努力水平都达到满意，才能做出判断。在根本就没有相关线索的情况下，即使信心和努力水平都达不到满意，人们也只能根据直觉信息做出判断。

Betz 和 Skowronski（1997）对被试进行访谈，询问被试使用哪种信息来判断事件发生的时间。被试通常报告的是不同种类的时间信息。例如，他们知道事件的确切日期；他们记得这个事件发生在一个重大事件附近；他们利用记忆的清晰程度来估计事件发生的时间距离。该研究为时间记忆策略的研究奠定了基础。

Friedman（2007）认为存在三种时间记忆策略，分别为重新建构、距离过程和直接提取。在这三种策略中，最常用就是重新建构，该策略是指将事件内容的记忆与一个人的自然状况和通常的时间模式结合起来推测事件发生的时间。使用这个策略的证据包括在运用回忆进行研究时被试的报告结果，以及在研究中发现时间精确性和记住事件的数量之间是显著相关的。通常情况下，直接信息可能会被迅速遗忘。然而，在间接信息（类似于背景信息）的帮助下，这种信息就可以被重新建构。例如，某个事件发生在一个人将要休息的时候，由此可以断定此事件必然发生在晚上。这种类型的背景信息被称为时间图示。时间图示存在不同的水平。最长的时间图式涉及一个人的生命全程，但是其他图式则涉及较短的时间量尺。一年、一周或一天中事件的分布就是较短的时间图示。

Friedman（1991）的研究发现，如果事件发生在 7 周前，4 岁儿童可以重新建构时间。但是 Friedman 和 Lyon（2005）的研究则表明，当事件保持的时间间隔是 3 个月时，个体对发生在过去 7 年内的时间信息进行重新建构时的表现很差。Friedman（2005）在对过去事件时间进行重新建构能力的研究中，选取4～13 岁儿童共计 86 名，让被试回忆发生在 3 个月前的时间和判断假想事件的时间，儿童重新建构事件时间的能力出现在 6 岁，包括根据与时间相关线索进行推理的能力也出现在 6 岁左右，到了中学以后，个体对时间信息的选择能力有显著改变。

距离过程策略是指个体根据对记忆事件的鲜明程度来判断事件发生的远近，记忆很鲜明的事件距离我们可能就比较近，记忆很模糊的事件距离我们可能就很远。这个策略的使用频率仅次于重新建构，但是这个策略也不是一直都很有效的，使用距离信息的能力依赖于记忆的时间界限。研究表明，一旦事件超过2～3 个月，不同儿童对个人事件的时间判断就变得无差别了。Friedman（1991）的研究表明，儿童在 4 岁时就能使用距离过程策略来判断事件的相对新近性。Friedman（1996）的研究表明，在比较两个事件的相对新近性时，10 岁儿童对于判读以年为时间量尺，并且发生在很久以前的事件存在困难，尽管儿童在早期就可以使用距离过程策略，但是这要求事件在过去的时间段内相对分散。

直接提取策略是指某些事件的日期是可以被直接提取的，当事件的日期被频繁提取时，它就变成一个命题被存储在长时记忆中。只有少数事件适合使用直接提取这种时间记忆策略，这种策略最有特色之处是在一个很长的时间周期后，时间的准确性仍被保留，尽管直接提取策略很少被用到，但是使用该种策略的时间记忆结果很精确。

通常情况下，重新建构策略有助于记住时序信息，直接提取策略适用于记住时点信息，距离过程策略对时序信息记忆有很大帮助。

第二节　时间元记忆

一、时间元记忆的概念

时间元记忆是指人们对于自己如何记住过去事件时间的认知，是人们对时间记忆的各种特征、机制和方法的认识（Friedman，2007）。

二、时间元记忆的研究方法

（一）口头报告法

以往关于成人时间元记忆的研究中，被试报告的是他们完成特定判断任务时使用的策略和过程，包括从回忆的信息中推断事件的时间，根据对事件印象的清晰程度推断这个事件是多久以前发生的，还有直接提取这个事件的时间等。以往研究都会给被试一定的任务，之后让被试口头报告。这个方法通常被用来了解被试一般的时间元记忆知识，即了解被试对某种记忆测验具有什么样的时间元记忆知识以及有多少知识。被试主要根据记忆任务以及过去的经验来作答。

这种方法存在很大的局限性，许多心理学家就此提出了疑问。到目前为止，人类并未充分地理解自身的认知过程，那么，在此基础上的口头报告能否充分反映人对自身记忆过程的认识？其会不会受到被试预言能力及理解能力的限制？被试是否能充分、准确地表达自己的感受？由于上述原因，口头报告法尚缺乏令人满意的信度与效度。为在某种程度上克服上述不足，研究者开始广泛采用访谈法作为主要的研究方法。

（二）访谈法

开始研究一个现象时，对这个现象进行科学描述是很重要的。但是由于时间元记忆的文献数量有限，我们很难构建一个完整的理论体系，然而构建一个理论，并研究个体对过去事件的时间的准确回忆是完全可能的。

Friedman（2004）总结出了人们的时间记忆的 10 个重要特征，很多研究者根据这些重要特征编制了一些开放式问题并对被试进行访谈。Friedman（2007）了解了被试对这些特征的理解情况，也就是他们时间元记忆的发展状况，根据被试对这些问题的回答进行编码计分，看在同一个问题上不同年龄阶段的被试分数的差异是否显著，这是当前应用最广的一种研究方法。但是这种方法也有其不可避免的不足，有时被试可能已经理解了时间元记忆的一些特征，但是这种理解是内隐性质的，被试根本没有意识到。实际上，被试已经理解了时间元记忆的特征，只是不能报告出来，这就对实验结果的精确性产生了很大的影响，造成对时间元记忆能力的低估。

（三）图片法

针对访谈法存在的局限性，Friedman（2007）开始使用图片法对时间元记忆进行研究。这种方法主要是针对儿童进行的，主要侧重于对时间记忆的策略进行研究。

Friedman（2007）用图片形象地将这三种策略表示出来，并呈现给儿童，教会儿童如何利用这些策略来记住过去事件的时间。最后让儿童选择哪种策略对于记住事件的时间更有帮助，并对这个策略进行等级评定，评定的标准是策略的有用性。选用图片作为实验材料比较直观，容易维持被试的实验兴趣，也可以避免由于儿童对实验材料的不理解而影响实验结果。所以，本章研究也采用了图片法，将图片随机呈现给被试，以排除在实验过程中顺序效应的影响。

三、时间元记忆研究的实验材料

（一）开放式问题

很多研究者根据 Friedman（2004）提出的时间记忆的 10 个重要特征设计

出很多开放式问题，如"记住一个事件什么时候发生的好的方法是什么？"以此来考察被试对于时间记忆的特征的了解情况，进而判断其时间元记忆的发展水平。但是这种方法并不适合儿童被试，这些问题可能超出了他们的认知水平，儿童无法理解开放式问题，他们的回答可能不是来自他们对问题的理解。

在研究过程中，个体关于时间记忆策略的认识主要是基于开放式问题的反应。然而，儿童可能更早使用时间记忆策略，而这个时间要早于儿童能够口头报告出这些策略的时间。由于这个原因，本章研究使用的是非口头的判断任务，这就增加了能够在更早的年龄段检测到时间元记忆的可能性，比需要解释完成过程的任务检测到的年龄段要小，能更真实地反映儿童被试的发展水平。

（二）图片

开放式问题的方法存在不足，考虑到儿童的理解能力，后来的研究者都采用图片作为实验材料。图片法的主要优点是比较直观、形象，易于理解，主要被应用于儿童时间记忆策略研究中，探讨儿童被试对时间记忆策略的理解和其时间元记忆能力的发展情况。由于时间记忆策略很难用图片直观、形象地表示出来，所以该策略没有得到广泛的应用。

Friedman（2007）用图片将这三种策略表示出来，让儿童学习这三种记住事件时间的策略，之后问被试"这种方法对记住事件的时间有帮助吗？"让其对这种策略进行等级评定，评定的过程是用图片表示的。图中有 5 个气泡，最大的气泡表示该策略是非常好的方法；第二大的气泡表示该策略是一种相对比较好的方法；中间的气泡表示中等；第二小的气泡代表该策略还好，但不是非常好；最小的气泡表示该策略不是一种非常好的方法。让被试选择一个气泡来评价这三种策略。图片法比较直观、形象和生动，也可以避免由于儿童对实验材料的不理解而对实验结果造成的影响。

（三）事件

在日常生活中，过去事件有两类，分别为公众事件和个人事件，公众事件通常分为新闻事件和历史事件。

Friedman 和 Hutteulocher（1997）选择新闻事件作为实验材料进行研究，要求被试确定选自最近 9 个月内的重要事件的日期，要求被试以相对时间形式或者绝对时间形式回答。相对时间形式是指多少周、月、年前，如 5 年前、4 个月前；绝对时间形式是指确切的日期或月份，如 1919 年 5 月 4 日。结果发现，被试更喜欢用相对时间形式回答问题，但并不会频繁使用同一种策略。

张永红（2003）选取新闻事件作为时间元记忆的材料，新闻事件是指在个体生活的时代里曾被各种媒体宣传过，给人们留下深刻印象的事件。新闻事件的时间记忆指的是个体对生活中通过各种媒介而接触到的新闻事件的相关时间信息的记忆。研究发现，事件时间的回忆准确率受到事件发生时间远近的影响，通常情况下，发生时间较远的事件回忆正确率比较低，而新近的事件回忆正确率则比较高。

为了使研究结果更加客观且更有说服力，Friedman 等（2011）选用的事件是由其父母报告的 6 个月到 4 年前的生活事件，被试为 8~12 岁儿童，让儿童判断父母报告的对儿童比较有意义的事件发生的时间，根据父母报告的时间来判断儿童时间记忆的准确程度。结果发现，儿童对于事件内容的记忆很准确，对于时间的记忆随着事件保持间隔的增加，判断的精确性逐渐下降。

综上可以看出，在时间元记忆的研究过程中，很多研究者采用个人事件作为实验材料。但是，随后的研究发现，个人事件很容易受到以往生活经验的影响而造成对事件时间记忆的混淆，而且个人事件对于每个人的重要性不同，在记忆事件过程中难免会受到各种因素的影响。所以，本章研究使用的是基本不会发生在被试生活中的个人事件，并用图片对事件进行充分说明，让被试在充分理解实验的基础上做出反应。

第三节 时间记忆及时间元记忆的研究现状

一、幼儿时间记忆以及时间元记忆的研究现状

幼儿一般是指儿童从 3 岁到 6、7 岁这一时期，在这一时期，幼儿由于身心各方面的发展和生活范围的扩大，独立性增强，对周围的世界充满了好奇和探索欲望。这一时期幼儿的言语能力也在不断发展，幼儿以一种全新的方式去认识世界，表达或解释自己的想法和愿望。所以，这一时期幼儿的时间元记忆能力发展也成为很多研究者关注的问题。

最早使用幼儿作为被试的研究是 Keutze 等（1975）所做的发展性研究，被试为幼儿园五年级的孩子（6～7 岁），研究者问被试如何记住他们得到一条狗作为圣诞礼物的某个圣诞节。研究者发现，随着年龄的增长，非时间信息有时可以对事件时间的提取起到线索作用。

Friedman（1991）也选取幼儿园儿童作为被试，目的是区分在时间记忆中距离记忆和位置记忆这两个过程。距离记忆是指从事件发生到现在的时间，用相对新近性判断进行研究；位置记忆是指一个事件和合理的时间模式之间的联系，用图片排序的方法进行研究。他选取了幼儿园、一年级和三年级的被试各14 名，男女各半，进行相对新近性的判断（判断两件事的先后顺序）和图片排列任务。研究结果表明，通常儿童在 6 岁前还未对时间模式的知识有清晰的认识。也就是说，记住事件的背景信息，如事件发生在周末，或者事件发生时的天气情况等对于重新建构周几、月份或者季节没有什么本质性的帮助，但是 4 岁的孩子却能够准确地判断出两个不相关事件（一个发生在 1 周前，另一个发生在 7 周前）中的哪个事件更新近。因此，距离加工过程也给人类提供了关于事件的时间信息。该研究结果表明，在时间记忆中，距离记忆和位置记忆是两个不同的过程。

二、儿童时间记忆及时间元记忆的研究现状

儿童的思维敏捷性是不断发展的，儿童思维的基本特点是从以具体形象思维为主要形式过渡到以抽象逻辑思维为主要形式，但这种抽象逻辑思维在很大程度上仍然是直接与感性经验相联系的，仍具有很大成分的具体形象性。所以，很多国外的研究者选择儿童作为被试，以找到儿童认知发展水平的转折点，进而找到认知能力发展的关键期。

Friedman（2007）做了一个发展性研究，被试是 178 名 5～13 岁儿童及 40名成人，问被试一系列有关时间记忆的过程以及对这些过程的评价等问题，对这些问题的答案进行评分，研究不同年龄阶段儿童及成人时间元记忆的发展状况。以往关于时间记忆的研究大多报告的是被试在完成某个特定的判断任务时使用的策略，很少有研究关注儿童记住过去事件的时间机制和性质。这个研究主要采用问卷法，先问被试一系列开放式问题，再对这些问题的答案进行分类分析，得到的结论有：①成人对时间记忆的特征和过程有精确的把握；②6 岁儿童习得了关于时间记忆的知识；③儿童对时间元记忆的最初理解源于他们对

内容记忆的理解。

Friedman 等（2011）对 8～12 岁儿童进行研究，选用的事件是由其父母报告的 6 个月到 4 年前的生活事件，让儿童判断其发生的时间。结果发现，儿童对于事件的内容的记忆很准确，随着事件保持间隔的增加，儿童判断的精确性逐渐下降。但是研究者也承认，由于父母和子女对事件的关注点不同，在记分上存在着一些争议。

Bauer（2007）的研究表明，至少 10 岁的儿童才具有区分记住的过去事件的时间的能力，一般是发生在几个月或者几年前的事件。例如，将时间区分成不同的月份、季节、年份、具体时间点等不同的时间量尺等，这些能力是在使用时间元记忆策略进行记忆时不可或缺的，10 岁的儿童一般处于四到五年级。本章研究选取整个小学阶段的儿童，由此可以看到儿童在不同年龄阶段的发展趋势。

三、成人时间记忆及时间元记忆的研究现状

Larsen 和 Thompson（1995）探讨了对个人事件和公众新闻事件的记忆准确性的差异，结果发现，被试确定个人事件发生在周几的准确性要高于确定新闻事件的准确性，而且随着保持时间的增加，准确性并没有降低。同时该研究发现，对两类事件背景信息的记忆比对事件核心信息的记忆要更重要。

Shimojima（2002）对时间记忆策略进行了深入的研究。他问大学生被试，他们中学毕业距离现在多长时间，多长时间之前进入的大学，之后让被试评定，这个事件是在多久之前发生的，是否对这个时间间隔感到惊讶。很多大学生能回忆出正确的日期，但是很多被试觉得很多重大事件发生在不久以前，而实际上这些事件大多发生在很长时间以前。个体对相对新近的事件，如上大学等在时间上产生的不一致感比对距离更远的事件，如中学毕业等产生的不一致感更加强烈。被试对此的解释是人们使用很多方法确定事件的时间，如位置记忆和距离记忆，也就导致了这种不一致感，因为与距离记忆的方法相比，相对准确的位置记忆的方法就会给出不同的时间估计。

Gillons 和 Thompson（2001）研究了按照历法确定事件的时间和不按照历法确定时间的准确性有何不同，结果发现，如果被试按照历法来确定事件的日期，则被试能正确确认更多事件。按照历法使得对日期和周几的估计得到改善，但这两种估计不完全依赖于使用历法。这两种估计主要是通过重新建构策

略来实现的，但是对于确认事件为周几的估计，一般是通过直接提取策略来实现的。

第四节 关于时间元记忆的实证研究

一、问题提出

（一）对实验材料的改进

本节研究在 Friedman（2007）的研究基础上进行改进。Friedman（2007）选取的实验材料是发生在儿童生活中的事件（如去动物园、去公园和看电影）以及开放式问题（如你是如何记住那天的时间、你是如何记住那天所在的月份）。被试为 178 名 5～13 岁儿童及 40 名成人。问被试一系列有关时间记忆的策略并让其对这些策略进行等级评价（五级评分），要求被试进行口头回答，实验助手在一旁记录被试的答案。实验助手对这些问题的答案进行分类评分，根据被试得分的不同来判断儿童的时间元记忆发展水平。

Friedman（2007）的研究选取的实验材料为发生在被试身上的个人事件，这就很容易使个体受到以往生活经验的影响而造成对事件时间记忆的混淆，而且个人事件对于每个人的重要性不同，在记忆事件过程中难免会受到各种因素的影响。所以，为了排除以往生活经验对实验结果的影响，本节研究选取儿童生活中很少发生的事件作为实验材料，并用图片形式呈现事件。

（二）对研究任务的改进

Friedman（2007）的研究需要被试对开放式问题进行口头回答，选取的是5～13 岁的儿童，很多开放式问题需要被试解释原因，被试由于知识经验的限制而无法表达清楚自己的想法，这就会导致测得被试整体的发展水平滞后。所以，本节研究让被试完成的任务是非口头判断任务，同时充分考虑儿童的认知发展水平，使用图片作为实验材料，让儿童在充分理解实验材料的基础上做出回应，能够更加真实地反映出儿童的认知发展水平。在评估中，被试的反应是在一系列选项中做出选择，这样就可以避免解释理由的这个实验要求。开放式问题的结论使得在产生和意识到之间进行比较成为可能。

（三）对实验过程的改进

本节研究中选择的事件主要来源于 Friedman（2007）研究中使用的图片材料。在 Friedman 的研究中，实验材料的呈现方式是由实验助手随机呈现给儿童，这就使得图片呈现的时间间隔很难做到客观无偏。由于每个图片都是表示时间记忆的策略，这些策略都比较抽象，讲解的过程中很可能使儿童产生疲劳效应或产生厌倦心理，所以本节研究中用 E-Prime 控制实验材料呈现的时间间隔，可以让被试在呈现时间间隔内充分休息，减少疲劳误差。本节研究中首先呈现开放式问题，这样被试的回答就不会受到先前的记忆事件时间方法的影响，另外，在识别任务中，图片是随机呈现的，避免了顺序效应对实验结果的影响。

本节研究假设如下：①随着儿童年龄的增长，儿童对非时间信息的利用能力提高，时间记忆能力不断提高；②不同年级儿童在同一时间记忆策略上的掌握情况和时间元记忆发展情况的年龄差异显著，年龄越小的孩子越倾向选择简单的时间记忆策略，随着儿童年龄的增长，其对距离过程策略的积极评价逐渐减少，而对重新建构策略的积极评价逐渐增多；③同一年级儿童在不同时间记忆策略上的掌握情况和等级评定的差异显著，高年级儿童认为直接提取策略是记住事件时间的有效方法，重新建构策略的掌握情况和积极评价在整个小学阶段呈上升趋势。

二、研究方法

（一）被试

随机选取长春市某小学一年级到六年级的儿童各 20 名，智力水平相当。

（二）实验材料

实验材料参考 Friedman（2007）研究中使用的图片，共 4 张。其中三张表示的是时间记忆策略（重新建构、直接提取以及距离过程），另外一张是在被试对这三个策略进行等级评价时使用的，以使等级评价更直观，易于被试理解。

图片材料详见附录 1。

（三）实验设计和程序

本节研究的主要目的是探讨不同年级儿童的时间记忆策略掌握情况和时间元记忆发展。研究中的自变量有两个，分别为年级和时间记忆策略，年级有 6 个水平（一年级到六年级）；时间记忆策略有 3 个水平（重新建构、直接提取以及距离过程）。因变量为时间记忆策略的掌握情况和时间元记忆的发展情况。时间记忆策略掌握情况的量化指标为开放式问题总分，时间元记忆发展情况用时间记忆策略等级评价（评价的标准是时间记忆策略的有用性，采用五级评分）来表示。

整个实验过程用 E-prime 程序呈现。首先呈现给被试的是一个事件（如一个人的鹦鹉飞走了，用图片呈现），之后问被试 6 个开放式问题，目的是考察儿童已有时间记忆的知识；接下来给被试呈现时间元记忆策略图片，并对每种策略进行说明，在每种策略呈现后对该策略进行等级评价（五级评价，评价的标准是策略的有用性），目的是考察儿童时间元记忆能力；在所有策略呈现之后，让被试在四个分类中分别对这些策略进行选择（分为最好的、最常用的、最不好的、不常使用四类），在此任务中被试对三种策略进行编码，让被试选择策略，主要目的是对三种时间记忆策略进行归类。

（四）实验数据的记录和整理

实验过程中，总共获取四项记录内容：收集的数据为开放式问题的答案；对逐项答案进行评分，求总分；被试的等级评价（五级评分）；被试的归类结果。实验数据用 SPSS 13.0 统计软件包进行统计处理，对记录的数据经整理分析后进行非参数检验。

三、儿童时间记忆策略的掌握现状

（一）开放式问题

开放式问题（见附录 2，共有 6 个问题）用来问被试在 6 个时间量尺上如何记住一个假想的事件的时间。从表 9-1 中我们可以看到，高年级儿童最常用的是引用了可以用来区分时间等级的资料，都借助了在每个时间上加上不同信息的方法，因此都是借助重新建构策略来记住事件时间的。每个年级组的被试反应被划分到重新建构策略中的被试比例如表 9-1 所示。对于这种类别的使用频次的初级分析发现，每个年级的性别差异都不显著（$\chi^2=1.58$，$p>0.001$）。通过卡方检验发现，使用重新建构策略人数比例的年级差异显著（$p<0.001$）。这表明，10 岁以后大多数儿童都能意识到记住用来重新建构时间的信息的重要性，在 10 岁以前，重新建构并没有处于主导地位。然而，在季节这个时间量尺上，儿童利用了差异信息的有用性；在年份这个时间量尺上的低比例值是由于四年级以后的大多数儿童认为，记住一个人的年龄可以帮助我们记住事件发生在哪一年。

表 9-1 不同年级小学生在不同时间量尺上使用重新建构策略的被试比例

时间量尺	一年级	二年级	三年级	四年级	五年级	六年级
时间	0	0.12	0.35	0.68	0.79	0.95
日期	0	0.13	0.26	0.53	0.87	0.96
月份	0.03	0.33	0.47	0.79	0.86	0.93
季节	0.20	0.31	0.69	0.74	0.81	0.90
年份	0.07	0.12	0.25	0.30	0.35	0.89
年龄	0.01	0.08	0.29	0.35	0.70	0.92

剩下的最常见的回答是在每个时间量尺上给出一个具体时间（如 3 月 8 号、11 点等），但是并没有做出任何解释；或者是记住在事件发生时自己做的一些事情，如记录时间，这些被试大多数是四年级以后的儿童；还有的回答就是"不知道""不清楚"。只有 5%的被试回答用到直接提取这种策略（回答为恰巧记住），大约只有 1%的答案是使用过去事件的时间距离的相关信息。这表明直接提取事件的时间符合时间标记理论，即时间信息是在对事件编码时就附上某种标记，通过提取这些时间标记来确定事件的时间位置。

（二）等级评价

每个年龄阶段儿童对时间记忆策略的等级评价如表 9-2 所示，以三种时间记忆策略为被试内变量，以年级为被试间变量做方差分析，结果得到，时间记忆策略的主效应显著[$F(2, 107)=12.59$，$p<0.001$]，年级的主效应显著[$F(5, 107)=4.92$，$p<0.001$]，两者的交互作用显著[$F(5, 102)=4.92$，$p<0.001$]。独立检验三种策略上的年龄差异，发现只有距离过程的组间差异显著[$F(4, 106)=14.87$，$p<0.001$]，随着年龄的增长，儿童对距离过程的积极评价逐渐减少，而

3 个年级较低的被试组对距离过程这种策略做出了很高的评价。然而，六年级对距离过程的评价低于中等等级，对于重新建构和直接提取这两种方法，每个年龄组的被试都给予了很积极的评价。在每个年龄组内对这三种策略的差异进行检验，发现除了四年级外，其余年级结果的差异性都很显著（$ps<0.05$）。

表 9-2　每个年龄阶段儿童对时间记忆策略的等级评价统计表

类别		一年级	二年级	三年级	四年级	五年级	六年级
重新建构	M	3.63	3.99	3.86	3.67	4.00	4.20
	SD	1.40	0.80	0.99	1.09	1.12	0.64
距离过程	M	4.45	3.33	3.23	2.73	2.14	2.12
	SD	0.98	1.38	1.16	1.12	1.13	1.19
直接提取	M	3.99	4.17	3.65	3.98	3.78	3.25
	SD	1.23	0.87	1.09	1.08	1.45	1.78

在被试对时间记忆的三种策略进行等级评价之前，主试会问被试这种策略是否会对时间记忆有帮助、有怎样的帮助等问题。给出肯定回答的被试的比例（是或者可能）和等级评价的结果是一致的。每个年级组对重新建构做出积极评价的比例为 0.73～0.98，对直接提取做出积极评价的比例为 0.88～1.00，而对于距离过程的积极评价，每个年龄组分别是 0.81、0.50、0.75、0.53、0.59 和 0.50。经过卡方检验发现，距离过程策略的年级差异显著[$\chi^2(5, 107) = 8.78, p<0.05$]，其他两种策略的年级差异不显著。由于二年级儿童随机回答了这些问题，所以他们对距离过程的评估没有表现出持续下降的趋势。不管在任何情况下，六年级儿童对距离过程的积极评价均少于其他两种策略，但是对于年龄较小的被试组，这些差异并不显著。

（三）策略分类

本节研究的最后一个任务是让被试在代表重新建构、距离过程和直接提取的图片中进行选择，哪种策略对于时间记忆是最好的、最常用的、最不好的和不常使用的。结果如表 9-3 所示，通过卡方检验，被试在这四个问题上的年龄差异显著（$p<0.05$）。

六年级儿童被试的回答支持了在过去事件的时间记忆策略中，重新建构是一种使用广泛和准确性很高的策略的这种观点。距离过程是不够精确和很少被使用的一种策略。高年级儿童认为，他们不常使用直接提取策略，但是当使用这种策略时，他们认为这种策略还是很精确的。

表 9-3 每个年级组选择每种策略的被试比例

类别		一年级	二年级	三年级	四年级	五年级	六年级
最好的	重新建构	0.16	0.19	0.23	0.24	0.67	0.72
	距离过程	0.39	0.15	0.22	0.13	0.09	0.02
	直接提取	0.42	0.65	0.56	0.66	0.25	0.12
最常用的	重新建构	0.23	0.39	0.32	0.35	0.40	0.90
	距离过程	0.18	0.19	0.16	0.12	0.06	0.04
	直接提取	0.55	0.39	0.56	0.65	0.09	0.05
最不好的	重新建构	0.31	0.43	0.30	0.24	0.02	0
	距离过程	0.56	0.65	0.49	0.78	0.95	0.96
	直接提取	0.18	0.01	0.20	0.04	0.04	0.02
不常使用	重新建构	0.28	0.42	0.39	0.28	0.01	0
	距离过程	0.29	0.43	0.35	0.36	0.55	0.69
	直接提取	0.49	0.19	0.26	0.31	0.39	0.38

低年级儿童认为，最好的策略是距离过程，最不好但是最常用的是直接提取策略。造成这种选择的原因可能是受到儿童认知水平的限制，他们没有从根本上理解这三种策略。二年级到四年级儿童认为，直接提取是最好的和最常用的策略。儿童不常使用距离过程这种策略，重新建构的准确性和使用程度在二年级到四年级的区别不明显。随着年龄的增长，儿童对重新建构的积极评价呈上升趋势，然而，六年级儿童认为，重新建构不是记忆过去事件时间最常用的策略。

即使二年级到四年级的反应具有一致性，但是也不能完全确定被试的回答是否真正是其根据对图片上呈现的策略的评估做出的，例如，他们对距离过程的消极评价归因于缺乏对距离过程怎样表达关于他们的年龄信息的理解。对这三种策略进行分类是为了检测出哪种策略会被选为最佳策略，被试选的最佳策略的平均数在这三种策略的等级评价的平均数中应该是最大的。这个结果由两因素方差分析的结果支持，将被试选择出的最佳策略作为被试间变量，将被试对每种策略的等级评价作为被试内变量，结果发现，两者的交互作用显著 $[F(2, 107)=15.93，p<0.001]$，这表明时间记忆策略选择和时间记忆策略判断两个任务存在相关，被试在两个任务中的表现是一致的。

四、儿童时间元记忆的能力发展历程分析

本节研究主要探讨了儿童被试对于事件的时间记忆策略的掌握情况以及时间元记忆的能力发展历程。本节研究得到的结论有：随着儿童年龄的增长，其对非时间信息的利用能力不断提高，时间记忆能力不断提高；不同年级儿童在同一时间记忆策略上的掌握情况和时间元记忆发展情况的年龄差异显著，年龄越小的儿童越倾向选择简单的时间记忆策略，随着儿童年龄的增长，儿童对距离过程策略的积极评价逐渐减少，对重新建构的积极评价逐渐增多；同一年级儿童在不同时间记忆策略上的掌握情况和等级评价的差异显著，高年级儿童认为直接提取策略是记住事件的有效方法，重新建构策略的掌握情况和积极评价在整个小学阶段呈上升趋势。

在本节研究中，为了排除过去生活经验对被试产生的影响，我们选用的是不会在被试生活中发生的刺激事件，不管是在刺激事件的类型上做出改变，还是使用常见的生活事件或开放式问题，年龄差异均不显著。这说明事件类型对时间记忆策略知识的掌握并没有显著影响。从本节研究中我们可以看到，儿童一般在 10 岁以后可以使用重新建构策略来记住事件的时间，而且这个时候重新建构策略是一种主要的策略，但是 10 岁的孩子在季节这个时间量尺上就可以利用重新建构策略来记住事件发生的季节。被试在回答这 6 个开放式问题时很少提到距离过程和直接提取策略，他们的许多回答是从对内容记忆的了解中概括出来的。

将等级评价任务和分类任务的研究结果放在一起分析，结果支持以往关于事件元记忆发展的很多结论。儿童最常用的是重新建构策略，10 岁儿童对重新建构策略的认识和其他年龄阶段被试一致，认为重新建构是使用最广泛的记住事件时间的策略，高年级儿童的时间元记忆发展水平已与成人相近。以往很多研究显示，成人通常会选择重新建构策略作为一种最常使用的记住事件时间的方法。

对于距离过程策略，本节研究显示，很少有儿童被试能用清晰程度和最近记忆之间的关系来解释在等级评价中对距离过程的评价，但是多数成人被试会如此解释等级评价过程。随着年龄的增长，儿童对距离过程的积极评价会减少。两个年龄更大的被试组给出距离过程是记忆时间最差的策略的判断。二年级和四年级的大多数被试在等级评价中对距离过程都给予了积极评价，可能是由于对这种策略的误解。将本节研究中一到六年级被试组对距离过程策略的评价和

以往研究进行综合分析，发现在时间记忆中，掌握并且理解距离过程策略的年龄是 10 岁以上。

记住事件时间的第三种策略是直接提取，很多被试是根据这种策略来判断自己的年龄的。儿童被试和成人被试不同，很少有儿童被试会对直接提取策略的等级评价进行归因，研究发现这与儿童对事件记忆的清晰程度和事件发生的时间间隔长短无关，这可能是由于 12 岁的儿童不了解直接提取的本质。只有更小的年龄组被试认为这种策略是记住时间最常用的方法，随着年龄的增长，儿童对这种策略的积极评价逐渐减少。

和其他策略相比，所有年级的被试组给予直接提取更多的积极评价，然而，高年级不会像低年级的被试组那样，认为这是最好的策略，可能是因为他们认为对于一个事件的时间，直接提取策略不经常被使用。在选择最常用的策略时，和其他年级被试相比，六年级儿童大多认为直接提取不是一种记住过去事件的常用策略，而是选择了重新建构策略。这个结果表明，很多成人被试知道在时间记忆过程中会使用直接提取策略，但是使用频率很低。被试在回答开放式的问题时指出很少会直接提取事件的时间，所有的被试都认为只可能对极少数事件直接提取时间。但是很遗憾的是，我们不能从目前的研究结果中解释儿童如何理解直接提取策略，或者他们对本节研究中使用的策略的说明和解释，因为本节研究中采用的是非口头报告。

尽管使用了非口头报告的任务，但是也不能充分说明被试理解时间记忆策略的年龄和使用开放式问题的口头报告任务所得到的理解时间记忆策略的年龄是一致的。例如，在开放式问题中，儿童在 10 岁左右第一次给出对于重新建构策略的解释，主试不向被试提供任何特殊方法，在这期间，他们通过一些问题介绍一些方法。在一篇关于内容记忆的元记忆综述中，很多研究在施测和认知措施上取得了一致的结果，使用非语言任务和开放式问题的研究发现，儿童在非言语任务中对记忆策略的理解和开放式问题中对记忆策略的理解不存在显著的年龄差异。关于分类任务指向的部分结果显示，对于重新建构的重要性的意识出现在开放式问题中得到的年龄阶段的晚期。对于这个结论，我们必须谨慎对待，因为时间记忆的呈现方式存在困难，并且在非语言判断中，儿童自己不能告诉我们其对于呈现的刺激是否理解和如何理解。

参 考 文 献

邓麟. （2002）. *回溯式时间记忆特点及其机制的探讨*. 重庆：西南师范大学.

张强.（2008）. *新闻事件时间记忆的加工机制研究*. 重庆：西南大学.

张永红.（2003）. *公众时间回溯式记忆特点的初步研究*. 重庆：西南师范大学.

Bauer, P. J., Burch, M. M., Scholin, S. E., & Guler, O. E.（2007）. Using cue words to investigate the distribution of autobilgraphical memories in childhood .*Psychological Science*, *18*, 910-916.

Betz, A. L., & Skowronski, J. J.（1997）. Self-events and other-events: Temporal dating and event memory. *Memory & Cognition*, *25*, 701-714.

Curran, T., & Friedman, W. J.（2003）. Differentiating location-and distance-based processes in memory for time: An ERP study. *Psychonomic Bulletin & Review*, *10*（3）, 711-717.

Eagleman, D., & Pariyadath, V.（2009）. Is subjective duration a signature of coding efficiency? *Philosophical Transactions of the Royal Society of London*, *364*（1525）, 1841-1851.

Friedman, W. J.（1991）. The development of children's memory for the time of past events. *Child Development*, *62*, 139-155.

Friedman, W. J.（1993）. Memory for the time of past events. *Psychological Bulletin*, *113*（1）, 44-66.

Friedman, W. J.（1996）. Distance and location process in memory for the time of past events. *The Psychology of Learning and Motivation*, *35*, 10-41.

Friedman, W. J.,（2001）. Memory processes underlying humans' chronological sense of the past//Hoerl, C., & Mc Cormack, T.（Eds.）. *Time and Memory. Issues in Philosophy and Psychology*（pp.139-167）. Oxford: Oxford University Press.

Friedman, W. J.（2003）. The development of a differentiated sense of the past and the future. *Advances in Child Development and Behavior*, *31*, 229-269.

Friedman, W. J.（2004）.Time in autobiographical memory. *Social Cognition*, *22*, 591-605.

Friedman, W. J.（2005）. Memory processes underlying humans' chronological sense of the past and future event. *Learning and Motivation*, *36*, 145-158.

Friedman, W. J.（2007）. The development of temporal metamemory. *Child Development*, *78*（5）, 1472-1491.

Friedman, W. J., & Huttenlocher. J.（1997）. Memory for the time of "60 Minutes" stories and news events. *Journal of Expermental Psychology*: *Learning, Memory, & Cognition*, *23*, 560-569.

Friedman, W. J., & Lyon, T. D.（2005）. Development of temporal-reconstructive abilities. *Child Development*, *76*（6）, 1202-1216.

Friedman, W. J., Reese, E., & Dai, X.（2011）. Children's memory for the times of events from the past. *Applied Cognitive Psychology*, *25*（1）, 156-165.

Gibbons, J. A., & Thompson, C. P.（2001）. Using a calendar in event dating. *Applied Cognitive Psychology*, *15*（1）, 33-44.

Grill-Spector, K., Henson, R., & Martin, A.（2006）. Repetition and the brain: Neural models

of stimulus-specific effects. *Trends in Cognitive Sciences*, *10*（1）, 14-23.

Hudson, J. A.（2002）. "Do you know what we're going to do this summer?": Mothers' talk to preschool children about future events. *Journal of Cognition & Development*, *3*（1）, 49-71.

Janssen, S. M. J., Chessa, A. G., & Murre, J. M. J.（2006）. Memory for time: How people date events. *Memory & Cognition*, *34*（1）, 138-147.

Kreutzer, M. A., Leonard, C., & Flavell, J. H.（1975）. An interview study of children's knowledge about memory. *Monographs of the Society for Research in Child Development*, *40*（1）, 1-60.

Larsen, S. F., & Thompson, C. P.（1995）. Reconstructive memory in the dating of personal and public news events. *Memory & Cognition*, *23*, 781-789.

Lyon, T. D.（1999）. Expert testimony on the suggestibility of children: Does it fit? //Bottoms, B., Kovera, M., McAuliff, B.（Eds.）. *Children, Social Science, and the Law*（pp.378-411）. Cambridge: Cambridge University Press.

Pariyadath, V., & Eagleman, D.（2007）. The effect of predictability on subjective duration. *Plos One*, *2*（11）, e1264.

Schneider, W.（1999）. The development of metamemory in children//Gopher, D., & Koriat, A.（Eds.）. *Attention and Performance XVII*: *Cognitive Regulation of Performance*: *Interaction of Theory and Application*. Cambridge: MIT Press.

Seddik, K. G., Kwasinski, A., & Liu, K. J. R.（2002）. Strategic regulation of grain size in memory reporting over time. *Journal of Experimental Psychology*: *General*, *52*（4）, 505-525.

Shimojima, Y.（2002）. Memory of elapsed time and feeling of time discrepancy. *Perceptual & Motor Skills*, *94*（2）, 559-565.

Tzeng, O. J. L., & Cotton, B. A.（1980）. Study-phase retrieval model of temporal coding. *Journal of Experimental Psychology*: *Human Learning & Memory*, *6*, 705-716.

Wark, B., Lundstrom, B. N., & Fairhall, A.（2007）. Sensory adaptation. *Current Opinion in Neurobiology*, *17*（4）, 423-429.

第十章　词语生命性对
情景记忆的影响 [1]

　　本章对词语生命性在记忆过程中的作用进行了系统的研究与探讨，首先，介绍了生命性影响记忆过程的已有研究；其次，通过实验 1 和实验 2 分别探讨了词语的生命性属性对记忆提取过程的影响，结果发现，词语的生命性会影响记忆提取过程；最后，实验 2 进一步探讨了有生命领域下各个子范畴（人类、动物或植物）和无生命领域下各个子范畴（家具、衣物和食物）在记忆提取过程中的不同，发现有生命领域下各个子范畴的记忆成绩均好于无生命领域下各个子范畴的记忆成绩。

---

　　① 本章内容摘自硕士学位论文：舒阿琴.（2018）. *自由回忆中生命性对记忆搜索过程的影响*. 长春：东北师范大学.

第一节　生命性影响情景记忆的研究现状

一、情景记忆成绩上的生命性效应

（一）生命性的定义

"生命性"这一术语来源于生物学视角，研究者将生命性分为有生命与无生命两类。Gelman 和 Spelke（1981）就生命性提出了一些基本的辨别维度：①有生命的事物可以行动，而无生命的事物需要借助外界条件方可行动；②有生命的事物可以生长和再生；③有生命的事物能够知晓、觉察，有情感，能学习及思维；④有生命的事物由能够维持生命和允许再生的生物结构组成（Li et al.，2016）。另外，赵瑞兰（2007）将生命性区分为客观世界的生命性和语言世界的生命性两个层面，前者建立在生物学基础上，叫作狭义的生命性，后者叫作广义的生命性。本章研究中的生命性主要指的是客观世界的生命性，其中，有生命的事物主要包括人类、动物以及植物，而无生命的事物则主要指的是除了人与动物、植物以外的其他实物。

（二）项目记忆成绩上的生命性效应

从记忆适应性功能主义出发，由于有生命事物对于远古时代的祖先来说可能是食肉动物、猎物以及伴侣和资源的抢夺者，有生命事物的出现很可能会给祖先带来伤害或者死亡。记住有生命事物及与其相关的信息，可以帮助人类躲避危险或者获得更多的生存资源，可以大大增加他们存活和繁殖的可能性。所以在漫长的岁月中，人类进化出了对有生命事物的记忆偏好（Nairne et al.，2017）。

已有研究确实证明了被试对有生命事物的记忆成绩要好于对无生命事物的记忆成绩。例如，Nairne 等（2013）在实验中采用了 Rubin 和 Friendly（1986）的数据和词语刺激，另外让被试对所有的刺激材料在生命性维度上进行五级评分，收集每个刺激在生命性变量上的数据，并对记忆成绩数据进行了多因素回归分析。预测变量除了先前研究中的可想象性、易得性等变量外，Nairne 等（2013）还加入了生命性。结果发现，生命性在解释记忆的变化中是最重要的一个因素，并发现生命性对记忆的预测强度是其他词语性质（可想象性、具体性等）的两倍。可见，生命性能够在很大程度上决定项目的记忆成绩。

随后，Nairne 等（2013）用实验控制的方法试图建立生命性和记忆成绩之间的因果联系。由于词语的可想象性、易得性等属性也会影响随后的记忆成绩，所以在实验前首先对有生命词语与无生命词语之间这些额外的相关属性进行了平衡，仅考察词语生命属性的不同对自由回忆任务中的记忆成绩的影响，结果依然发现与无生命词语相比，被试能够记住更多的有生命词语。另外，Bonin 等（2014）采用图片作为刺激材料，在自由回忆中，依然发现与代表无生命的图片相比，更多代表有生命的图片被回忆出来。

Nairne 等（2013）的研究虽然努力控制了刺激项目之间除生命性类别之外的其他维度因素（可想象性、单词频率、具体性等），但还是很难完全控制有生命与无生命类别词语之间的一些额外差异。为了解决这个问题，Vanarsdall 等（2013）要求被试学习并记忆可发音的非词刺激，并操作了非词的生命性，使每个非词都搭配着有生命事物或者无生命事物的特征（例如，"不喜欢西红柿"是有生命体的特征，"有一个盖子"是无生命体的特征），实验要求被试判断每个非词/特征配对代表有生命还是无生命物体的可能性程度，之后让被试对先前呈现的非词进行回忆，结果发现，无论是再认测验还是自由回忆测试，搭配有生命特征的非词的记忆成绩都优于搭配无生命特征的非词的记忆成绩，即出现了生命性效应。

随后大量文献运用自由回忆程序，采用不同的刺激项目，在不同的记忆测试任务中均发现，在记忆成绩上，与无生命项目相比，被试能记住更多的有生命项目（Gelin et al.，2015；Bonin et al.，2015；Vanarsdall et al.，2016；Nairne et al.，2017；Popp & Serra，2018）。

（三）联结记忆成绩上的生命性效应

已有研究表明，与无生命项目相比，个体不仅能更容易记住有生命项目本身，还能更好地记住有生命项目的关联信息。例如，Gelin 等（2015）基于记忆的进化-功能假说，认为记住有生命项目的时空位置也具有较高的生存价值，因此推测相比于无生命项目，人类将更容易记住有生命项目的时空性背景信息。

Gelin 等首先在实验一中让有生命词语或无生命词语随机呈现在屏幕四个位置（左上、右上、左下、右下）上，随后让被试回忆词语呈现时的位置，结果确实表明被试偏好于记住有生命词语的位置信息。随后在实验二中，他们将位置关联信息改为呈现时间信息（前面呈现、中间呈现和后面呈现），结果也表明被试对有生命词语的呈现时间信息的记忆效果更好。

Bonin 等（2014）也间接地证明了有生命项目的联结记忆效果要好于无生命项目的联结记忆效果。Bonin 等的研究让被试学习有生命和无生命词语，并在随后的再认测试中让被试对再认出的词语做出记得/知道的判断，结果表明，被试对有生命词语的"记得"判断明显高于对无生命词语的"记得"判断，可见被试能够回忆出更多有生命项目的来源信息。另外，Vanarsdall 等（2015）在配对关联学习任务中发现生命性效应，也进一步表明生命性效应存在于联结记忆中。Vanarsdall 等让被试学习不熟悉的斯瓦希里语单词和有生命英语词语或无生命英语词语的配对（并没有对斯瓦希里语和它们的真实翻译进行配对，仅仅是想用这些斯瓦希里语单词去匹配有生命和无生命英语词语），结果发现，在随后的线索回忆测试中，被试对与有生命词语搭配的斯瓦希里语单词的记忆成绩明显好于与无生命词语搭配的斯瓦希里语单词的记忆成绩。

Bonin 等（2015）考察了记忆中的生命性效应产生的机制，发现生命性效应的出现是因为与无生命项目相比，被试在编码有生命项目时更容易获得丰富的情景联想，这些丰富的情景信息会成为随后记忆提取的线索，最终促进有生命项目的记忆提取。可见，正是因为被试偏好记住有生命项目及其关联信息，从而在记忆成绩上出现了生命性效应。

二、生命性影响记忆过程

（一）生命性影响记忆编码过程

New 等（2007）使用变化觉察范式考察了被试对有生命项目和无生命项目的注意差异，给被试呈现包含有生命物体或者无生命物体的自然场景图片，并且同一张图片会多次呈现，仅变化图片中的有生命或者无生命物体内容，让被试判断图片内容的变化，结果发现了对有生命性客体的视觉注意优势，主要表现为被试对有生命客体的反应时比对无生命客体的反应时更短，正确率更高，被试对有生命客体的视觉注意优势反映了生存适应性。

Bonin 等（2015）的研究也发现在记忆编码阶段，被试对有生命项目存在注意优势，大致操作是让被试在编码有生命或无生命词语的同时增加一个记忆负荷任务，结果发现，有生命词语的记忆成绩明显好于无生命词语的记忆成绩，更有意思的是，无生命词语组合下的记忆负荷任务的成绩明显好于有生命词语组合下的记忆负荷任务的成绩，这表明有生命词语比无生命词语更容易吸引被试的注意，才会使得有生命词语组合下的记忆负荷任务得到的注意资源更少，最终表现出记忆成绩受损。可见，在记忆编码过程中，与无生命项目相比，有生命项目具有更大的新异性，能够获得更多的注意资源。

另外，Xiao 等（2016）考察了被试记忆有生命和无生命词语时的编码机制，发现有生命词语间的语义相似性大于无生命词语间的语义相似性，并且在编码时，有生命词语在后左侧海马（the posterior portion of the left parahippocampus，LpPHG）的神经全局模式相似性（neural global pattern similarity，nGPS）大于无生命词语的神经全局模式相似性。

（二）生命性影响记忆提取过程

搜索模型（search model）认为，信息从长时记忆中被提取出来，需要经历一个与其他信息相互竞争的搜索过程（Unsworth，2009）。长时记忆搜索模型的一个典型理论就是关联记忆的搜索过程模型（the search model of associative memory，SAM）（Raaijmakers & Shiffrin，1980）。该理论强调项目从长时记忆的信息网络中被搜索出来是依赖于线索的，具体过程是被试在开始提取时，会问自己一个大概性的问题：在刚刚呈现的词表中都有哪些项目？这样的问题形成了搜索的背景框架，背景框架中的许多线索就会被用来作为提取项目的线索，随后被试会基于相对强度原则（relative strength ruler）搜索框架内的项目（Raaijmakers & Shiffrin，1980；Unsworth，2009）。相对强度指的是序列中各项目与提取线索的关联程度（Rohrer，1996）。在回忆时，有的项目与搜索背景之间的关联强，有的项目与搜索背景之间的关联弱，因此，每个项目都会有一个记忆强度，并且每个项目都会有一个相对于其他项目的记忆强度，这就是相对记忆强度。

相对记忆强度越大的项目在搜索的最开始采样中越容易被采样到，最开始的采样被认为是初始采样（initially sampling）。另外，根据自由回忆的观点（Rohrer，1996），项目基于相对强度被采样出来后，如果它的记忆强度达到某一阈值，那么该项目就会进入意识，达到能被回忆出来的层次，这时被试就可以决定该项目是否要被回忆出来；如果项目的强度被采样出来后并没有达到进入意识的阈值，则该项目就不能被回忆出来，这将出现我们平时经历过的"舌尖现象"（the tip of-the-tongue phenomenon）（Brown & McNeill，1966）。

经历了初始采样后，我们已经回忆出了一个项目，那么这个已经被回忆出来的项目就会被纳入随后采样的背景中去，并且随后的采样主要以这个项目为起点，采样词表中的其他项目。经过初始采样已经采样出了至少一个项目，随后对词表中其他项目的采样被称为随后采样（subsequent sampling）。词表中的其他项目被随后采样出来的可能性，取决于该项目与起点项目的关联程度（Raaijmakers & Shiffrin，1980），与起点项目关联程度越大的项目越容易被采样到。之后一直重复随后采样的过程，直到当被试在某一搜索范围内出现太多回忆失败时，被试可能会更改最开始的总的搜索范围或者终止回忆过程。

从记忆的搜索过程可以发现，首先，被试对项目的提取是依赖于线索的，如依赖于项目间的类别线索（Vanarsdall et al.，2016）。其次，由于对项目的提取是以时间序列的形式提取的，再加上在提取时项目的新异性不一致，新异的项目就会被优先提取出来。Siddiqui 和 Unsworth（2011）为了检验不同情绪性词语提取过程的差异，分别探究了不同情绪性词语在项目的优先提取和类别提取策略的运用上的差异，结果发现，被试会优先提取出情绪性词语，并且被试更容易借助类别线索提取出情绪性词语。

已有研究考察了不同生命性在记忆成绩上的差异（Popp & Serra，2018），以及不同生命性在记忆的编码阶段的差异（Bonin et al.，2015；Xiao et al.，2016），却很少有研究探究提取阶段不同生命性词语的提取差异。考虑到记忆成绩只能反映出是有生命词语还是无生命词语更多地被回忆出来，并不能反映出词表中的有生命词语和无生命词语是怎样在相互竞争中被回忆出来的（Rohrer，1996），所以需要另外增加反映提取动态的因变量。本章研究参考了 Siddiqui 和 Unsworth（2011）的研究，因变量增加了项目的优先提取和类别提取策略的使用，以考察生命性是如何影响记忆搜索过程的。

三、本章研究的假设

（一）实验 1 的假设

如果生命性作用于项目的优先提取，那就涉及被试优先提取出有生命词语还是无生命词语。在编码阶段，有生命项目（如动物、人类等）能够更快地捕捉视觉注意，并且能够比无生命项目获得更多的注意资源，更容易引起个体的优先性加工（Abrams & Christ，2003；New et al.，2007；Van Hooff et al.，2011）。因此，与词表中的无生命项目相比，有生命项目能够获得更大的相对记忆强度。所以可以预测，与无生命词语相比，有生命词语能更早地被提取出来。为了分析被试优先提取出哪类项目，根据已有研究，可以找到两个指标：一个指标是在回忆序列初始位置回忆出有生命或无生命词语的概率；另一个指标是每类词语在提取各阶段的正确回忆数占该类词语正确回忆总数的比例（Rohrer，1996；Wixted et al.，1997；Siddiqui & Unsworth，2011）。

随后采样指的是已经正确回忆出一个项目，随后对词表中的其他项目进行采样，随后采样依赖于项目间的关联线索，并且项目间的关联线索越强，越容易提高随后采样的可能性（Raaijmakers & Shiffrin，1980）。如果生命性作用于随后采样，那就涉及生命性类别能否成为随后采样的关联线索。已有研究表明，个体早在婴儿时期就习得了按照有生命和无生命类别对客体概念进行归类（Gelman & Markman，1986；Gelman，1990；Heyman & Gelman，2000），并且被试在回忆中会运用类别组织策略帮助记忆提取（Bousfields，1952），因此可以预测，词语的生命性类别属性很可能会成为随后采样的一个线索。并且，Xiao等（2016）的研究发现，有生命词语间的语义相似性大于无生命词语间的语义相似性。与无生命词语相比，有生命词语更容易被归类（Bonin et al.，2015；Vanarsdall et al.，2016）。因此可以进一步预测，被试在提取有生命词语时，更容易运用有生命类别线索组织记忆提取。

（二）实验 2 的假设

根据记忆的适应性观点，就生命性对记忆成绩和搜索过程的影响而言，实验 2 预期有生命词语的记忆成绩会高于无生命词语的记忆成绩，并且被试会优先提取有生命词语，更加有效地运用有生命类别线索帮助记忆提取。

比较 6 个范畴的记忆成绩和搜索过程差异，实验 2 预期，在记忆成绩上，有生命领域下各个子范畴词语的记忆成绩均会高于无生命领域下各个子范畴词语的记忆成绩；对于先被提取的项目，表示人类的词语首先会被提取，其次是其他有生命领域下的子范畴，再次是无生命领域下的子范畴；就类别提取策略而言，有生命领域下各个子范畴的类别线索均会明显多于无生命领域下各个子范畴的类别线索。

总之，本章研究旨在表明，在记忆提取过程中依然能够验证记忆的适应性观点。

第二节　生命性对提取时间和策略的影响

一、实验目的

通过给被试呈现有生命和无生命两类词语，来考察不同生命性词语在提取时间优先性和类别提取策略上的差异。

二、研究方法

（一）被试

32 名母语为汉语的东北师范大学的本科生和研究生参与实验，年龄为 19～27 岁，其中男生 12 名。所有被试视力或者矫正视力正常，无脑损伤或神经病史，先前没有参加过本次实验。实验结束后给予被试一定的报酬。

（二）仪器与材料

实验在奔腾 IV 的 IBM 计算机上运行，在 21 英寸 ①CRT 彩色纯平显示器上呈现，分辨率为 1024 像素×768 像素，刷新率为 75 赫兹，实验程序用 E-prime 2.0 编写。从《现代汉语分类大词典》中选取有生命和无生命词语各 100 个，请不参加正式实验的 12 名被试评定这些词语的具体性（5 点量表评分：1 表示非常抽象，2 表示比较抽象，3 表示不确定，4 表示比较具体，5 表示非常具体）、熟悉度（1～5 表示"非常陌生"～"非常熟悉"）、可想象性（1～5 表示"非常困难"～"非常容易"）、情绪效价（1～5 表示"非常消极"～"非常积极"）、情绪唤醒度（1～5 表示"非常平静"～"非常激动"），材料的词频和笔画数等信息来自《现代汉语频率词典》，首字笔画数和尾字笔画数等信息来自《汉

---

① 1 英寸≈2.54 厘米。

字信息字典》。在匹配好上述信息后，最终选出 48 个两字中文名词并将其分到两个词表中，使得每个词表包括有生命和无生命词语各 12 个，作为正式实验的材料。正式材料匹配后，有生命词语和无生命词语在各个属性上均无显著差异。另外，考虑到首因效应和近因效应的干扰，在每个词表的呈现前后另外呈现了两个词语（词表 1 前："档案，蝗虫"；词表 1 后："围巾，骏马"；词表 2 前："蚂蚱，报刊"；词表 2 后："山羊，背包"）。每个词表中的词语随机逐个呈现给被试，但是为了匹配有生命词语和无生命词语呈现的序列位置，词表 1 中出现有生命词语的位置，在词表 2 中对应的位置则出现的是无生命词语。例如，词表 1 中呈现的第三个项目为有生命词语，则词表 2 中第三个位置上的项目一定是无生命词语。每个词表只呈现一次。

（三）实验设计

采用单因素两水平设计，其中自变量为词语的生命性（有生命/无生命），因变量为记忆成绩、目的优先提取和类别提取策略的运用。

（四）实验程序

实验程序包括练习程序与正式程序，这两个程序的步骤基本一样。在正式实验前先进行两个词表的练习实验，每个词表包括有生命词语和无生命词语共 6 个，主要就是让被试熟悉实验流程。正式实验程序主要分为 3 个阶段，在实验开始前，告诉被试他们参加的是一个记忆实验，并且他们的任务是努力去记忆屏幕上呈现的词语。正式实验和练习实验一样，也是给被试呈现两个词表。实验过程主要包括以下三个步骤。

1）学习阶段：屏幕上依次呈现 28 个中文词语，每屏呈现一个词语，每个词语呈现时间为 2 秒，总共呈现 28 屏，让被试进行记忆。

2）延迟任务阶段：此阶段屏幕上会呈现一个三位数，要求被试对这个三位数进行连续减 3 的数学运算，要求被试口头报告出心算的过程，持续时间为 1 分钟。

3）自由回忆测试阶段：该阶段要求被试按照任意顺序自由回忆出刚刚序列中呈现过的词语，并且口头报告回忆出的词语，回忆限定用时为 1.5 分钟，记录下被试的回答。随后呈现第二个词表，循环以上三个步骤。实验平衡了词表间的呈现顺序。

实验结束之后，听取录音以整理出被试在每个词表中回忆出的词语，按照词语被口头报告出来的顺序记录下每个被试报告出的词语，并记录下被试报告出每个词语的时间点。

三、结果分析

（一）回忆成绩

正式实验中总共给被试呈现两个词表的词语，通过对词语被正确回忆的比例进行 2（词表编号：词表 1/词表 2）×2（生命性：有生命/无生命）的重复测量方差分析，结果显示，词表编号的主效应不显著[$F(1, 31)=0.24$，$p>0.05$]，因此随后的数据分析可以对这两个不同的词表合并再进行分析。为了考察生命性对记忆成绩的影响，对数据进行 2（生命性：有生命/无生命）×2（词表顺序：前面呈现的词表/后面呈现的词表）的重复测量方差分析，结果发现，生命性的主效应显著[$F(1, 31)=65.62$，$p<0.01$，$\eta_p^2=0.60$]，具体表现为有生命词语的记忆成绩高于无生命词语的记忆成绩；词表顺序的主效应显著[$F(1, 31)=12.72$，$p<0.01$，$\eta_p^2=0.29$]；生命性和词表顺序的交互作用不显著[$F(1, 31)=0.00$，$p>0.05$]，如表 10-1 所示。

表 10-1　前后呈现词表下不同生命性词语的平均记忆成绩（$M\pm SD$）

生命性	词表顺序	
	前面呈现的词表	后面呈现的词表
有生命	0.45 ± 0.17	0.52 ± 0.17
无生命	0.29 ± 0.14	0.36 ± 0.16

（二）优先提取的项目

为了回答有生命词语是否早于无生命词语被提取出来，我们首先比较了回忆序列中第一个词语更可能是有生命词语还是无生命词语，计算并比较了有生命词语出现在回忆序列中第一个位置的比例和无生命词语出现在第一个位置的比例，进行配对样本 t 检验后发现，与无生命词语（$M=0.30$，$SD=0.28$）相比，回忆序列中的第一个位置更可能是有生命词语[（$M=0.70$，$SD=0.28$），$t(31)=4.10$，$p<0.01$，$Cohen's\ d=0.73$]。另外，为了进一步回答有生命词语是否早于无生命词语被提取出来这个问题，我们计算了每类词语在提取各阶段的回忆比例。具体而言，把回忆总时间 90 秒分成九段，每段的时长为 10 秒，并且分别计算每个被试在每个 10 秒时间段里正确回忆出某类生命性项目的个数占这个被试在这类生命性项目上回忆总数的比例，对这些数据进行了一个 2（生命性：有生命/无生命）×9（时间段：0～10/10～20/20～30/30～40/……/80～90 秒）的重复测量方差分析，

结果发现，时间段的主效应显著$[F（8，248）=75.15，p<0.01，\eta_p^2=0.71]$，主要表现为被试在 0～10 秒和 10～20 秒时间段内回忆出的词语比例大于随后时间段内回忆出来的词语比例，也就是说，在 0～20 秒时间段内，有更多的词语被回忆出来；另外，生命性和时间段的交互作用显著$[F（8，248）=3.84，p<0.01，\eta_p^2=0.11]$，事后检验发现，在 0～10 秒内，有生命词语被回忆出来的比例显著大于无生命词语被回忆出来的比例（$t=2.34$，$p<0.01$，$Cohen's\ d=0.56$）。在其他时间段内，有生命词语与无生命词语被回忆出来的比例并无显著差异。图 10-1 显示了两种生命性词语在每个时间段内的回忆曲线。结果表明，在回忆序列中，与无生命词语相比，有生命词语更可能在回忆的早期被采样，与无生命词语相比，被试在提取过程中更早地提取出了有生命性词语。

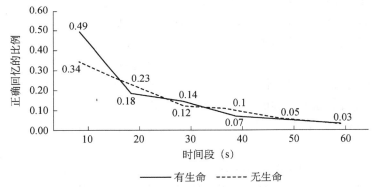

图 10-1　两种生命性词语在各时间段内的回忆曲线

（三）类别提取策略的运用

为了考察被试是否会运用生命性类别线索进行随后采样，我们分析了回忆序列中同生命性类别词语的群集情况，计算了被试记忆所有词语的类别群集指标（average reeau clustering，ARC）分数，通过对 ARC 与随机水平进行比较，发现 ARC 与随机水平差异显著$[M=0.10，t（31）=3.86，p<0.01，Cohen's\ d=0.69]$，表明被试运用生命性类别进行随后采样。分别计算有生命词语 ARC 和无生命词语 ARC，结果发现，有生命词语 ARC 与随机水平差异显著$[t（31）=4.80，p<0.01，Cohen's\ d=0.85]$，无生命词语 ARC 与随机水平差异显著$[t（31）=5.61，p<0.01，Cohen's\ d=0.99]$，表明被试运用有生命类别线索和无生命类别线索帮助随后采样。另外，为了进一步考察有生命群集和无生命群集之间是否有差异，我们比较了有生命词语重复概率和无生命词语重复概率，重复概率指的是在回忆序列

中连续回忆出两个同类别词语的概率，结果发现，有生命类别词语的重复概率（$M=0.49$，$SD=0.14$）显著大于无生命类别词语的重复概率[（$M=0.29$，$SD=0.18$），t（31）=4.95，$p<0.01$，$Cohen's\ d=0.85$]，可见有生命词语的群集水平大于无生命词语的群集水平，表明被试在提取有生命词语时更易借助有生命类别线索的帮助。

四、讨论

（一）记忆中的生命性效应

大量研究证据表明，人类的认知系统，包括记忆，是在优胜劣汰的选择中产生的（Nairne & Pandeirada，2008，2010），也就是说，记忆功能是我们的祖先为了能够在自然选择的压力中发展自己而留下来的印记（Nairne & Pandeirada，2010）。跟与非生存问题相关的信息相比，人们更倾向加工与生存问题相关的信息。已有研究用生存加工优势证明了记忆的适应性功能假说（Nairne & Pandeirada，2008）。本节研究发现，与无生命项目相比，有生命项目获得了更好的记忆成绩，有力地验证了生命性效应，支持了记忆的适应性功能假说。

以往研究运用不同的刺激材料（图片、文字、假词）以及不同的测验形式（再认、自由回忆、线索回忆），实验任务或者包括记忆负荷任务或者不包括记忆负荷任务，均发现了记忆成绩上的生命性效应（Bonin et al.，2014，2015），本节研究采用中文词语，也发现了有生命词语的记忆成绩好于无生命词语的记忆成绩，进一步验证了生命性效应的普遍性。

（二）生命性影响记忆提取过程

有生命刺激能够获得更多的注意资源，当场景中包括有生命词语和无生命词语时，因为有生命项目（如动物、人类等）比无生命项目能够获得更长时间的注意和优先性加工（Abrams & Christ，2003；New et al.，2007；Van Hooff et al.，2011），与词表中的无生命项目相比，有生命项目很可能可以获得更大的相对记忆强度，所以与无生命词语相比，有生命词语可能更早被回忆出来。研究发现，与无生命词语相比，被试更容易优先回忆出有生命词语，表现出被试优先提取出有生命项目。可以推测，生命性效应的产生是有生命词语比无生命词语获得了更多的注意资源，拥有更大的相对记忆强度，获得更大的初始采样率，因此才会出现生命性效应（Siddiqui & Unsworth，2011）。

个体早在婴儿时期就习得了按照有生命和无生命类别对客体概念进行归类（Gelman & Markman，1986；Gelman，1990；Heyman & Gelman，2000），并且被试在回忆中会运用类别组织策略帮助记忆提取（Bousfield，1952），因此可以预测，词语的生命性类别属性很可能会成为随后采样的一个线索，被试会运用生命性类别线索来进行随后采样。本节研究结果表明，被试明显运用了生命性类别线索，与预期假设一致。

第三节　生命性类别对情景记忆的影响

本节研究通过选用 6 个子类别，有生命词语包括职业、四条腿动物和植物，无生命词语包括食物、家具和服饰，控制有生命和无生命领域下的子范畴数量，考察每个子类别的记忆成绩及提取差异，以更加严谨地考察词语生命性对记忆成绩及搜索过程的影响。

一、方法

（一）被试

36 名母语为汉语的东北师范大学本科生或研究生参与本次实验，年龄为 19～27 岁，其中男生 15 名。所有被试视力或者矫正视力正常，无脑损伤或神经病史，先前没有参加过本次实验。实验结束后给予被试一定的报酬。

（二）仪器与材料

从 Bueno 和 Megherbi（2009）的材料库中选取职业、四条腿动物、植物、食物、家具和服饰这 6 类词语，并翻译为二字中文词语，每种类别词语各 16 个，请不参加正式实验的 20 名被试评定这些词语的具体性（5 点量表评定：1 代表非常抽象, 2 代表比较抽象, 3 代表不确定, 4 代表比较具体, 5 代表非常具体)、熟悉度 (1~5 表示"非常陌生"~"非常熟悉")、可想象性 (1~5 表示"非常困难"~"非常容易")、情绪效价 (1~5 表示"非常消极"~"非常积极")、情绪唤醒度 (1~5 表示"非常平静"~"非常激动"), 材料的词频和笔画数信息来自《现代汉语频率词典》, 首字笔画数和尾字笔画数等信息来自《汉字信息字典》。在匹配好上述信息后, 最终选出 48 个词语组成两个词表 (每个词表均包括这 6 个范畴的词语, 每个范畴均有 4 个词语) 作为正式材料。另外, 考虑到首因效应和近因效应的干扰, 在每个词表的呈现前后另外呈现了两个词语作为缓冲词语。将每个词表中的词语随机逐个呈现给被试。

（三）实验设计

采用单因素 6 水平设计, 其中自变量为词语的范畴 (6 个水平: 职业/四条腿动物/植物/食物/家具/服饰), 因变量为记忆成绩、提取时间的优先性和类别提取策略的有效性。

（四）实验程序

由于从本章实验 1 了解到被试在 1 分钟后基本上不再回忆出其他词语, 实验 2 的回忆时间由 90 秒改为 60 秒。其余实验程序与实验 1 基本一样。

二、结果分析

（一）记忆成绩

实验中总共给被试呈现两个词表的词语, 通过对词语被正确回忆的比例进行 2 (词表编号: 词表 1 /词表 2) × 2 (生命性: 有生命/无生命) 的重复测量方差分析, 结果显示, 词表编号的主效应不显著 $[F(1, 35)=2.21, p>0.05]$, 因此随后的数据分析可以对这两个不同的词表合并再进行分析。为了考察生命性对记忆成绩的影响, 对数据进行 2 (生命性: 有生命/无生命) × 2 (词表顺序: 前面呈现的词表/后面呈现的词表) 的重复测量方差分析, 结果发现, 生命性的主效应显著 $[F(1, 35)=98.90, p<0.01, \eta_p^2=0.74]$, 有生命词语的记忆成绩显著高于无生命词语的记忆成绩; 词表顺序的主效应显著 $[F(1, 35)=7.50, p<0.05, \eta_p^2=0.18]$; 生命性和词表顺序的交互作用不显著 $[F(1, 35)=2.31, p>0.05]$, 如表 10-2 所示。

表 10-2　前后呈现词表下不同生命性词语的平均记忆成绩（$M \pm SD$）

生命性	词表顺序	
	前面呈现的词表	后面呈现的词表
有生命	0.52 ± 0.19	0.39 ± 0.20
无生命	0.28 ± 0.19	0.22 ± 0.14

　　另外，为了比较有生命领域下的 3 个子范畴（职业、四条腿动物和植物）和无生命领域下的 3 个子范畴（食物、家具和服饰）的记忆成绩，对数据进行 F 检验，结果发现，有生命领域下的子范畴的主效应显著[F（1，35）=23.78，$p<0.01$，η_p^2=0.41]，经过事后检验发现，有生命领域下各个子范畴的记忆成绩均好于无生命领域下各个子范畴的记忆成绩，并且表示职业的词语的记忆成绩显著好于表示动物和植物的词语的记忆成绩，表示动物的词语的记忆成绩与表示植物的词语的记忆成绩无显著差异，无生命领域下各个子范畴的记忆成绩无显著差异。

（二）提取时间的优先性

　　为了回答有生命词语是否早于无生命词语被提取出来，我们首先比较了回忆序列中第一个词语更可能是有生命词语还是无生命词语，计算并比较了有生命词语出现在回忆序列中第一个位置的比例和无生命词语出现在第一个位置的比例，进行配对样本 t 检验后发现，与无生命词语（$M=0.26$，$SD=0.35$）相比，回忆序列中的第一个位置更可能是有生命词语[（$M=0.74$，$SD=0.35$），t（35）=4.07，$p<0.01$，$Cohen's\ d=0.68$]。

　　为了进一步回答有生命词语是否早于无生命词语被提取出来，我们把回忆总时间 60 秒分成六段，每段的时长为 10 秒，并且分别计算每个被试在每个 10 秒时间段里正确回忆出某类生命性项目的个数占这个被试对这类生命性项目的回忆总数的比例，并接着对这些数据进行一个 2（生命性：有生命/无生命）× 6（时间段：0～10/10～20/20～30/30～40/……/50～60 秒）的重复测量方差分析，结果发现，时间段的主效应显著[F（5，175）=42.18，$p<0.01$，$\eta_p^2=0.55$]，在提取阶段早期的词语回忆数多于在晚期的回忆数；生命性的主效应不显著[F（1，35）=2.81，$p>0.05$]；生命性和时间段的交互作用显著[F（5，175）=2.91，$p<0.05$]，事后检验发现，在 0～20 秒，有生命词语被回忆出来的比例显著大于无生命词语被回忆出来的比例，在其他时间段内，有生命词语与无生命词语被回忆出来的比例并无显著差异。图 10-2 显示了两种生命性词语在各时间段内的回忆比例曲线，结果表明，在回忆序列中，与无生命词语相比，有生命词语更可能在回忆的早期

被采样，这进一步说明了有生命词语早于无生命词语被提取出来。

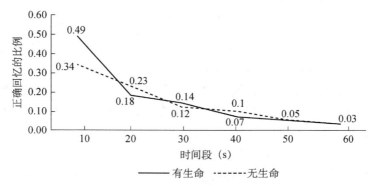

图 10-2　两种生命性词语在各时间段的回忆比例曲线

　　为了比较有生命领域下的 3 个子范畴（职业、四条腿动物和植物）和无生命领域下的 3 个子范畴（食物、家具和服饰）在提取时间上的优先性，我们对数据进行 F 检验，结果发现，子范畴的主效应显著[$F=16.12$，$p<0.01$，$\eta_p^2=0.32$]，经过事后检验发现，表示职业的词语的提取早于表示其他范畴词语的提取，表示四条腿动物的词语的提取显著早于表示植物和表示食物的词语的提取，然而表示四条腿动物的词语与表示家具和服饰的词语的提取无显著差异，表示植物的词语与无生命领域下的各个子范畴的词语的提取无显著差异，表示食物的词语的提取晚于表示家具的词语的提取，如图 10-3 所示。

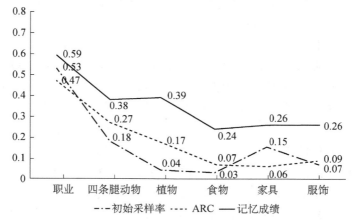

图 10-3　6 种范畴词语的记忆成绩和搜索模式

注：初始采样率值为比例，ARC 值无单位，记忆成绩以回忆比例表示

（三）随后采样

为了考察被试是否会运用类别线索进行随后采样，我们分析了回忆序列中词语的群集情况，首先考察了被试是否会运用生命性类别线索进行随后采样，通过对 ARC 分数与随机水平进行比较，发现 ARC 与 0 无显著差异[$M=0.07$，$t(35)=-0.78$]，表明被试并没有明显运用生命性类别进行随后采样；随后考察了被试是否会运用生命性领域下的子范畴线索进行随后采样，发现 ARC 与 0 差异显著[$M=0.26$，$t(35)=11.49$，$p<0.01$，$Cohen's\ d=1.91$]，表明被试明显运用了生命性领域下的子范畴线索进行随后采样。为了比较有生命领域下的 3 个子范畴（职业、四条腿动物和植物）和无生命领域下的 3 个子范畴（食物、家具和服饰）在回忆词语序列中的群集情况，我们对 ARC 分数进行了 F 检验，结果发现，子范畴的主效应显著[$F=6.89$，$p<0.01$，$\eta_p^2=0.17$]，经过事后检验发现，在回忆出的词语序列中，表示职业的词语的 ARC 明显大于其他 5 个子范畴词语的 ARC（表 10-3），表示四条腿动物的 ARC 显著大于除职业词语以外的其他 4 类词语的 ARC，另外，植物、食物、家具和服饰词语的 ARC 之间无显著差异，并且食物、家具和服饰词语的 ARC 与 0 无显著差异，表明被试在回忆无生命词语时确实没有明显地运用类别线索，具体如表 10-3 所示。

表 10-3　6 种子范畴词语的群集 ARC

子范畴	M	SD	t
职业	0.47	0.50	5.68***
动物	0.27	0.34	4.69***
植物	0.17	0.38	2.69**
食物	0.07	0.22	1.97
家具	0.06	0.25	1.50
服饰	0.09	0.39	1.32
总体 ARC	0.26	0.14	11.49***

注：**$p<0.01$；*** $p<0.001$，下同

三、讨论

（一）记忆中的生命性效应

已有研究中，Vanarsdall 等（2015）关注范畴数量可能会干扰记忆下的生命性效应，因此控制了有生命和无生命的下位范畴数量（有生命物体选用四条腿

动物，无生命物体选用家具），结果发现，在线索回忆任务中，有生命词语的记忆成绩仍然好于无生命词语的记忆成绩。然而，Vanarsdall 等（2016）在自由回忆任务中，也控制了有生命范畴数量和无生命范畴数量，考察了有生命和无生命词语（有生命物体选用四条腿动物，无生命物体选用家具）的记忆成绩，结果发现，有生命词语的记忆成绩与无生命词语的记忆成绩无显著差异。实验2 验证了 Vanarsdall 等（2015）的结果，但与 Vanarsdall 等（2016）的结果不一致。这很可能是由于在 Vanarsdall 等（2016）的研究中，被试对两种类别词语都很熟悉，并且能明显觉察到这两种熟悉的类别，所以四条腿动物和家具均获得了很好的记忆成绩。本章研究的两个实验均发现了与无生命项目相比，有生命项目的记忆成绩更好，并且实验2 还表明有生命领域下各个子范畴的记忆成绩均好于无生命领域下各个子范畴的记忆成绩，强有力地验证了生命性效应，支持了记忆的功能性假说。

（二）生命性影响记忆提取过程

实验2 发现，与无生命词语相比，被试更容易优先回忆出有生命词语，表现出有生命词语的初始采样率大于无生命词语的初始采样率。因此可以推测，生命性效应的产生是由于有生命词语比无生命词语获得了更多的注意资源，拥有更大的相对记忆强度，获得了更大的初始采样率，所以才出现生命性效应（Siddiqui & Unsworth，2011）。另外，实验2 还具体分析了 6 种范畴词语的初始采样率，结果发现，表示职业的词语的初始采样率明显大于包括动物在内的其他 5 种范畴词语的初始采样率，这支持了同类刺激（人、面孔、身体部位等）的加工优先性观点（New et al.，2007；Stein et al.，2012）。然而，就初始采样率而言，家具的初始采样率较高，这也间接地表明人们对家具这个范畴有着比较强的相对记忆强度，可以在一定程度上解释 Vanarsdall 等（2016）采用家具代表无生命词语时，无生命词语的记忆成绩和有生命词语的记忆成绩无显著差异的现象。

实验2 并没有发现被试运用了生命性类别线索，而是运用了子范畴线索帮助随后采样，可见，当词表中子范畴线索同样明显时，被试更容易依据子范畴水平对词语进行归类。另外，有生命词语间的语义相似性大于无生命词语间的语义相似性，与无生命词语相比，有生命词语更容易被归类（Bonin et al.，2015；Vanarsdall et al.，2016），因此可以进一步预测，被试在提取有生命词语时更容易运用类别组织策略。总之，生命性效应的出现是由于与无生命词语相比，被试更容易对有生命词语进行归类，能更好地组织有生命词语。

另外，实验 2 表明，有生命词语拥有比无生命词语更大的相对记忆强度，才会在回忆中优先被提取，这很可能是因为人们在加工刺激时会把词表中的有生命项目与无生命项目区分开来，针对每种类别词语的个别属性进行编码加工，这支持了项目特异性加工假说（item-specific processing hypothesis）（Burns，2006；Burns & Gold，1999；Hunt & McDaniel，1993）。另外还发现，被试对同一生命性类别存在群集回忆，由此可推测被试会针对词表项目间的关系进行加工编码，这支持了关系加工假说（relational processing hypothesis）（Einstein & Hunt，1980；Hunt & Einstein，1981；Hunt & McDaniel，1993）。

总之，与无生命词语相比，有生命词语更大的相对记忆强度和更紧密的词语间关联增加了有生命词语的初始采样率。

参 考 文 献

王瑞乐，陈宝国.（2012）. 记忆的生存加工优势效应.心理科学，（3），550-556.

于睿，毛伟宾，贾喆.（2011）. 生存加工：一种独特而强大的记忆编码程序.心理科学进展，19（6），825-831.

赵瑞兰.（2007）.汉语名词生命度初论.广州：华南师范大学.

Abrams, R. A., & Christ, S. E. (2003). Motion onset captures attention. *Psychological Science*, *14*（5），427-432.

Basso, A., Capitani, E., & Laiacona, M.（1988）. Progressive language impairment without dementia: A case with isolated category specific semantic defect. *Journal of Neurology, Neurosurgery & Psychiatry*, *51*（9），1201-1207.

Bonin, P., Gelin, M., & Bugaiska, A.（2014）. Animates are better remembered than inanimates: Further evidence from word and picture stimuli. *Memory & Cognition*, *42*（3），370-382.

Bonin, P., Gelin, M., Laroche, B., Méot, A., & Bugaiska, A.（2015）. The "how" of animacy effects in episodic memory. *Experimental Psychology*, *62*（6），371-384.

Bousfield, W. A.（1952）. The occurrence of clustering in the recall of randomly arranged associates. *Journal of Psychology*, *36*（2），67-81.

Brown, R., & McNeill, D.（1966）. The "tip of the tongue" phenomenon. *Journal of Verbal Learning & Verbal Behavior*, *5*（4），325-337.

Bueno, S., & Megherbi, H.（2009）. French categorization norms for 70 semantic categories and comparison with Van Overschelde et al.'s（2004）English norms. *Behavior Research Methods*, *41*（4），1018-1028.

Burns, D. J.（2006）. Assessing distinctiveness: Measures of item-specific and relational processing//Hunt, R. R., & Worthen, J. B.（Eds.）. *Distinctiveness and Memory*（pp. 109-130）. New York: Oxford University Press.

Burns, D. J., & Gold, D. E. (1999). An analysis of item gains and losses in retroactive interference. *Journal of Experimental Psychology: Learning, Memory, and Cognition, 25* (4), 978-985.

Caramazza, A., & Shelton, J. R. (1998). Domain-specific knowledge systems in the brain the animate-inanimate distinction. *Journal of Cognitive Neuroscience, 10* (1), 1-34.

Dalrymplealford, E. C. (1970). Measurement of clustering in free recall. *Psychological Bulletin, 74* (1), 32-34.

Damasio, H., Grabowski, T. J., Tranel, D., Hichwa, R. D., & Damasio, A. R. (1996). A neural basis for lexical retrieval. *Nature*, 380 (6574), 499-505.

Doerksen, S., & Shimamura, A. P. (2001). Source memory enhancement for emotional words. *Emotion, 1* (1), 5-11.

Einstein, G. O., & Hunt, R. R. (1980). Levels of processing and organization: Additive effects of individual-item and relational processing. *Journal of Experimental Psychology: Human Learning & Memory, 6* (5), 588-598.

Gelin, M., Bugaiska, A., Méot, A., & Bonin, P. (2015). Are animacy effects in episodic memory independent of encoding instructions? *Memory, 25* (1), 2-18.

Gelman, R. (1990). First principles organize attention to and learning about relevant data: Number and the animate-inanimate distinction as examples. *Cognitive Science, 14* (1), 79-106.

Gelman, R., & Spelke, E. S. (1981). The development of thoughts about animate and inanimate objects: Implications for research on social//Flavell, J. H., & Ross, L.(Eds.). *Social Cognitive Development* (pp.43-66). Cambride: Cambridge Univeresity Press.

Gelman, S. A., & Markman, E. M.(1986). Categories and induction in young children. *Cognition, 23* (3), 183-209.

Gronlund, S. D., & Shiffrin, R. M. (1986). Retrieval strategies in recall of natural categories and categorized lists. *Journal of Experimental Psychology: Learning, Memory, and Cognition, 12* (4), 550-561.

Heyman, G. D., & Gelman, S. A.(2000). Preschool children's use of trait labels to make inductive inferences. *Journal of Experimental Child Psychology, 77* (1), 1-19.

Howard, M. W., & Kahana, M. J. (2002). When does semantic similarity help episodic retrieval? *Journal of Memory & Language, 46* (1), 85-98.

Hunt, R. R., & Einstein, G. O. (1981). Relational and item-specific information in memory. *Journal of Verbal Learning & Verbal Behavior, 20* (5), 497-514.

Hunt, R. R., & McDaniel, M. A.(1993). The enigma of organization and distinctiveness. *Journal of Memory & Language, 32* (4), 421-445.

Kahana, M. J. (1996). Associative retrieval processes in free recall. *Memory & Cognition, 24*, 103-109.

Kroneisen, M., & Erdfelder, E.(2011). On the plasticity of the survival processing effect. *Journal of Experimental Psychology: Learning, Memory, and Cognition, 37*, 1553-1562.

Li, P., Jia, X., Li, X., & Li, W. (2016). The effect of animacy on metamemory. *Memory & Cognition, 44* (5), 696-705.

Massey, C.M., & Gelman, R.（1988）.Preschooler's ability to decide whether a photographed unfamiliar object can move itself. *Developmental Psychology*, *24*（3）, 307-317.

Nairne, J. S.（2010）. Chapter 1-Adaptive Memory: Evolutionary Constraints on Remembering. *Psychology of Learning and Motivation*, *53*（10）, 1-32.

Nairne, J. S., & Pandeirada, J. N.（2008）. Adaptive memory: Is survival processing special? *Journal of Memory & Language*, *59*（3）, 377-385.

Nairne, J. S., & Pandeirada, J. N.（2010）. Adaptive memory: Ancestral priorities and the mnemonic value of survival processing. *Cognitive Psychology*, *61*（1）, 1-22.

Nairne, J. S., & Pandeirada, J. N.（2016）. Adaptive memory: The evolutionary significance of survival processing. *Perspectives on Psychological Science*, *11*（4）, 496-511.

Nairne, J. S., Pandeirada, J. N., & Thompson, S. R.（2008）. Adaptive memory: The comparative value of survival processing. *Psychological Science*, *19*（2）, 176-180.

Nairne, J. S., Vanarsdall, J. E., & Cogdill, M.（2017）. Remembering the living: Episodic memory is tuned to animacy. *Current Directions in Psychological Science*, *26*（1）, 22-27.

Nairne, J. S., Vanarsdall, J. E., Pandeirada, J. N., Cogdill, M., & Lebreton, J. M.（2013）. Adaptive memory: The mnemonic value of animacy. *Psychological Science*, *24*（10）, 2099-2105.

New, J., Cosmides, L., & Tooby, J.（2007）. Category-specific attention for animals reflects ancestral priorities, not expertise. *Proceedings of the National Academy of Sciences of the United States of Ameica*, *104*（42）, 16598-16603.

Polyn, S. M., Norman, K. A., & Kahana, M. J.（2009）. A context maintenance and retrieval model of organizational processes in free recall. *Psychological Review*, *116*（1）, 129-156.

Polyn, S. M., Norman, K. A., & Kahana, M. J.（2009）. Task context and organization in free recall. *Neuropsychologia*, *47*（11）, 2158-2163.

Pourtois, G.（2010）. The perception and categorisation of emotional stimuli: A review. *Cognition & Emotion*, *24*（3）, 377-400.

Raaijmakers, J. G. W., & Shiffrin, R. M.（1980）. Sam: A theory of probabilistic search of associative memory. *Psychology of Learning & Motivation*, *14*, 207-262.

Raaijmakers, J. G., & Shiffrin, R. M.（1981）. Search of associative memory. *Psychological Review*, *88*（2）, 93-134.

Roenker, D. L., Thompson, C. P., & Brown, S. C.（1971）. Comparison of measures for the estimation of clustering in free recall. *Psychological Bulletin*, *76*（1）, 45-48.

Rohrer, D.（1996）. On the relative and absolute strength of a memory trace. *Memory & Cognition*, *24*（2）, 188-201.

Rubin, D. C., & Friendly, M.（1986）. Predicting which words get recalled: Measures of free recall, availability, goodness, emotionality, and pronunciability for 925 nouns. *Memory & Cognition*, *14*（1）, 79-94.

Savine, A. C., Scullin, M. K., & Roediger, H. L.（2011）. Survival processing of faces. *Memory & Cognition*, *39*（8）, 1359-1373.

Sederberg, P. B., Miller, J. F., Howard, M. W., & Kahana, M. J.（2010）. The temporal contiguity effect predicts episodic memory performance. *Memory & Cognition*, *38*（6），689-699.

Siddiqui, A. P., & Unsworth, N.（2011）. Investigating the role of emotion during the search process in free recall. *Memory & Cognition*, *39*（8），1387-1400.

Sison, J. A., & Mather, M.（2007）. Does remembering emotional items impair recall of same-emotion items? *Psychonomic Bulletin & Review*, *14*（2），282-287.

Stein, T., Sterzer, P., & Peelen, M. V.（2012）. Privileged detection of conspecifics: Evidence from inversion effects during continuous flash suppression. *Cognition*, *125*（1），64-79.

Tse, C. S., & Altarriba, J.（2010）. Does survival processing enhance implicit memory? *Memory & Cognition*, *38*（8），1110-1121.

Unsworth, N.（2009）. Variation in working memory capacity, fluid intelligence, and episodic recall: A latent variable examination of differences in the dynamics of free recall. *Memory & Cognition*, *37*（6），837-849.

Van Hooff, J. C., Crawford, H., & Van Vugt, M.（2011）. The wandering mind of men: ERP evidence for gender differences in attention bias towards attractive opposite sex faces. *Social Cognitive & Affective Neuroscience*, *6*（4），477-485.

Vanarsdall, J. E., Nairne, J. S., Pandeirada, J. N. S., & Cogdill, M.（2016）. A categorical recall strategy does not explain animacy effects in episodic memory. *Quarterly Journal of Experimental Psychology*, *70*（4），761-771.

Vanarsdall, J. E., Nairne, J. S., Pandeirada, J. N., & Blunt, J. R.（2013）. Adaptive memory: Animacy processing produces mnemonic advantages. *Experimental Psychology*, *60*（3），172-178.

Vanarsdall, J. E., Nairne, J. S., Pandeirada, J. N., & Cogdill, M.（2015）. Adaptive memory: Animacy effects persist in paired-associate learning. *Memory*, *23*（5），657-663.

Warrington, E. K., & Shallice, T.（1984）. Category specic semantic impairments. *Brain*, *107*（2），829-854.

Wixted, J. T., Ghadisha, H., & Vera, R.（1997）. Recall latency following pure- and mixed-strength lists: A direct test of the relative strength model of free recall. *Journal of Experimental Psychology: Learning, Memory, and Cognition*, *23*（3），523-538.

Xiao, X., Qi, D., Chen, C., & Gui, X.（2016）. Neural pattern similarity underlies the mnemonic advantages for living words. *Cortex*, *79*, 99-111.

第十一章 反馈对目击者信心判断的影响 [①]

目击者记忆是一种情景记忆，目击者关于证词的信心判断对司法公正具有重要意义。本章探索了权威和从众这两个因素在肯定反馈中的作用，还探究了否定反馈下权威与从众对 JOC 的作用，补充了选择性线索整合模型（selective cue integration framework，SCIF）中目击者对否定反馈的评估阶段。结果发现，权威与从众会影响目击者对反馈信息的评估，从而影响到判断的准确性。正如肯定反馈评估可信度的过程一样，目击者也会从权威和从众的标准出发对否定反馈的信度进行评估，与肯定反馈不同的是，只有当权威和从众都处于高水平时，目击者的判断才会受到否定反馈的影响。

[①] 本章内容摘自硕士学位论文：王诗晗.（2017）.*反馈中的权威与从众信息对目击记忆信心判断的影响*. 长春：东北师范大学.

第一节 反馈对信心判断影响的
理论假说及影响因素

一、反馈的理论机制

研究者常用事后辨认反馈（postidentification feedback）范式对反馈进行研究（Luus & Wells，1994），被试在观看过犯罪事件和在做出辨认后，主试会给出关于他们辨认情况的反馈。Luus 和 Wells 认为，这种范式能确保随机分配到每个条件中的被试对罪犯、受害者、案发过程等有相同的注意和记忆时间，且在辨认时有相同的信心水平。因此，如果目击者的目击报告发生了变化，那么它是由反馈操作引起了目击者对目击事件产生了错误记忆引起的。

反馈作用于目击证词的过程，其实就是目击者如何评估和整合关于目击事件记忆的内部线索和接收的外部信息的过程（Charman et al.，2010）。Bain 和 Baxter（2000）认为这一过程是根据距离进行衡量的：在回忆阶段，被试对自己与采访者或主试的心理距离更敏感，如果与采访者或主试的观点差距大，他们就会感到很不安，为了减少这种不安，他们会更多地设法减少与采访者或主试的距离，通过改变刚才的证词或 JOC 说明对证词的修正。因此，在回忆阶段，被试的主要目的是寻求一致，而不是努力提取信息，使自己的回忆信息更准确。

当前，针对反馈对 JOC 的作用机制存在两种理论假设。

（一）早期线索模型假说

较早的观点借鉴了线索假说（cues hypothesis）的观点。Bradfield 等（2002）认为，目击者在辨认罪犯时并不会自觉地评估信心程度，只有当主试要求他们进行信心报告时，他们才会有意识地根据各种线索对辨认的准确性进行信心评估。如果目击者对于辨认的目标有很强的内部记忆线索，那么他们将较少受外部线索，也就是反馈的影响。

线索模型的观点能够解释一些现象。Bradfield 等（2002）曾报告在他们的研究中，能够正确辨认出目标的被试，较少受反馈的影响；而错误辨认出目标的被试，更容易受反馈的影响。对于正确辨认的被试，他们对目标有更强的记忆线索，从而不受外部反馈信息的干扰；而对于辨认错误的被试，他们对目标的记忆线索较弱，从而更易受到外部反馈的干扰。Wells 与 Bradfield（1999）的研究结果也可以用线索模型的观点来解释。他们通过操纵被试判断的时机——在目击后立刻进行判断（内部线索强）与在目击两天后（内部线索弱）进行判断，来控制内部记忆线索的强度，发现被试在辨认出目标后立刻进行判断，相比于间隔两天后再进行判断，被试的信心较少受到影响。

但是，线索模型也存在局限。

第一，肯定反馈（告知目击者正确辨认目标）能够提高他们对证词判断的信心，但是否定反馈（告知目击者错误辨认目标）却降低了他们对证词判断（Allwood et al.，2005）的信心。因为无论给出肯定或否定反馈，目击者的线索强度是相同的，根据线索模型假说，两种条件下的 JOC 应是相同水平。因此，线索模型无法解释不同类型反馈导致的判断不一致现象。

第二，外部线索并不总是被目击者用于 JOC。例如，当肯定反馈最初由警察发出时，目击者会出现典型的高估判断；但是，当目击者考虑到反馈提供者的可信程度时，相同的肯定反馈信息如果由儿童发出，并不会导致目击者的高估（Skagerberg & Wright，2009）。线索模型忽视了反馈来源可信程度的调节作用，也就无法解释不同反馈来源对目击者判断的影响。

第三，有些研究也报道了反馈线索被抵消的情况。在目击者进行判断前，如果能够知道反馈发出者的动机，那么反馈对随后判断的影响就会被消除（Neuschatz et al.，2007）。线索模型不能解释反馈是如何影响目击者整合反馈信息的趋势的，以及他们对有些线索选择用，对有些线索选择不用，这一选择的标准是什么。

（二）选择性线索整合模型假说

针对线索模型的不足，Charman 等（2010）提出了 SCIF 假说。SCIF 维持了线索模型的核心观点，因此可以认为是对线索模型的进一步拓展。此外，

Charman 等（2010）认为，信心评估并非仅根据真实记忆程度做出，也会参考与目击案件有关的所有内、外部信息，综合评定之后，最终对各种线索进行整合来形成最后的 JOC。最后，SCIF 中的信心评估在很大程度上类似于态度评估的过程，而反馈更类似于通过信息进行劝说。因此，目击者的先前经验、暴露在一种劝说的环境中（反馈）都会影响他们的态度变化，从而引起对证词的不同判断。

SCIF 认为，目击者在进行 JOC 时经历了三个阶段——评价阶段、搜索阶段和评估阶段，具体过程见图 11-1。评价阶段与线索模型的观点一致，认为目击者首先评价内部线索，如果内部线索很强烈，目击者的记忆就会非常准确，他就会直接做出判断。但是当内部线索很弱时，目击者就会搜索头脑中所有与案件相关的外部信息，也就是反馈。当反馈与前面自己的辨认选择不符时，目击者就会忽略掉该信息；而当反馈与前面自己的辨认选择相符时，便开始进入评估阶段，即评估反馈的来源是否可信。如果评估反馈是可信的，目击者就会根据反馈提供的信息做出判断；如果评估反馈是不可信的，目击者就会忽略反馈提供的信息，并不会参考反馈的信息进行判断。

SCIF 将影响目击证词判断的内外因素都纳入体系中，从态度改变的角度，将反馈自身的可信度作为衡量反馈是否有用的重要标准。它解释了线索模型假说不能解释的现象：目击者对警察和儿童发出的反馈会有不同的 JOC（Skagerberg & Wright，2009）；当目击者事先知道反馈发出者的动机时，他会变得不那么信任反馈信息。目击者在内部线索不足的条件下，当认为搜索到的警察的反馈信息是值得相信时，就会将反馈纳入判断中；但是如果目击者认为儿童并不能给出非常可靠的信息或者意识到这些给出反馈的人有故意引导的意图，就会忽略掉反馈包含的信息，不受其影响。

SCIF 将反馈机制分为三个阶段，将肯定和否定反馈的作用阶段进行了区分，从而解释了肯定和否定反馈在 JOC 上产生差异的原因。根据三阶段的具体过程，目击者在完成对内部线索的评价后进入搜索阶段，搜集到关于目标的否定反馈。因为否定反馈否定了目击者前面已经做出的辨认选择，所以它被目击者忽略掉。只有肯定反馈支持目击者的选择，并进入评估阶段。最后，目击者根据肯定反馈来源的可信程度，得出最后的判断。否定反馈在搜索阶段后期就被目击者排除在外，因此否定反馈下的 JOC 与控制条件（无反馈条件）下的 JOC 相同（Charman et al.，2010）。

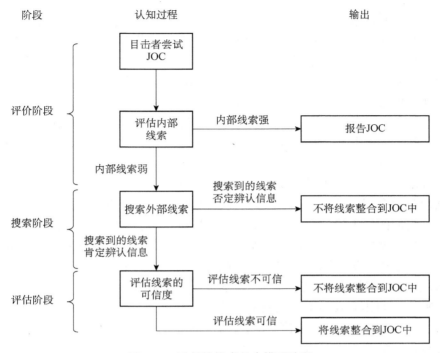

图 11-1　选择性线索整合模型阶段

资料来源：Charman，S. D.，Carlucci，M.，Vallano，J.，& Gregory，A. H.（2010）. The selective cue integration framework：A theory of postidentification witness confidence assessment. *Journal of Experimental Psychology*：*Applied*，16（2），204-218

二、从众与权威对反馈的影响

根据 SCIF 的观点，反馈对目击者判断的影响类似于态度改变的过程，而这一过程中反馈来源的可信程度居于最重要的地位。目击者主要从从众与权威性两个方面衡量来源的可信程度。

（一）从众

早在 1956 年，Asch 就发现了从众这一趋势对人的行为和态度的巨大影响。在 Asch 的画线判断任务中，即使主流观点和行为明显是错误的（两个长短不同的线条，认为短的那根是长的），群体中的个体也意识到了这一点，但是当支持上述观点的人数达到一定量时，被试就会出现跟随主流错误观点的行为（Asch，1956）。由于从众对态度改变的重要引导作用，在目击记忆领域，越多的人发出的观点越易被目击者评估为可信的反馈信息。

从众是指，对群体规范的描述性信息（在某种状态下的其他每个人正在做的行为说明）或命令性信息（如果不遵守就会受到社会制裁）导致对主流信息的服从（Allen，1965）。Myers（2010）也强调压力的作用，认为从众是由于来自真实或概念上的群体的压力导致成员行为和态度的变化。同样，在目击记忆领域，从众也与压力有关，当目击者接收到的信息全都支持某一观点时，目击者在随后的证词报告上会做出与上述观点保持一致的行为，主要表现为改变或保持证词以与主流观点趋向一致，提高或降低对证词的判断以与主流观点趋向一致。

Song 等（2012）根据个人面对这些信息时是否进行了有目的的思考判断，将从众分为合理的从众与不合理的从众。合理的从众有遵守、顺从、服从三种形式，它们的发生建立在个人对引导信息进行思考、判断和推理的基础上。不合理的从众指群体性行为，它的发生仅仅受个人自身经历和本能直觉的影响，缺少对信息有意识的思考和判断，忽视行为或态度的正确或错误，就简单地发生从众行为。根据 Song 等的分类，目击记忆领域的从众，属于合理从众。在进行 JOC 时，目击者在最准确找到罪犯的目标指引下，搜索关于辨认目标的内外部线索，评估主流观点的可信程度，最后在整合各方面信息的基础上得出判断。因此目击记忆领域所说的从众，是在特定目标指引下，通过理性思考进行的从众，从理论上看属于合理的从众。但是，在实际的司法过程中也存在不合理的从众行为。当目击者对反馈中的观点完全信服甚至是盲目崇拜时，目击者往往不再对引导信息进行理性思考。例如，当所有公众、警察调查的结果、陪审员都一致认定嫌疑人有罪时，真正的目击者即使没有看到嫌疑人有罪，也会怀疑自己的记忆。因此，如何避免这种不合理的从众对目击者证词判断产生的干扰，更好地维护司法公正，成为很多目击者记忆研究的出发点（Hornsey et al.，2003；Cialdini & Goldstein，2004；Padalia，2014）。

从众对目击者证词判断的引导，主要是通过外部信息的作用（Song et al.，2012）。外部信息的来源主要包括其他个人、小组、组织、政策、规则和制度等，这些来源若要对目击者施加影响，可以通过反馈的形式将引导信息提供给目击者，因此这些来源可被看作提供反馈的群体（Frost et al.，2006；Hope et al.，2008）。但是，这些群体自身存在不同的属性，如权威性等，因此对从众可信度的考察应该在综合分析各种因素的基础上进行。

（二）权威性

权威性是目击者衡量反馈可信的另一个重要标准。权威性是指目击者对那些给他们提供反馈信息的群体是否有提供真实信息的能力的评价（Schneider & Watkins，1996）。关于权威性的衡量指标，也有研究通过 10 道评分题目对权威性做出了比较系统和量化的定义，如"你认为警察在目击一件犯罪事件时，他们当时的注意力是否集中？（1～10 分，分数越高说明越集中）"等。通过 10 道这样的评分题，研究者从记忆的准确性、注意的集中性、报告的难易度、报告的信息量、记忆细节的清晰度五个维度对权威性进行了考量（Skagerberg & Wright，2009；Dysart et al.，2012）。高权威性的群体对目击信息的记忆准确性更高，在目击时能够更加集中注意力，随后报告的信息的难度更低，能够报告更多关于案件的信息，并且有更加清晰的细节。

对于目击者来说，他们更易相信高权威性群体提供的反馈而不是低权威群体的反馈。因为高权威群体反馈的可信度更高，所以他们倾向将自己的证词和对证词的判断与高权威群体所持有的观点保持一致；而低权威群体提供的反馈的可信度低，并不具有太多参考价值，他们并不会将低权威群体的信息融入判断中。例如，Skagerberg & Wright（2009）提供给被试两种不同权威类型的反馈——警察和儿童的反馈。当高权威性的警察支持被试的选择时，被试表现出更高信心水平的高估；而当低权威性的儿童支持被试的选择时，虽然他们也表现出一定水平的高估，但远远低于高权威条件。即使被试在知道反馈是在劝说自己时，如果被试持有的观点与反馈不符，当高权威人员提供反馈时，被试开始变得不再确信自己原有的观点；而当低权威人员提供反馈时，被试并不会怀疑自己的观点（Tormala & Petty，2004）。

第二节　肯定反馈对目击者信心判断的影响

现有研究证明，不同的反馈类型、权威水平等会影响目击者对证词的判断。权威与从众是影响被试评价反馈信息是否可信的重要依据。当前研究中，对高权威性的控制主要是将警察（Skagerberg & Wright，2009）、成人、教师（Allwood et al.，2005）等群体作为高权威性群体，相应地将儿童、犯罪嫌疑人（Neuschatz et al.，2007）等作为低权威性群体。主要的研究也已经证明，被试更倾向相信高权威性群体的反馈信息，而较少注意低权威性群体的反馈信息，具体表现为，在肯定反馈中得到高权威性群体反馈的被试的 JOC 会高于得到低权威性群体反馈的 JOC。

对于从众，除了在真实情境中设置从众压力外，通过间接的比例方式也能让被试产生居于特定群体中的压力。被试在更多人支持的条件下比在少数人支持的条件下表现出更高的信心，并且随着支持人数的增加，JOC 水平逐渐提高（Mesoudi & Lycett，2009）。

但是，这些研究都是给被试提供一个单一的趋避冲突条件：在高权威与低权威反馈条件下或高从众与低从众反馈条件下更相信哪一方。目击者在真实案件中不会收到单一的反馈信息，可能既会获得高权威的反馈信息，也会获得高从众压力的反馈信息。Charman 等（2010）的 SCIF 模型提到，被试对反馈信息的可信程度的评估是综合性的。也就是说，当面对不同权威与从众压力水平下的反馈信息时，被试需要对这两个因素进行综合考虑。那么，当被试面临不同的权威与从众压力水平的反馈时，其对反馈可信度的评估是什么情况？

本章通过给被试提供肯定反馈信息，考察目击者是否会受到不同水平的权威和从众信息的影响。研究假设：高从众比低从众信息导致 JOC 有更大的提高，高权威信息比低权威信息导致 JOC 有更大的提高。此外，由于肯定反馈的干扰，目击者的判断准确性在高从众与高权威反馈中会更低。

一、研究方法

（一）被试

共 36 名在校学生参加本次实验，其中 3 名被试（2 名认为儿童与警察的权威没有差异，1 名认为儿童权威高于警察权威）的数据被剔除，最终有效被试为 33 人（男 13 名，女 20 名），年龄为 19～22 岁（$M=20.36$，$SD=1.78$），均为右利手，所有被试视力或矫正视力正常。实验后给予其一定的报酬。

（二）材料

实验使用电视剧《毛骗》（第一季，第一集）中的视频（约 4 分 3 秒）。视频呈现三段犯罪事件的经过：年轻女子诱骗受害人至宾馆后与同伙对其进行诈骗、两男子使用假币在超市购物，以及一男子盗取受害人银行卡的全部存款。视频能够清楚地呈现每段事件发生的经过、罪犯和受害人的外貌和行为动作、案件发生的地点和周围环境等。

针对视频呈现的信息，我们设计了 54 道 4 选 1 的选择题目，基本包含视频中的所有信息。通过前测筛选出平均通过率为 0.67 的 28 道题，每道题目的呈现时间为 50 秒。在这一时间内，被试都能够阅读完每道题目的所有信息，并做出一个快速选择。

权威评估阶段使用的题目来自 Dysart 等（2012）使用的问卷，共有 10 道题目，可以用于评估警察与儿童的主观权威性。

（三）研究设计

实验为 2（权威：警察/儿童）×2（从众压力：高/低）的被试内实验设计。在权威控制上，警察是高权威水平，儿童是低权威水平。从众压力通过每个群体中持有某一观点的人数占总人数的比例控制，在本节研究中，高从众压力是指有 96.7%（90%～100% 的随机数）的警察或儿童选择的答案，而低从众压力是指有 8.7%（0～10% 的随机数）的警察或儿童选择的答案。警察低从众、警察高从众、儿童低从众和儿童高从众条件下分别有 7 道题目，每道题目与反馈的条件是随机组合的。

（四）研究过程

实验采用 E-prime2.0 进行编程，主要包括两个阶段：主要实验阶段和权威评估阶段。主要实验阶段的任务有观看视频、答题与判断、反馈与再次判断，具体见图 11-2。

在观看视频阶段，主试先告知被试随后要观看一个犯罪情节的视频，且不透露任何关于视频的信息给被试。

在答题与判断（见附录 3）阶段，在被试操作之前，主试告知被试需要进行答题与判断两个任务。在答题时，主试要告知被试根据刚才看到的视频回答问题。每个问题只有一个正确的选项且有时间限制，请被试尽可能快地选择正确的选项，如果实在不记得正确的信息，也请他们选择认为最正确的那一个选项。随后，让被试根据他们的答题情况，做出一个自信心的判断（有多大把握感觉自己答对了这道题）。判断从 0～100 进行打分，分数越高，代表被试对刚才自己答对的信心水平越高。

在反馈与再次判断阶段，被试只需要根据反馈信息再进行一次判断。主试告知被试同一道题目已经在两个群体中进行了测验，他们答题的情况会在随后以反馈的方式出现。例如，"第一题，有 96.6%的警察和你的选择一致"。不同水平的反馈信息与题目绑定在一起，呈现顺序是随机呈现。主试请被试参照这些信息和自己刚才的答题情况，再一次判断自己刚才答对的可能性，判断的形式与第一次判断的形式相同，从 0～100 进行评分。

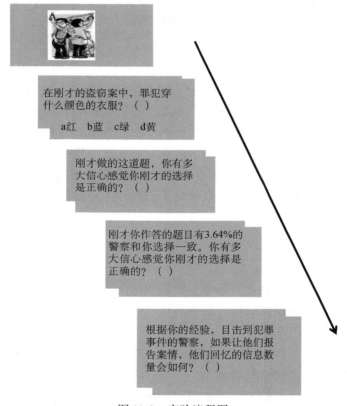

图 11-2　实验流程图

在最后的权威评估阶段，要求被试对儿童和警察的记忆能力进行评估，评估范围为 0～10，分数越高代表能力越高。

（五）因变量及指标

本实验分别在答题与判断、反馈与再次判断以及权威评估阶段收集被试答对题目的个数、基线水平的 JOC、反馈后的 JOC 和被试对两种权威水平群体的评估分数。

用 JOC 的改变量（ΔJOC），即反馈后的 JOC 减去基线水平的 JOC，作为不同反馈水平影响被试信心的指标。

本节研究使用校正的方法来考察判断的绝对准确性。校正表示 JOC 对正确答案的预测水平，通过公式：校正 $=\frac{1}{n}\sum_{t=1}^{T} nt\left(r_{tm}-c_t\right)^2$ 获得。校正值的范围为 0～1，值越接近 1 表示判断的准确性越高，而值越接近 0 表示判断越不准确。本节研究通过校正值，计算出反馈前后 JOC 的准确性。用校正的变化量（Δ校正），即反馈后判断的绝对准确性减去基线水平判断的绝对准确性，作为不同反馈水平影响被试绝对准确性判断的指标。通过校正值也可以做出关于 JOC 的校正曲线，从曲线的高低可以直观看出判断的高估和低估情况。

二、结果分析

首先分析每个被试在权威评估阶段对警察与儿童的评估分数。有 2 名被试的数据中警察的权威性平均评分与儿童权威性的平均评分相等，1 名被试的数据中警察得分低于儿童得分，因为本节研究设置的高权威水平是警察反馈，低权威水平是儿童反馈，这 3 名的被试主观权威性和客观权威性与设置不符，因此这 3 名被试的数据被排除，不予分析。对剩余 33 名被试关于警察权威性得分与儿童权威性得分进行检验，警察的权威性显著高于儿童的权威性（$t=20.61$，$p<0.001$），即这些被试都认为与儿童相比，警察的反馈更值得相信。

实验收集到的结果见表 11-1。从测验成绩来看，所有被试在四种反馈条件下答对的题目数没有显著差异（$F=0.209$，$p=0.89$），即在每种条件下，所有被试在答题上的记忆能力相同，不会对随后的判断产生影响。此外，所有题目在各条件下的得分都不高，基本处于中等偏上水平，也就是说，题目的内部线索不强，保证了被试对测验题目在整体上有不确定的感觉，使得随后更容易受到外部反馈信息的干扰。最后，将被试在四种反馈下的测验成绩分别与随机水平（25%的猜测水平）进行差异分析，结果发现差异显著[$t_{警察低从众}=30.588$，$p<0.001$；$t_{警察高从众}=30.438$，$p<0.001$；$t_{儿童低从众}=42.217$，$p<0.001$；$t_{儿童高从众}=51.281$，$p<0.001$]。因此，被试对题目的回答并不是出自随机猜测，而是具有一定的意义。

表 11-1　肯定反馈中权威与从众条件下 JOC 及准确性的情况

反馈条件	正确率	基线 JOC	基线校正	反馈 JOC	反馈校正
警察低从众	66.83% （0.13）	39.24 （13.83）	0.50 （0.08）	58.86 （16.98）	0.24 （0.17）
警察高从众	66.00% （0.10）	38.64 （11.65）	0.57 （0.24）	83.28 （17.86）	0.10 （0.12）
儿童低从众	66.50% （0.09）	35.69 （9.25）	0.50 （0.07）	48.78 （15.80）	0.29 （0.15）
儿童高从众	68.00% （0.08）	38.55 （7.08）	0.53 （0.09）	60.89 （10.22）	0.30 （0.16）

注：括号外为平均数，括号内为标准差，下同

（一）肯定反馈中权威性与从众压力对 JOC 的影响

对得到的 ΔJOC 进行 2（权威：警察/儿童）×2（从众压力：高/低）两因素方差分析，结果发现，权威与从众压力的主效应均显著。无论是在高从众压力还是低从众压力下，警察反馈都比儿童反馈使被试的 JOC 有更大的提高（F=77.27，$p<0.001$）。无论警察反馈还是儿童反馈，高从众压力都比低从众压力下的被试有更大的 JOC 提高（F=58.95，$p<0.001$），如图 11-3 和图 11-4 所示。此外，权威与从众压力的交互作用显著（F=15.67，$p<0.001$）：在高从众条件下，警察反馈比儿童反馈导致了被试有更大的 JOC 提高（t=81.26，$p<0.001$，Cohen's d=93.83）；在低从众条件下，警察反馈比儿童反馈导致了被试有更大的 JOC 提高（t=11.68，$p<0.05$，Cohen's d=13.48）。虽然在不同从众压力条件下，与儿童反馈相比，警察反馈都导致了 JOC 的提高，但是在高从众条件下，警察反馈对 JOC 的提高更大。

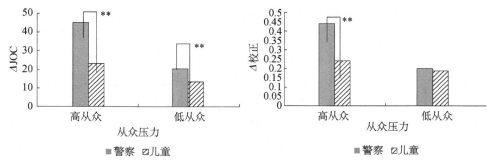

图 11-3　肯定反馈中权威与从众对 ΔJOC　　图 11-4　肯定反馈中权威与从众对 Δ 校正
　　　　　的影响　　　　　　　　　　　　　　　　的影响

（二）肯定反馈中权威与从众压力对 JOC 准确性的影响

以正确率为 y 轴，以被试的 JOC 水平为 x 轴，分别做出反馈前后，被试 JOC 的校准曲线。其中对角线的虚线表示无偏情况，即既不高估也不低估，被试能非常准确地判断自身的正确率。因此，曲线越接近对角线，表示正确率越高；曲线在对角线下方，表示判断出现高估；曲线在对角线上方，表示判断出现低估。

基线阶段的结果如图 11-5 所示。四种反馈条件下的正确率基本都在对角线的下方，也就是说，被试对自身的答题情况都有不同程度的高估倾向。反馈阶段的结果如图 11-6 所示。受到反馈信息的干扰，这些校正曲线更加分散，也就是说，被试对自身答题情况的高估程度更高，尤其是对警察高从众的反馈。

为了更有效地说明被试在反馈干扰后判断正确率的变化，使用反馈前后两次校正的差值来考察正确率的变化情况。由于在肯定反馈中，被试反馈校正的值比基线校正条件下的值更小，为方便比较，将两个水平上校正差值的绝对值作为 Δ 校正。2（权威：警察/儿童）×2（从众压力：高/低）的两因素方差分析结果发现，从众压力的主效应显著（$F=10.70$，$p<0.001$），高从众压力比低从众压力使校正有更大的降低。权威的主效应显著（$F=20.21$，$p<0.001$），警察支持的反馈比儿童支持的反馈导致校正有更大的降低。权威与从众压力的交互作用显著（$F=7.69$，$p<0.001$）。当处于高从众压力下时，警察的反馈比儿童的反馈导致正确率有更大的降低（$t=26.65$，$p<0.001$）；当处于低从众压力下时，警察的反馈与儿童的反馈对 JOC 正确率的影响没有显著差异（$t=1.43$，$p=0.23$）。只有在高从众压力下，警察的反馈才会比儿童的反馈导致被试判断的正确率有更大的变化，使 JOC 正确率降低。

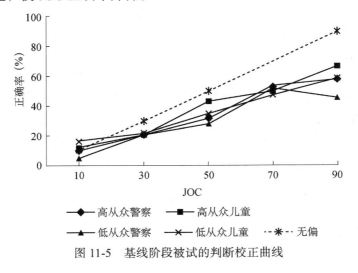

图 11-5　基线阶段被试的判断校正曲线

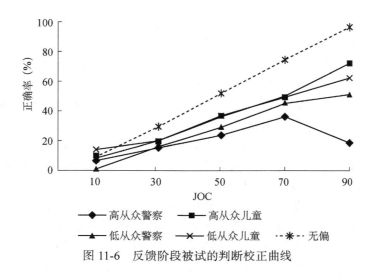

图 11-6　反馈阶段被试的判断校正曲线

三、讨论

（一）肯定反馈中目击者对权威与从众信息的评估

本节研究证实了从众压力与权威都能导致被试 JOC 的变化。高从众压力支持的反馈信息导致被试提高 JOC，而低从众压力不会提高被试的 JOC。这与 Paterson 等（2009）的研究结论一致：经过与所有小组成员的讨论，群体内最终形成的主流观点会影响组内成员对信息的报告和判断。高权威警察的肯定反馈信息比低权威儿童的肯定反馈信息导致了被试的 JOC 有更大的提高，这与 Skagerberg 和 Wright（2009）的研究结论一致，说明了本节研究对主观与客观权威匹配的控制是有效的。

SCIF 理论认为，当记忆的内部线索较弱时，被试会自动搜索与记忆有关的外部信息，也就是反馈。当遇到肯定自身选择的反馈时，被试会对该反馈信息的可信程度进行评估，高权威与高从众压力的反馈信息相对于低权威与低从众压力的反馈信息更值得被相信，因此，被试做出的 JOC 会受到这两类信息的影响。

（二）肯定反馈中信心判断准确性的变化

本节研究也证实了肯定反馈导致了 JOC 的高估，尤其是高权威与高从众压力条件下的肯定反馈。这与 Buratti 等（2013）的研究结论一致。当给被试提供一个肯定反馈时，即使被试本身对这一答案的 JOC 就存在高估情况（未受到反馈干扰时的 JOC 正确率在高从众警察、低从众警察、高从众儿童、低从众儿童条件下分别为 0.196、0.199、0.202、0.196），一个肯定反馈更会加剧这种高估情况，导致其更加不准确：当处于高从众压力下时，警察的反馈比儿童的反馈导致被试更大的高估，使正确率更低；当处于低从众压力下时，警察的反馈与儿童的反馈对正确率的影响没有显著差异。

因此，在实际的司法过程中，相关人员一定要注意避免给被试提供任何肯定性的信息，如赞许的目光、赞成的语气等，这些无意识的行为都会使目击者对判断过度自信，导致出现不准确的证词报告。

第三节　否定反馈对目击者信心判断的影响

SCIF 与自我一致性模型（selp-consistency model，SCM）共同建构出当反馈信息支持被试选择时的理论体系。它们都认为，保持一致性在被试衡量反馈信息的过程中具有重要作用（Charman et al.，2010；Koriat，2012）：当 JOC 判断进入第二阶段时，被试会搜索相关外部信息；这些信息中只有肯定信息才会进入第三阶段——评估阶段，而否定信息则会被排除在外，并不被考虑到随后的 JOC 中，如图 11-1 所示。但是很多研究已经证明，否定反馈在对目击者判断的影响上仍有差异。

Horry 等（2012）曾经报告过这样一个研究结果，否定的信息依然会影响被试对选择的判断，甚至导致被试改变原有的选择。Horry 等使用不同种族（白种人与黄种人）的面孔作为材料，同时找来白种人和黄种人作为被试。他们要求两名被试（其中一名被试是主试事先安排的助手）一起快速观看 80 张（白种人与黄种人面孔各 40 张）人脸面孔，随后要求被试接下来浏览一系列面孔，并进行新旧判断（刚才看到过的为旧，没有看到过的为新）和评估确信程度。随后，被试间交换刚才判断的结果（被试看到的是事先安排好的与被试结果有一致和不一致情况的结果），并最终进行新旧判断和评估。结果发现，当真正的被试与助手来自不同的种族，并且要判断的是与助手相同种族的面孔时，被试会改变原有的选择，并对新选择有更高的确信程度。以往研究发现，在面孔识别中存在严重的种族差异：相同种族的人对本种族面孔的识别能力非常强，而不同种族的人在区分面孔时存在困难（Jetten et al.，2002）。因此，被试对另一个同伴能够准确找出本种族面孔的能力是绝对认可的，而自身在这一方面有巨大不足，最终导致了被试改变原有的选择和判断。

因此，否定反馈可能并不像 SCIF 所说的，只要是与被试选择不一致的信息就会被完全排除在 JOC 外，其本身应该也存在另一个选择整合过程来影响被试的判断。那么，这一过程是否有和肯定反馈一样的评估标准，一样会受到不同权威和从众压力的影响？

本节研究的目的是探讨在否定反馈中，是否也存在与肯定反馈信息相似的评估过程，这一评估过程是否也会受到权威与从众的影响。研究假设：否定反馈与肯定反馈一样，也存在对信息可信度的评估过程，高权威与高从众压力的反馈信息被评估为最可信的信息，从而被目击者考虑到 JOC 中，导致 JOC 的下降。此外，否定反馈能够降低目击者判断的高估程度，有利于提高判断准确性。

一、研究方法

（一）被试

34 名在校学生参加本次实验，其中 1 名被试（认为儿童与警察的权威没有差异）的数据被剔除，最终有效被试为 33 人（男 11 名，女 22 名），年龄为 19～22 岁（M=21.36，SD=1.08），均为右利手，所有被试视力或矫正视力正常。实验后给予其一定的报酬。

（二）材料

实验使用电视剧《毛骗》（第一季，第一集）中的视频（约 4 分 3 秒）。针对视频呈现的信息，我们设计了 54 道 4 选 1 的选择题目，基本包含了视频上所有的信息。通过前测筛选出平均通过率为 0.67 的 28 道题，每道题目的呈现时间为 50 秒。在这一时间内，被试都能够阅读完每道题目的所有信息，并做出一个快速选择。

权威评估阶段使用的题目来自 Dysart 等（2012）使用的问卷，共有 10 道题目，可以用于评估警察与儿童的主观权威性。

（三）研究过程

主要包括观看视频、答题与判断、反馈与再次判断、权威评估阶段。

二、结果分析

先对每个被试在权威评估阶段对警察与儿童的评估分数进行分析，有 1 名被试的数据中警察的权威性平均评分与儿童权威性的平均评分相等，不符合主客观权威性匹配，因此，这个被试的数据被排除不予分析。对剩余 33 名被试的警察权威性得分与儿童权威性得分进行检验，警察的权威性高于儿童的权威性（$t=27.69$，$p<0.001$），即这些被试都认为与儿童相比，警察的反馈更值得相信。

实验收集到的结果见表 11-2。从测验成绩来看，所有被试在四种反馈条件下答对的题目数没有显著差异（$F=0.57$，$p=0.64$），即在每种条件下，所有被试在答题上的记忆能力相同，不会对随后的判断产生影响。此外，所有题目在各条件下的得分都不高，基本处于中等水平，保证了被试对测验题目在整体上有不确定的感觉，使得其随后更容易受到外部反馈信息的干扰。最后，将被试在四种条件下的测验成绩分别与随机水平（25%的猜测水平）进行差异分析，结果发现差异显著（$t_{警察低从众}=37.35$，$p<0.001$；$t_{警察高从众}=52.27$，$p<0.001$；$t_{儿童低从众}=50.59$，$p<0.001$；$t_{儿童高从众}=45.27$，$p<0.001$）。因此，被试对题目的回答并不是出自随机猜测，而是具有一定的意义。

表 11-2　否定反馈中权威与从众条件下 JOC 及准确性的情况

反馈条件	正确率	基线 JOC	基线校正	反馈 JOC	反馈校正
警察低从众	65.99% （0.08）	40.01 （12.35）	0.499 （0.06）	27.85 （13.73）	0.742 （0.09）
警察高从众	66.01% （0.07）	39.67 （10.87）	0.50 （0.19）	8.11 （6.50）	0.96 （0.07）
儿童低从众	68.27% （0.11）	38.92 （6.73）	0.49 （0.06）	26.64 （8.04）	0.65 （0.09）
儿童高从众	66.12% （0.08）	39.89 （6.01）	0.48 （0.07）	28.77 （8.92）	0.64 （0.11）

（一）否定反馈中权威与从众压力对 JOC 的影响

由于反馈 JOC 与基线 JOC 的差为负值，为方便比较，取它们差值的绝对值作为 ΔJOC。对获得的 ΔJOC 进行 2（权威：警察/儿童）×2（从众压力：高/低）两因素方差分析。结果表明，权威的主效应显著（$F=45.35$，$p<0.001$）；从众压力的主效应显著（$F=44.54$，$p<0.001$）；两者的交互作用显著（$F=44.54$，$p<0.001$）：在高从众压力下，警察反馈比儿童反馈导致了被试的 JOC 有更多的降低（$t=89.89$，$p<0.001$）；而在低从众压力下，警察反馈与儿童反馈间没有显著差异（$t=0.003$，$p=0.966$）。只有在高权威和高从众压力情况下，被试才信任与自己不一致的反馈信息，具体如图 11-7 和图 11-8 所示。

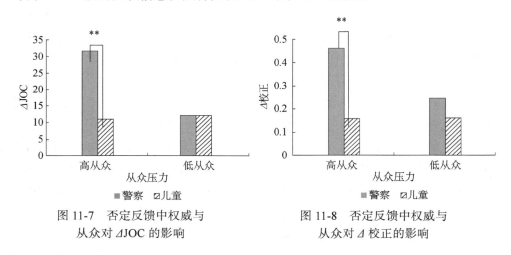

图 11-7　否定反馈中权威与　　　　图 11-8　否定反馈中权威与
从众对 ΔJOC 的影响　　　　　　　从众对 Δ 校正的影响

（二）否定反馈中权威与从众压力对 JOC 准确性的影响

根据校正分数，得到被试在前后四种反馈条件下的校正曲线，发现被试在反馈前的基线条件下对答案都出现不同程度的高估，如图 11-9 所示。当接受不同的反馈处理后，高从众警察反馈校正曲线呈升高趋势，甚至在 10%、30% 和 50% 的确信度上出现了低估的情况，如图 11-10 所示。分别对反馈前后警察高从众反馈在 10%、30% 和 50% 下的校正进行差异分析，发现差异显著（10%：$t=18.61$，$p<0.01$；30%：$t=38.09$，$p<0.01$；50%：$t=41.1$，$p<0.01$），即被试在确信度低于中等水平时，面对否定的高压力警察反馈，更容易出现低估的情况。

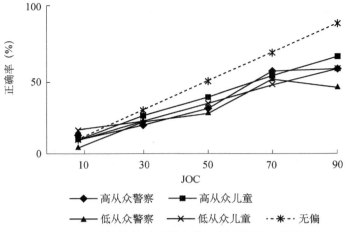

图 11-9　反馈前被试基线条件下判断的校正曲线

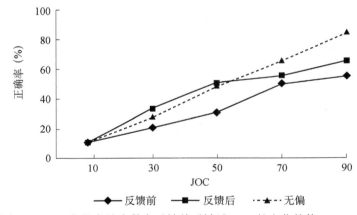

图 11-10　否定的高从众警察反馈前后被试 JOC 的变化趋势

此外，对获得的 $\varDelta$ 校正进行 2（权威：警察/儿童）×2（从众压力：高/低）两因素方差分析，结果表明，权威的主效应显著（$F=103.28$，$p<0.001$）；从众压力的主效应显著（$F=17.68$，$p<0.001$）；两者的交互作用显著（$F=43.56$，$p<0.001$）。当处于高从众压力下时，警察的反馈比儿童的反馈导致正确率有更大的变化（$t=140.49$，$p<0.001$）；当处于低从众压力下时，警察的反馈与儿童的反馈对正确率的影响没有显著差异（$t=6.35$，$p=0.13$），即只有在高权威和高从众压力情况下，被试的校正才会发生变化。

三、讨论

（一）否定反馈中目击者对权威与从众信息的评估阶段

本节研究证实了否定反馈中也存在对信息的评估过程。这与 Charman 等（2010）的观点不同，可能是因为其使用的否定反馈信息的可信程度不高。在本节研究中，当给被试提供一个否定反馈时，单一的高权威和单一的高从众压力并不能影响被试的判断，只有高权威并且又存在高从众压力时被试的判断才会受到影响。这也说明了被试面对否定信息时相比于肯定信息更加谨慎，只有当权威与从众压力达到非常高的水平时，被试才会受否定信息的影响。Charman 等在研究中设置的否定反馈的高可信水平并没有达到可以引起 JOC 变化的程度，导致其在研究中没有发现被试对否定信息的评估过程。

（二）否定反馈对 JOC 准确性的改善

本节研究也证明了否定反馈对 JOC 准确性的改善。被评估为可信的否定反馈信息能够降低被试 JOC 的高估程度。在高权威并且高从众压力的否定反馈中，被试的 JOC 会更加谨慎，从而改善对记忆过度自信的状况，使准确性提高。这与 Dysart 等（2012）的研究结论一致。被试在面对与自己不一致的信息时，就会对涉及问题的所有信息进行全面检索（Schwarz，2004），既包括支持自己的信息，也包括不支持自己的信息，在对这两方面信息进行综合、客观的考量后做出判断。因此，否定反馈使被试进行更谨慎的判断，有利于提高判断的准确性。

第四节　不同类型反馈对信心判断影响的比较

一、权威与从众压力在反馈评估阶段的作用

本章研究证明，权威与从众压力都能影响被试对反馈可信度的评估。高权威的肯定反馈和高从众压力的肯定反馈会提高被试的 JOC，高权威且高从众压

力的否定反馈会降低被试的 JOC 判断。这与前人的研究结果一致（Hornsey et al.，2003；Skagerberg & Wright，2009；Padalia，2014）。根据 SCIF 与 SCM 理论（Charman et al.，2010），当内部线索较弱时，被试将对与自身选择一致的外部反馈信息进行可信度评估。高权威与高从众压力的反馈被评估为可信度高的信息，从而被被试考虑进 JOC 中；而低权威与低从众压力的反馈则被评估为可信度低的信息，从而并不被被试考虑进 JOC 中。

权威与从众压力虽然都会影响被试对反馈可信度的评估，但两者有不同的地位。在肯定反馈中，被试更加信任高权威的信息而不是高从众压力的信息，这可能是因为权威与从众的作用机制不同。权威是目击者对提供信息的群体能够提供真实信息的能力的评价。权威性是一种与真实信息相符合的群体具有的能力，权威性的高低能够代表信息的真实水平。从众压力是在外力的作用下，被试为了避免受到惩罚而不得不改变行为以符合多数人的行为。因此，多数人的选择只是一种倾向性，而不是真实性（Wright et al.，2000）。这可能是被试在衡量可信度上更加看重权威性的原因。

从众行为总是与跨文化研究结合在一起。个人主义背景下的人往往将自己定义为独立的个体，拥有独特的个人目标和价值观（Jetten et al.，2002）。个人主义背景下的被试可能会更少受从众压力的影响。相反，集体主义背景的人有一种强烈的社会目标，他们之间相互依存和关心，以此来维持群体内部的和谐（Brewer & Chen，2007）。因此，如果选择这两类不同文化背景的人作为被试，也许会出现个人主义背景下的被试评估高权威反馈更加可信，而集体主义背景下的被试评估高从众反馈更加可信的现象。

二、否定反馈中对权威与从众信息的评估过程

否定反馈也存在可信度的评估过程，但是否定反馈与肯定反馈有不同的评估标准。被试重视与自身选择一致的信息——肯定反馈（Koriat，2012），而否定反馈在 SCIF 的三阶段中被排除在外，被试并不将否定反馈信息纳入随后的可信度评估阶段。但是，被试对否定反馈并不完全放弃，也进行了一定的可信度评估。对否定反馈的评估也会受到权威性与从众压力的影响，但是其评估标准与肯定反馈不同。只有当否定反馈满足高权威和高从众压力两种条件时，其才会被被试评估为可信的信息。只有高权威或高从众压力一种条件，并不会引起被试对否定反馈的信任。

从中我们可以看出，被试对否定反馈的可信度评估更加苛刻（Bless & Schwarz，2010；Koriat，2012）。这可能与被试自身的自我保护倾向有关。被试具有维持自我价值的倾向，当面对否认自己选择的反馈时，为了维持自我价值，保持自信（Brewer & Sampaio，2006），被试会对不一致信息更加谨慎，只有当证据非常强烈——高权威的警察支持，而多数人的支持又更加佐证了这些否定信息时，被试才会做出判断上的变化。

三、不同类型的反馈对 JOC 准确性的影响

在本章研究中，肯定反馈，尤其是高权威与高从众压力的肯定反馈导致 JOC 准确性降低，而高权威且高从众的否定反馈会使准确性提高。这一发现与 Sarwar 等（2014）要求在反馈中给被试尽量提供否定反馈，以保证一定的准确性一致。在肯定反馈中，一旦遇到与自己一致的信息时，由于要保持自我价值（Koriat，2012），被试对其他外部线索的搜集就会减少，而仅根据当前搜索到的支持信息进行判断。基于经验的 JOC 机制认为，被试除了根据内部线索进行 JOC 外，还需要根据外部线索进行判断，如提取流畅性、付出意志努力、可获得性等（Koriat，2012）。在面对肯定信息时，被试只提取与自身选择一致的外部信息，有较大的流畅性，因此肯定反馈中有更大的 JOC。但在面对否定反馈时，被试需要搜索支持与拒绝自身选择两方面的信息，提取的流畅性较差，因此否定反馈中的 JOC 较低。

在实际的司法应用中，需要特别注意否定与肯定反馈对目击者证词判断的影响，应给目击者提供无偏的环境，排除有意识和无意识的干扰信息对目击者的影响。如果无法避免反馈信息对目击者的干扰，一定要更加谨慎地使用肯定反馈下的判断。

参 考 文 献

Allen，V. L.（1965）. Situational factors in conformity. *Advances in Experimental Psychology*，*2*，133-175.

Allwood，C. M.，Jonsson，A. C.，& Granhag，P. A.（2005）. The effects of source and type of feedback on child witnesses' metamemory accuracy. *Applied Cognitive Psychology*，*19*（3），331-344.

Alter，A. L.，& Oppenheimer，D. M.（2009）. Uniting the tribes of fluency to form a metacognitive nation. *Personality and Social Psychology Review*, *13*, 219-235.

Asch, S. E. (1956). Studies of independence and conformity: I. A minority of one against a unanimous majority. *Psychological Monographs*, *70*, 1-70.

Bain, S. A., & Baxter, J. S.(2000). Interrogative suggestibility: The role of interviewer behaviour. *Legal and Criminological Psychology*, *5*, 123-133.

Bless, H., & Schwarz, N.(2010). Mental construal and the emergence of assimilation and contrast effects: The inclusion/exclusion model. *Advances in Experimental Social Psychology*, *42*, 319-373.

Bradfield, A. L., Wells, G. L., & Olson, E. A. (2002). The damaging effect of confirming feedback on the relation between eyewitness certainty and identification accuracy. *Journal of Applied Psychology*, *87*, 112-120.

Brewer, M. B., & Chen, Y. R. (2007). Where (who) are collectives in collectivism? Toward conceptual clarification of individualism and collectivism. *Psychological Review*, *114*(1), 133-151.

Brewer, W. F., & Sampaio, C. (2006). Processes leading to confidence and accuracy in sentence recognition: A metamemory approach. *Memory*, *14*, 540-552.

Buratti, S., Allwood, C. M., & Johansson, M. (2014). Stability in the metamemory realism of eyewitness confidence judgments. *Cognitive Processing*, *15*(1), 39-53.

Buratti, S., MacLeod, S., & Allwood, C. M. (2013). The effects of question format and co-witness peer discussion on the confidence accuracy of children's testimonies. *Social Influence*, *9*(3), 189-205.

Charman, S. D., Carlucci, M., Vallano, J., & Gregory, A. H. (2010). The selective cue integration framework: A theory of postidentification witness confidence assessment. *Journal of Experimental Psychology: Applied*, *16*, 204-218.

Cialdini, R. B., & Goldstein, N. J.(2004). Social influence: Compliance and conformity. *Annual Review of Psychology*, *55*, 591-622.

Cutler, B., Penrod, S., & Dexter, H. (1990). Juror sensitivity to eyewitness identification evidence. *Law and Human Behavior*, *14*, 185-191.

Dysart, J. E., Lawson, V. Z., & Rainey, A.(2012). Blind lineup administration as a prophylactic against the postidentification feedback effect. *Law and Human Behavior*, *36*(4), 312-319.

Frost, P., Sparrow, S., & Barry, J.(2006). Personality characteristics associated with susceptibility to false memories. *American Journal of Psychology*, *119*(2), 193-204.

Goncalo, J. A., & Duguid, M. M. (2012). Follow the crowd in a new direction: When conformity pressure facilitates group creativity (and when it does not). *Organizational Behavior and Human Decision Processes*, *118*(1), 14-23.

Haddock, G., Rothman, A. J., Reber, R., & Schwarz, N. (1999). Forming judgments of attitude certainty, importance, and intensity: The role of subjective experiences. *Personality and Social Psychology Bulletin, 25*, 771-782.

Hope, L., Ost, J., Gabbert, F., Healey, S., & Lenton, E. (2008). "With a little help from my friends…": The role of co-witness relationship in susceptibility to misinformation. *Acta Psychologica, 127* (2), 476-484.

Hornsey, M. J., Majkut, L., Terry, D. J., & McKimmie, B. M. (2003). On being loud and proud: Non-conformity and counter-conformity to group norms. *British Journal of Social Psychology, 42*, 319-335.

Horry, R., Palmer, M. A., Sexton, M. L., & Brewer, N. (2012). Memory conformity for confidently recognized items: The power of social influence on memory reports. *Journal of Experimental Social Psychology, 48* (3), 783-786.

Jetten, J., Postmes, T., & McAuliffe, B. J. (2002). 'We're all individuals': Group norms of individualism and collectivism, levels of identification, and identity threat. *European Journal of Social Psychology, 32*, 189-207.

Knutsson, J., Allwood, C. M., & Johansson, M. (2011). Child and adult witnesses: The effect of repetition and invitation-probes on free recall and metamemory realism. *Metacognition and Learning, 6* (3), 213-228.

Koriat, A. (1976). Another look at the relationship between phonetic symbolism and the feeling of knowing. *Memory & Cognition, 4* (3), 244-248.

Koriat, A. (2008a). Easy comes, easy goes? The link between learning and remembering and its exploitation in metacognition. *Memory & Cognition, 36*, 416-428.

Koriat, A. (2008b). Subjective confidence in one's answers: The consensuality principle. *Journal of Experimental Psychology: Learning, Memory, and Cognition, 34* (4), 945-959.

Koriat, A. (2012). The self-consistency model of subjective confidence. *Psychological Review, 119* (1), 80-113.

Koriat, A., & Adiv, S. (2011a). Confidence in one's social beliefs: Implications for belief justification. *Consciousness and Cognition, 21* (4), 1599-1616.

Koriat, A., & Adiv, S. (2011b). The construction of attitudinal judgments: Evidence from attitude certainty and response latency. *Social Cognition, 29*, 578-611.

Koriat, A., & Lieblich, I. (1975). Examination of the letter serial position effect in the "TOT" and the "don't know" states. *Bulletin of the Psychonomic Society, 6* (5), 539-541.

Koriat, A., Nussinson, R., Bless, H., & Shaked, N. (2008). Informationbased and experience-based metacognitive judgments: Evidence from subjective confidence//Dunlosky, J., & Bjork, R. A. (Eds.). *Handbook of Memory and Metamemory* (pp. 117-135). New York: Psychology Press.

Leippe, M. R., Wells, G. L., & Ostrom, T. M. (1978). Crime seriousness as a determinant of accuracy in eyewitness identification. *Journal of Applied Psychology*, *63*（3）, 345-351.

Luus, C. A. E., & Wells, G. L.（1994）. The malleability of eyewitness confidence: Co-witness and perseverance effects. *Journal of Applied Psychology*, *79*, 714-724.

Mesoudi, A., & Lycett, S. J.（2009）. Random copying, frequency-dependent copying and culture change. *Evolution and Human Behavior*, *30*（1）, 41-48.

Myers, D. G.（2010）. *Social Psychology*（10th ed.）. New York: McGraw-Hill.

Neuschatz, J. S., Lawson, D. S., Fairless, A. H., Powers, R. A., Neuschatz, J. S., Goodsell, C. A., et al.（2007）. The mitigating effects of suspicion on post-identification feedback and on retrospective eyewitness memory. *Law and Human Behavior*, *31*, 231-247.

Padalia, D.（2014）. Conformity bias: A fact or an experimental artifact. *Psychological Studies*, *59*（3）, 223-230.

Paterson, H. M., Kemp, R. I., & Forgas, J. P.（2009）. Co-witnesses, confederates, and conformity: Effects of discussion and delay on eyewitness memory. *Psychiatry*, *Psychology and Law*, *16*（1）, 112-124.

Petterson, B., & Paterson, H. M.（2012）. Culture and conformity: the effects of independent and interdependent self-construal on witness memory. *Psychiatry*, *Psychology and Law*, *19*（5）, 735-744.

Rogers, P., & Lea, M.（2005）. Social presence in distributed group environments: The role of social identity. *Behaviour & Information Technology*, *24*, 151-158.

Rosander, M., & Eriksson, O.（2012）. Conformity on the Internet—The role of task difficulty and gender differences. *Computers in Human Behavior*, *28*（5）, 1587-1595.

Sarwar, F., Allwood, C. M., & Åse, I.（2014）. Effects of different types of forensic information on eyewitness' memory and confidence accuracy. *European Journal of Psychology Applied to Legal Context*, *6*（6）, 17-27.

Schneider, D. M., & Watkins, M. J.（1996）. Response conformity in recognition testing. *Psychonomic Bulletin & Review*, *3*, 481-485.

Schwarz, N.（2004）. Metacognitive experiences in consumer judgment and decision making. *Journal of Consumer Psychology*, *14*, 332-348.

Shapiro, P. N., & Penrod, S.（1986）. Meta-analysis of facial identification studies. *Psychological Bulletin*, *100*（2）, 139-156.

Skagerberg, E. M., & Wright, D. B.（2009）. Susceptibility to postidentification feedback is affected by source credibility. *Applied Cognitive Psychology*, *23*, 506-523.

Song, G., Ma, Q., Wu, F., & Li, L.（2012）. The psychological explanation of conformity. *Social Behavior and Personality*, *40*（8）, 1365-1372.

Tormala, Z. L., & Petty, R. E.（2004）. Source credibility and attitude certainty: A metacognitive analysis of resistance to persuasion. *Journal of Consumer Psychology*, *14*（4）, 427-442.

Wells, G. L., & Bradfield, A. L.（1999）. Distortions in eyewitnesses' recollections: Can the postidentification-feedback effect be moderated? *Psychological Science*, *10*, 138-144.

Wells, G. L., & Olson, E. A.（2003）. Eyewitness testimony. *Annual Review of Psychology*, *54*, 277-295.

Wright, D. B., Self, G., & Justice, C.（2000）. Memory conformity: Exploring misinformation effects when presented by another person. *British Journal of Psychology*, *91*, 189-202.

第四部分
情景记忆的认知神经科学研究

　　首先，本部分介绍了 ERP、fMRI 和 PET 技术在研究情景记忆神经生理机制中的作用，对情景记忆中编码和提取加工的神经机制进行了比较和分析，分别介绍了前额叶、内侧颞叶以及顶叶在情景记忆中的作用，除此之外，还讨论了特殊群体情景记忆的神经机制。其次，本部分介绍了海马功能的计算理论，阐明了海马系统的网络结构如何支持情景记忆以及如何在呈现部分线索时将整个记忆提取到大脑皮层，并描述了支持该理论的神经生理学相关证据。

第十二章　儿童情景记忆发展的
神经机制

    首先，本章介绍了已有研究中运用 ERP、fMRI 和 PET 技术对情景记忆神经机制进行研究的成果，对情景记忆中的编码和提取加工进行了比较，分析了不同年龄儿童在情景记忆发展中的特征并与成人发展水平进行了相应的比较。其次，本章介绍了前额叶、颞叶以及顶叶在情景记忆中的作用，并讨论了特殊群体情景记忆的神经机制。最后，本章把关注点落到大脑中参与情景记忆的重要部位——海马，主要介绍了由 Rolls（1996）提出的关于海马功能的计算理论，这一理论从细胞水平说明了海马神经元如何组织和运行来支持情景记忆。

第一节　情景记忆的 ERP 研究

大量研究描述了情景记忆的编码和检索的行为特征，而如果只在行为数据水平上对情景记忆进行研究，那么就不能充分地理解情景记忆发生、发展的机制。因此，了解情景记忆的特定神经机制显得尤为重要。

先前研究者对情景记忆的定义已经研究得相对成熟了，人们普遍接受的说法是，情景记忆是指"在什么时间、什么地点，你做了什么"（Tulving，1984），同时也包含对过去情景的心理时间旅行的能力（Tulving et al.，1983；Eichenbaum & Cohen，2001；Tulving，2002）。先前研究者探讨了关于情景记忆的编码、存储和提取加工的神经机制（Friedman & Jr Johnson，2000；Mecklinger，2000）。编码加工是信息的初级加工，并产生记忆痕迹；提取加工是对过去编码信息的重新激活。

除了情景记忆不同加工阶段的神经机制不同以外，情景记忆不同成分的神经机制也不同，如来源记忆和项目记忆加工的神经机制就各有不同。Tuiving（1972）最早将情景记忆分为来源记忆和项目记忆。以往研究发现，项目记忆与来源记忆存在几个明显的差异：①信息提取水平不同。在提取过程中，项目记忆加工水平低，被试更容易做出肯定判断，而来源记忆需要足够多的情节信息。②加工数量不同。来源记忆比项目记忆需要加工更多、更广泛的信息。③反应时间不同。来源记忆的反应时比项目记忆的反应时更长。④难度不同，来源记忆比项目记忆更加困难。接下来，我们将具体描述来源记忆与项目记忆的神经机制（Sprondel et al.，2011）。

ERP 技术在项目记忆和来源记忆研究中发挥了重要的作用。以往研究主要从相继记忆效应（subsequent memory effects，也称 Dm 效应）和新旧效应两方面来了解情景记忆的神经机制。Dm 效应最早是研究者在研究记忆编码加工时提出来的，研究者记录了学习阶段诱发的 ERP 成分，之后再将检索阶段的成绩分成两类：一类是再认正确的单词成绩；另一类是再认错误的单词成绩。结果发现，再认正确单词比再认错误单词诱发了更大的晚期正成分。这两类成分的差异被称为相继记忆效应，也就是 Dm 效应。新旧效应主要用于提取阶段的 ERP

研究，特别是再认测验。测验时，旧词和新词混合在一起测试，要求被试判断哪些是之前见过的（旧词），哪些是之前没有见过的（新词）。大量研究结果显示，正确判断为旧词比正确判断为新词诱发了更大的正波，这种差异被称为新旧效应（Curran & Dien，2010；Bai et al.，2015）。

项目记忆与来源记忆的区分方式也不同。项目记忆通过新旧项目判断来区分，即在测试阶段，学习过的项目（旧项目）相比于未学习过的项目（新项目）能诱发更大的正波；而来源记忆通过检索项目的背景细节，如位置、时间、颜色等来区分（Johnson et al.，1993）。成人研究能很好地区分出项目记忆和来源记忆的新旧效应（Friedman & Jr Johnson，2000；Cycowicz et al.，2001）。

一、儿童情景记忆的 ERP 研究

（一）婴儿情景记忆的 ERP 研究

婴儿情景记忆的 ERP 研究主要集中在项目记忆的反应上，而来源记忆的神经机制仍不清楚。这可能是由于注意及认知上的局限，同时，研究者对婴儿所使用的研究范式与成年人也有所差异。婴儿情景记忆研究主要记录编码或提取阶段的注意持续时间（Bauer et al.，2006；Reynolds et al.，2010）。Carver 等（2010）测试了 9 个月大的婴儿的事件序列记忆。研究共分为三个阶段，前两个阶段进行动作序列记忆，要求婴儿参与行为编码任务。最后一个阶段记录了被试的新旧序列记忆的时间特征。1 个月后，被试对事件序列记忆进行调整或评估并进行相应的记录。通过比较重新调整序列事件的婴儿和未调整序列事件的婴儿的新旧效应，结果发现，早期窗口（260～870 毫秒）和晚期窗口（870～1700 毫秒）在新旧效应上的反应也不同（Bauer & Curran，2003，Bauer et al.，2006）。

婴儿情景记忆范式揭示了新旧效应的两个重要成分，即负成分（negative component，Nc）和慢波活动。Nc 一般发生在刺激呈现后 400～600 毫秒，主要位于前额叶皮层和前扣带回皮层（Reynolds & Richards，2005），与婴儿期的强制性注意有关（Nelson & Collins，1991），并通过记忆进行调节（Bauer & Curran，2003）。慢波活动开始较晚（刺激呈现后 600～900 毫秒），没有明显的峰值，广泛分布于整个脑区，波幅既可以是正的，也可以是负的。通常情况下，负慢波（negative slow wave，NSW）与新颖性检测有关，而正慢波主要位于颞叶皮层区域（Reynolds & Richards，2005），一般与检索相关刺激或更新工作记忆中的部分编码刺激及来源信息有关（Nelson et al.，1998）。最后，慢波分布较广，因此在测量时，主要依赖于波形曲线下的面积，而不是峰值。

（二）学前儿童情景记忆的 ERP 研究

与婴儿情景记忆研究局限类似，关于学前儿童的研究较少（De Boer et al.，2005）。例如，Marshall 等（2002）对 4 岁儿童进行了记忆 ERP 研究，通过检验儿童对图片的记忆，并比较儿童和成人的 ERP 反应。在提取阶段，要求被试口头判断是否见过刺激（旧的/新的判断）。与新刺激相比，儿童和成人对旧刺激的 ERP 反应更正。然而，在成人中，新旧刺激的差异一般出现在 450 毫秒左右，并延伸到 1350 毫秒。在儿童中，新旧刺激的差异主要出现在 900～1500 毫秒，且右半球比左半球具有更强的激活。因此，从实验结果来看，儿童和成人记忆的神经机制具有显著的差异。

Blankenship 等（2016）研究了 3 岁和 4 岁儿童的记忆。实验过程中，儿童首先学习 9 项序列事件，一周之后记录 ERP 数据。ERP 记录阶段，要求儿童观看旧图片和新图片。之后，要求儿童完成两项行为记忆测试，即项目记忆（事件记忆）和来源记忆（事件的时间序列）（Blankenship et al.，2016）。通过比较新旧事件的 ERP 数据，得到的结果与 Marshall 等（2002）相似，在右半球 900～1500 毫秒观察到 Dm 效应。尽管这种效应与前人研究相似，但与旧刺激相比，这种效应与新刺激的波幅不同，并且波幅更大。通过比较记忆类型与 ERP 数据，发现项目记忆与早期窗口（400～600 毫秒）的波幅相关，而来源记忆与晚期窗口（900～1500 毫秒）的波幅相关。这个结果与学龄儿童和成人的研究结果一致，即项目记忆先于来源记忆。

（三）学龄儿童情景记忆的 ERP 研究

根据已有研究，关于学龄儿童情景记忆的 ERP 研究也相对较少，并且在脑机制活动上与学前儿童的结果不同。这可能是由于学龄儿童相比于学前儿童的大脑发育更加成熟，同时也可能是由于学龄儿童在教育方面也有一定的发展。已有研究比较了 10～12 岁儿童和成年人的差异，结果发现，项目记忆的表现会随着儿童年龄的增长而提高。脑电数据显示，在成年人中，项目记忆与来源记忆都在顶叶脑区激活，主要出现在刺激呈现后 500 毫秒。同时，来源记忆还出现在较晚的额叶区域。在儿童中，项目记忆与来源记忆主要出现在前额叶脑区。虽然学龄儿童具有回忆项目细节的能力，但是该能力还并不成熟，这与额叶脑区发展不成熟导致信息提取困难有关（Cycowicz et al.，2003）。

除此之外，Czernochowski 等（2005）也比较了学龄儿童（6～12 岁）和成人情景记忆的差异。结果发现，成人主要有三种情景记忆效应，即早期额前新旧效应、左顶叶记忆效应和额叶记忆效应。年长儿童和年幼儿童在左顶叶区域（700～1000毫秒）出现了情景记忆效应，这种效应能够区分来源正确和来源错误的反应（即"记忆效应"）。这说明儿童主要依赖回忆来识别项目（Czernochowski et al.，2005）。之后，Sprondel 等（2011）采用连续记录记忆范式进行了相似研究（Sprondel et al.，2011）。结果表明，任务性质会影响记忆的准确性，这就说明在实验过程中，需要在较短的延迟之后对记忆成绩进行测试，从而提取项目的来源信息（Sprondel et al.，2011）。以往研究在探索情景记忆的发展时均发现，项目记忆和来源记忆的能力会随着年龄的增长而提高（Czernochowski et al.，2005；Friedman et al.，2010）。

二、成人情景记忆的 ERP 研究

成人情景记忆的研究相对于儿童更加成熟，并且能够准确地记录到情景记忆中的项目记忆和来源记忆在脑电上的分离（Friedman & Jr Johnson，2000）。通常情况下，情景记忆效应主要包含三个阶段：第一个阶段的情景记忆效应能够将新旧项目进行区分（因此被称为"新旧效应"）。这一效应主要出现在左侧前额叶中心皮层的 420～590 毫秒时间窗口。第二个阶段的情景记忆效应主要区别"记住"或"正确"的判断和"知道"或"错误"的判断以及新旧项目的判断（称为"回忆效应"）。这一效应一般出现在左侧顶叶区域的420～490毫秒时间窗口，其波幅与检索成功与否有关。第三个阶段的情景记忆效应主要出现在右额中央区的500～590毫秒时间窗口，反映了提取后的监控程度，但这一效应目前仍存在争议（Wilding & Rugg，1996）。这些结果支持了双加工模型，也说明了记住和熟悉对记忆表现具有重要的作用。

第二节 情景记忆的 fMRI 和 PET 研究

早期的神经心理学研究提出了 MTL 皮层和情景记忆密切相关，在认知心理学的理论基础上，近期有关情景记忆脑功能成像的研究主要关注编码和提取加工的神经机制，结果表明，有很多脑结构均与记忆有关，情景记忆的编码加工依赖于特定的脑区，尤其是前额叶皮层和 MTL 皮层。

一、儿童早期情景记忆的发展特点

对于儿童情景记忆的神经机制研究主要集中在儿童期失忆症（children Amnesia）研究中。儿童期失忆症是指成年人难以获得自己在婴儿和幼儿时期发生的事件的记忆，有时又被称为婴儿期失忆症（infantile Amnesia）（Newcombe et al.，2007）。Newcombe 等（2007）认为，儿童期失忆症主要有两种表现：一种是成人几乎无法回忆起 2 岁之前的事件；另一种是成人可以回忆起 3～5 岁年龄段的事件，但这些记忆通常表现为熟悉感，缺乏对具体细节的记忆。对儿童期失忆症的探究可以帮助我们了解婴幼儿时期情景记忆发展的年龄特征。

虽然早期研究错误地认为婴儿无法表现出长期记忆，但研究者发现，即使是婴儿也具有包括外显记忆在内的基本长期记忆能力。这一结论已经通过多种婴儿记忆任务得到证实，如视觉配对比较任务、延迟模仿任务等，但这些任务涉及的究竟是内隐记忆还是外显记忆过程尚存在分歧（Hayne，2007；Rose et al.，2007；Snyder，2007）。人们普遍认为，婴幼儿延迟模仿任务依赖于外显记忆，并在 6 个月的婴儿中表现得尤为明显（Barr et al.，1996；Bauer et al.，2007）。虽然延迟模仿任务属于外显记忆过程，但是这种记忆是语义导致的还是偶发的还不清楚。正如有研究者所指出的，婴儿可以通过将他们对事件序列的记忆归纳为新的背景和情境来增加记忆痕迹的灵活性，但是目前没有令人信服的证据表明婴儿正在形成情景记忆表征（Hayne et al.，1997，2000）。例如，在延迟模仿范式中，婴儿可能仅仅依赖于他们以前的经验来形成对物体的知识，并且只是复制了所模仿的事件。然而，没有迹象表明婴儿所记得的样例是个人经历的事件，这意味着他们的回忆体验不一定是情景记忆所独有的（Mandler，2004）。Mandler（2004）认为，并没有直接的证据表明婴儿可以根据自己的时空背景来回忆事件并体验记忆事件本身的自主记忆，这表明婴儿早期的记忆本质上可能更具语义特征。因此，即使已经确定外显记忆最早在 6 个月内发展，但人们不能断定这种记忆是偶发的（Mandler，2004）。

最早对于情景记忆发展的研究仅存在于 3 岁和 4 岁儿童身上，主要的原因可能是还没有找到探索此问题的较好范式（Hayne，2007）。但根据以往的研究结果，一般认为，在情景记忆的发展中存在较晚的时间加工记忆系统（Newcombe et al.，2000；Tulving，2002）。语义记忆系统最先发展，它提供了对世界的一般理解，并最终为情景记忆系统提供了结构和意义。

根据以往对于情景记忆的研究，我们对不同年龄阶段儿童情景记忆的神经机制进行对比发现，情景记忆除了会随着年龄的增长而发生变化以外，不同脑区在情景记忆中所扮演的角色也是不同的，特别是前额叶、MTL 以及顶叶区域。接下来，我们将主要介绍这三部分脑区在情景记忆中的作用。

二、前额叶在情景记忆中的作用

大脑的海马和前额叶皮层对情景记忆具有重要的功能意义，而且这两个区域都可能参与记忆来源监测和整合的发展变化。

神经心理学研究表明，额叶损伤和失忆症患者相比于正常被试能够回忆出相同数量的事件，但在来源记忆成绩中表现出明显的损伤（Janowsky et al.，1989；Shimamura & Squire，1987）。研究者在与额叶病变相关的健忘患者的研究中发现，这些患者在需要进行来源记忆判断的任务中的成绩表现出不同程度的下降。与正常对照组相比，这些患者更容易患上来源健忘症（Schacter，1987；Schacter et al.，1984）。总的来说，与遗忘有关的结果表明，较差的来源记忆成绩并不能归因于整体较差的总体记忆系统，而是由特定的将事实和情境信息相关联的能力决定的（Schacter，1987；Schacter et al.，1984）。

与年龄相关的来源记忆能力下降也被认为与前额叶皮层有关，因为已有研究表明，该区域对衰老的影响特别敏感（Glisky & Kong，2008；Glisky et al.，2001；McIntyre & Craik，1987；Schacter et al.，1991；Spencer & Raz，1994，1995）。Craik 等（1990）的研究发现，老年人来源监测成绩与前额叶功能在任务中的评估之间存在关联。ERP 研究比较了老年人和年轻成人在来源记忆加工过程中的大脑激活，也建立了来源记忆和前额叶功能之间的联系，主要表现为老年人在前面电极位置显示的 ERP 波形差异较小（Dywan et al.，1998，2002）。同样，Glisky 等（1995）发现，执行功能任务中的表现与老年人的来源健忘症之间存在相关。

与来源监控类似，受到早期情景记忆发展变化与老龄化结合研究的启发，研究者比较了成人和老年人在来源监控过程中的差异，也发现老年人在前额脑区的 ERP 波形差异较小（Chalfonte & Johnson，1996；Mitchell et al.，2000）。一般来说，这些研究试图确定与年龄相关的个体特征的分值和特征组合中的整体分值是否在老年人中更明显。通过单独测试年轻人和老年人的项目、地点和颜色特征以及这些特征的组合条件，结果的总体趋势表明，组合项目对老年人的记忆成绩具有一定影响。这说明，并不是所有记忆功能都会随着老化受到同样的损伤，具体而言，受年龄影响的记忆成绩与选择性的细节有关，而老年人则保留了事件的完整记忆（Chalfonte & Johnson，1996；Mitchell et al.，2000）。

根据 Chalfonte 和 Johnson（1996）的观点，完整的特征信息存储器在来源监视中扮演着重要的角色，因为保留此特征信息使得人们能够确定信息来源，这是情景存储器中的关键成分。同样，具有完整的绑定对于情节记忆的发展也是重要的，因为绑定使得各种来源指定特征能够在复杂的记忆中相关联。因此，将来源的各个方面集成到复杂的存储器，以及将特征信息绑定在一起时，执行的是相同的认知过程（Chalfonte & Johnson，1996）。有证据表明，老年人在特征绑定的情景记忆任务中的成绩明显下降。

情景记忆的认知神经科学研究在很大程度上依托于成人群体，并且发现内侧颞叶在情景记忆中起着重要的作用。MTL 的脑区包括海马结构（齿状回、海马和内嗅皮层）、海马周围和海马旁皮层以及杏仁核（Mitchell & Johnson，2009）。在理解来源记忆判断过程中 MTL 功能的作用时，海马编码激活与项目记忆和来源记忆的判断相关（Davachi et al.，2003）。具体而言，海马的激活对于识别项目来源具有重要作用（Davachi，2006；Hannula & Ranganath，2008；Mayes et al.，2007），这表明该区域在编码和检索刺激及其背景之间的关联中发挥作用（Davachi & Wagner，2002）。海马的损伤会使需要将项目和环境信息绑定在一起的任务无法完成（Davachi & Wagner，2002；Davachi et al.，2003）。因此，就情景记忆的功能而言，海马在事件编码过程中具有整合作用。

利用各种神经影像学方法，研究者试图探究前额叶皮层区域的功能特征（Senkfor & Van Petten，1998；Trott et al.，1997；Wilding & Rugg，1996）。通过利用 ERP 记录新旧识别和外部来源监测判断，研究者发现，前面学习过的项目在正确来源判断时比在不正确来源判断时产生的波幅更大（Friedman & Jr Johnson，2000）。在 fMRI 研究中，Nolde 等（1998a）对比新旧项目识别判断和来源记忆判断，结果发现，与新旧项目识别相比，来源记忆的左侧前额叶皮层有更大的激活。随后的研究已经复制了这些结果，一般来说，研究人员发现，与新旧项目识别相反，来源记忆判断与左侧前额叶皮层中更大的激活相关（Mitchell et al.，2004，2008；Nolde et al.，1998a；Ranganath et al.，2000；Raye et al.，2000；Rugg et al.，1999）。

前额叶皮层还在特征整合过程中具有重要作用。根据 Daselaar 等（2006a）

的观点，前额叶皮层通常对其他大脑区域（包括 MTL）起着监督作用。它是在编码期间将信息输入 MTL 的前额皮层，并且在检索期间实现搜索和监视操作。前额叶皮层的组织、搜索和监测操作对于需要特征信息整合的任务特别重要，并且与单独的项目记忆相比，该大脑区域的损伤会导致更大的整体项目记忆的损伤（Shimamura et al.，1995；Wheeler et al.，1995）。脑电图激活可以预测编码期间的项目和背景细节的绑定特点，特别是在前部脑区（Summerfield & Mangels，2005）。同样，功能性神经影像学研究显示，与单独物品信息相比，当被试记住与环境背景绑定的物品信息时，前额叶皮层显示出更大的激活水平，在识别图片或文字（Nolde et al.，1998a）、区分项目呈现在屏幕左侧或右侧、判别物品是否大于或小于探测物品时（Ranganath et al.，2000），同样会出现这种结果。

上述研究都以成人为主要研究群体，对于儿童早期来源记忆的神经相关因素的研究非常有限。Cycowicz 等（2001，2003）分别研究了儿童和年轻成人对图片和颜色的项目记忆和来源记忆之间的关系，发现评估额叶功能的任务与两个年龄段的来源记忆成绩之间存在相关关系。在 ERP 研究中，Cycowicz 等（2003）以儿童、青少年和成人为被试，结果发现，在检索来源信息时，儿童的头皮地形图不同于成人。具体而言，在儿童的来源记忆判断期间观察到更大和更广泛的前额脑电激活，这可能反映了不那么成熟的脑网络反应激活。这种结果也在后续研究中得到了验证。

功能性神经影像学方法（如 fMRI）在探究记忆过程中 MTL 和前额叶皮层脑区的作用方面功能有限。Ofen 等（2007）在基于回想和熟悉的加工过程中检查了 8～24 岁儿童和成人的 MTL 和前额叶皮层的激活情况，并使用记忆/知道范式进行了评估。结果发现，对基于回想的加工的依赖性随着年龄的增长而增加，并且和与年龄有关的背外侧前额叶皮层（dorsolateral prefrontal cortex，DLPFC）区域的激活增加有关，而 MTL 活动在整个年龄发展过程中保持稳定。这一结果在研究者的预期之内，因为前额叶皮层在儿童期和青春期均会进一步发展（Chugani，1994，1998；Chugani & Phelps，1986；Giedd et al.，1999；Huttenlocher & Presson，1979；Jernigan et al.，1991）。然而，Ghetti 等（2010）发现，内侧颞叶的海马区和海马旁区随年龄相关的发展来源于对指定细节的回忆，并预测这些脑区中对后续来源记忆的激活只有在较大的儿童和成人中才存在。尽管关于前额叶皮层和 MTL 活动在支持记忆来源方面的相对贡献似乎存在一些不一致的结果，但神经科学研究发现，这两种结构在支持情景记忆方面起着关键作用。

总之，来自神经心理学、发展心理学和认知神经科学的研究证据已经暗示在来源记忆期间 MTL 和前额叶皮层的功能。然而，对这些研究结果的解释应该谨慎对待。首先，将结构损伤映射到功能性衰退的神经心理学研究并非精确的科学，大脑内特定结构的破坏可能会影响结构本身或与结构相关的整个神经回路。其次，对年幼儿童和老年人之间的比较也应该谨慎解读，因为人们不能简单地假设衰老是早期发展的逆流。相反，与年幼儿童相比，老年人具有更多的语义知识并具有更有效的助记策略。然而，这些研究调查同样也是有用的，因为涉及来源记忆的大脑区域会受到老龄化的不同影响，并且在幼儿中表现出不成熟的发展。最后，关于项目和来源记忆的 fMRI 研究，应该指出的是，将项目记忆和来源记忆过程的功能映射到特定脑区仍然是复杂的，并且关于 MTL 和前额叶区域的大脑功能特异性无法解释来源记忆的存储。此外，功能性大脑成像研究已经暗示，前额叶皮层支持超出情节记忆的各种其他认知功能，如持续注意力、语言和空间工作记忆以及语义记忆。

相反，这些调查的重要性在于它们提供了理解情景记忆发展的途径。MTL 和前额叶脑区的组成过程及其与项目记忆和来源记忆任务的关联较为明确。然而，还需要进一步的研究来充分了解 MTL 和前额叶皮层在来源记忆方面的作用。研究者还应确定在编码和检索项目记忆和来源记忆判断期间，前额叶皮层区域与 MTL 区域或大脑其他区域的相互作用程度。同样，为了增加这些发现的普遍性，跨多种神经影像学技术（如 fMRI、ERP 和 EEG 研究之间的比较）的趋同性也是必要的。就早期发展而言，将 ERP 和 EEG 研究方法应用在发育人群中是非常有利的，研究者应该用这些方法调查与来源记忆相关的神经过程的早期发展（Casey & de Haan，2002）。

（一）前额叶在编码和提取加工中的作用

Tulving 等（2002）认为，在情景记忆编码阶段，左侧前额叶比右侧前额叶的激活更多；而在情景检索阶段，右侧前额叶比左侧前额叶的激活更多。这被称为编码/提取的大脑不对称模型。这也就说明了，情景记忆的编码和提取在脑区上的活动也并不相同。

在编码阶段，通过比较高、低层次编码在情景记忆提取中的表现，研究者发现低层次编码主要在左侧前额叶被激活，且低层次编码比高层次编码激活更多的左侧前额叶皮层区域（BA44/9）。不同层次的编码程度对情景记忆的形成具有重要的影响，即深层次的编码加工有助于情景记忆的形成，如语义加工比语音加工的编码层次更深。

在提取阶段，大量的研究结果显示，情景记忆提取与右侧前额叶皮层相关（Raye et al.，2000）。然而，关于这些神经激活在功能上的整合作用仍然不清楚。因为以往的研究发现，相比于内侧颞叶及边缘区域，前额叶皮层的损伤并没有影响到情景记忆，也就是说，前额叶皮层与情景记忆的存储和接收是没有关系的。右侧前额叶皮层反映了情景记忆的策略加工，如信息提取的准确性及完整性。

针对前额叶脑区在情景记忆编码和提取中的问题，主要存在三种观点。第一种观点认为，右侧前额叶激活反映了提取模型，即无论什么时候，一旦涉及回到过去的经历，激活状态便会出现。根据这个观点的解释，右侧前额叶的损伤没有影响提取，而是影响了再次提取过去信息的能力。第二种观点认为，前额叶激活反映的是提取的努力程度，当提取任务较困难的时候，右侧前额叶皮层具有更多的激活。提取努力与提取成功是不同的，如尽管个体去尝试重复提取，但失败了。第三种观点认为，右侧前额叶激活反映了对随后情景记忆信息提取的加工操作。其中，后期提取加工可能包含了监控提取信息是否反映当前任务，以及利用这些信息对行为产生作用。提取方式、提取努力和后期提取加工理论主要在提取尝试和提取成功之间进行争论。根据提取方式与提取努力的观点，右侧前额叶区域并不依赖于信息是否提取成功。这种假设与一些 PET 和 fMRI 研究结果一致，即在提取成功上，并没有发现右侧前额叶皮层上有不同的激活区域。然而，另一些研究又发现，右侧前额叶皮层随着提取成功的增多而具有更大的激活。关于右侧前额叶皮层是否对提取成功比较敏感，这个问题仍然没有得到解决。

产生以上不同观点的主要原因主要有：①情景记忆提取的方法过于简单化。因此，在已有研究观点之上，Burgess 和 Shallice（1996）提出提取多层次模型，这个模型的一个重要成分是编辑或监控加工，即尝试通过之前提取的线索来证实信息提取。②神经成像实验可能并没有区分出右侧前额叶皮层内部的不同区域。右侧前额叶皮层至少有三种不同的区域，包括前部区域（BA10）、背外侧区域（BA9/46）和腹侧的后部区域（BA45/47）。这些区域有助于情景提取过程中的功能分离。

大量关于情景记忆的 PET 和 fMRI 研究均发现前额叶皮层被激活。有的研究结果显示，前额叶腹外侧（BA44、45、47 和部分 BA6）、背外侧（BA9 和部分 BA46 附近）、前部（BA10 和部分 BA46）区域都有所激活。更具体地说，在情景记忆编码和提取阶段，前额叶腹外侧区域都被激活，而前额叶背外侧和前部区域的激活主要体现在情景记忆的提取阶段，在编码阶段并不明显。左侧前额叶皮层可能在复杂的情景记忆中扮演核心角色。左侧前额叶损伤导致词干线索回忆和自传体回忆出现明显缺陷。此外，左侧前额叶损伤会使来源记忆的存储产生缺陷（如谁说了什么话），而在识别学习过的项目上（新旧识别）没有明显的缺陷。与新旧识别相比，来源识别需要对情景信息做出更多决策（如时间、地点、情态、说话者等），而且往往需要更多的认知资源，例如，他们需要花更长的时间和更多的注意力来排除次要任务的干扰。

（二）前额叶在来源记忆和项目记忆中的作用

为了探讨不同任务下情景记忆的神经活动，研究者采用 fMRI 技术，发现当被试识别出项目的呈现形式（图片、文字或新项目）时，比只识别项目的新旧时，左侧前额叶的激活更多。其他的神经影像学研究也发现，来源识别（时间识别和位置识别）主要与左侧前额叶的激活相关。以往关于情景记忆的研究显示，前额叶皮层下部（inferior prefrontal cortices）活动与所加工材料的性质（语义、语音、视觉空间材料）有关。前额叶皮层的背外侧和前部（dorsolateral anterior prefrontal cortices）的活动不依赖材料，且活动是被情景提取所调节的，而不被情景编码所调节。

Trott 等（1997）采用注意分离范式，比较了来源记忆与项目记忆在前额叶脑区的作用。实验任务分为三种注意任务，即充分注意、使用手指敲击任务分散注意或使用视觉反应时任务分散注意。正式实验包括学习阶段和测试阶段。在学习阶段，呈现一列词表，要求被试同时记住词和相应的声音（男声或女声）。在测验阶段，以第三者的声音呈现词表，要求被试对项目进行"新"或"旧"判断，并对声音进行"男"或"女"迫选再认。在分离注意条件下，被试在学习阶段和测验阶段都要进行辅助任务，并告诉被试主要任务和辅助任务同等重要。结果显示，与项目记忆相比，注意分离的确对来源记忆的干扰更大。但当以项目记忆或以来源记忆为主要任务时，不同注意分离对辅助任务的影响不存在差异。这一结果表明，来源记忆与项目记忆两者的差异并不是稳定的，这可能是因为被试对声音和词语进行了同时加工。随后，他们又将情景记忆的空间位置作为来源信息，并且所有的词语的声音都是女声，只是有的通过左耳呈现，有的通过右耳呈现。结果与前一个实验结果一致，同时还发现来源记忆辅助任务的反应时比项目记忆辅助任务的反应时更长（Trott et al., 1997）。

（三）前额叶在不同材料任务中的作用

在言语材料上，大量研究发现，在情景记忆提取过程中，前额叶区域激活最多的是 BA44 和 BA45、BA9/46。Kapur 等（1994）认为，BA45 左部区域的编码活动反映了语义加工，而 BA44 左部区域的活动反映了机械复述，BA9/46 区域则可能反映编码阶段高水平的工作记忆加工。在另一个关于情景记忆提取过程的研究中，Fletcher 等（1996）通过比较自由回忆和线索回忆，发现右侧前额叶皮层、背侧皮层（更多在自由回忆期间被激活）和腹外侧皮层（更多在线索回忆期间被激活）之间存在分离（Kapur et al.，1994）。Cabeza 等（2008）认为，这种分离与工作记忆模式一致，即前额叶腹外侧参与简单的短时操作，而前额叶中背部则执行诸如监控等更高水平的操作（Cabeza et al.，2008）。因此，Fletcher 等在情景记忆提取任务中观察到某些活动可能反映了执行任务中所包含的工作记忆成分（Dolan & Fletcher，1997）。

在言语情景记忆领域，Shallice 等提出，右侧背部前额区域与监控相关（Shallice et al.，1994）。随后，Thaiss 和 Petrides（2003）等、Dolan 和 Fletcher（1997）等认为，背部/腹侧侧面主要与工作记忆领域相关。然而，Dolan 和 Fletcher 发现，当将自由回忆和配对联结回忆相比较时，自由回忆激活了右边的背外侧前额叶区域（Dolan & Fletcher，1997）。

在非言语材料（如图画、面孔及语音语调等）上，前额叶在情景记忆中也起到了非常重要的作用。例如，McDermott 等（1999）及 Wagner（2005）通过比较陌生面孔和不规则纹理图片的记忆表现，发现左侧额叶和部分右侧额叶脑区都有所激活。同时，Wheeler 等通过比较词汇和非词汇的记忆成绩，发现颞叶和枕叶皮层都被激活（Wheeler et al.，1997）。从总体来看，额叶与其他脑区在记忆功能上具有广泛的分布。然而，关于这些脑区是如何实现不同的记忆功能以及他们之间的关系是怎样的，哪个脑区起主导作用等，仍需要进一步进行精确研究。

三、MTL 在情景记忆中的作用

基于 Tulving 的观点及大家公认的海马体在记忆中的作用（Moscovitch，1992；Moscovitch & Winocur，1992），研究者提出在编码阶段，海马会强制性地将记忆痕迹或标记捆绑在一起（Dudai，2012；Tonegawa et al.，2015）。这些 MTL 及新皮层的神经元素产生了构成意识体验内容的多模态、多领域表征。

在检索时，通过内外部线索，再认加工阶段的海马-新皮层同时被激活。第一阶段，线索和海马自动化交互，这反过来又激活了与之结合的新皮层痕迹。

这种加工可能在第一阶段结束或在第二阶段继续；第二阶段，这个阶段的加工比较缓慢且有一定的意识参与，并对第一阶段的信息进行输出，从而恢复情景中的意识体验。由于海马的调节作用，这个阶段的加工一旦启动，就是强制性的，在编码和检索阶段的控制加工主要由前额叶皮层及相关结构进行调节，信息被传递到海马，然后从海马输出（Cabeza et al.，2008）。

认知神经心理学的研究表明，MTL 在长时记忆中起着重要的作用，近来的一些研究认为，MTL 在工作记忆的维持、延迟阶段的回放中亦起着重要作用。神经心理学和神经影像学的研究发现，MTL 出现了与新信息维持相关的激活，内嗅区、外嗅区、海马及其周围的结构与工作记忆的维持相关。

关于记忆的研究发现，MTL 损伤患者在有意识地记忆发生的事件方面存在严重的能力缺陷，这种缺陷是特定于陈述性记忆或外显记忆的（Squire，1992；Schacter et al.，2000），主要出现在试图回忆过去的事件以及识别以前遇到的刺激时。随后对失忆症及动物的记忆研究发现，MTL 对陈述性记忆的编码、检索和巩固具有重要的作用（Schacter et al.，2000）。然而，虽然 MTL 由多个结构组成（海马及其周围的鼻内皮层、鼻周皮层和海马旁皮层），但关于这些不同的亚区域与不同记忆形式之间的关系，仍存在相当多的争议。

大多数 MTL 细分的活动都与自传体情景识别相关。相比之下，当存在自传体事件记忆或自传体语义记忆痕迹时，海马尾部、左侧顶叶和侧位顶内沟（intraparietal sclcus，IPS）都参与其中。最后，角回（angular，AnG）表现出分级反应，相比于自传体语义记忆加工，自传体情景记忆的激活进一步增加。记忆类型和数据集（海马、MTL、顶叶）之间的交互作用并没有显著差异。MTL 的功能分化导致自传体事件记忆和自传体语义记忆具有不同的体验。延喙尾梯度、后部 MTL 与场景加工有关，而前部 MTL 与面孔、事件和项目内容表征具有不同的联系。鼻周皮层（脑周皮层）在语义编码中发挥作用，在情景记忆范式中，提高前部 MTL 的内容表征，有助于自传体语义记忆。

大量研究表明，海马损伤会对项目记忆和联想记忆具有重要的影响（Holdstock et al.，2002；Baddeley et al.，2001；Stark et al.，2002）。然而，新的研究表明，相对于项目熟悉程度，海马体受到的损伤可能会对来源记忆造成不同程度的损害，因此，对背景细节的回忆有助于识别表象（Holdstock et al.，2002；Mayes et al.，2002）。海马损伤个体的识别表现可以与对照组的识别表现相媲美，情景记忆对对照组的效用最小（Holdstock et al.，2002）。这种完整的表现可能依赖于项目记忆或刺激熟悉度，可以帮助海马损伤个体在记忆识别早期（Baddeley et al.，2001）和晚期（Holdstock et al.，2002；Yonelinas et al.，

2002）选择性避免。

虽然大量的证据指向了 MTL 内部的功能分化，但是其他研究提出了关于海马和侧嗅皮层是否对存储有影响的问题（Beason-Held et al.，1999；Alvarez et al.，1995；Reed & Squire，1997；Zola et al.，2000；Clark et al.，2000）。例如，一些关于动物损伤的研究表明，选择性海马损伤会损害识别能力（Alvarez et al.，1995；Clark et al.，2000），而来自人类海马受损的研究发现，项目熟悉度和情景记忆也可能会受到类似损害（Stark et al.，2002；Hopkins et al.，1995）。这些结果与以下观点一致：MTL 中的子区域相互作用以促进识别记忆，而海马负责调节项目记忆和来源记忆。除此之外，Scoville 和 Milner（1957）通过研究 MTL 损伤患者，结果发现，MTL 的不同结构在情景记忆中具有不同的作用。MTL 主要负责对信息进行进一步加工，使其能够被有组织地存储在记忆里（Scoville & Milner，1957）。

四、顶叶在情景记忆中的作用

ERP 研究发现，与正确拒斥反应相比，击中往往与顶叶在刺激呈现后 300～600 毫秒产生的正波有关。这表明，顶叶激活与情景记忆的信息检索有关。PET 研究结果也发现，后顶叶皮层的激活通常与情景记忆的检索有关。fMRI 在研究中的大量应用，更有利于探究成功的情景记忆检索的神经机制。其主要方法是将回想起的测试项目和未回想起的测试项目所产生的神经活动进行对比，并将这些成功提取效应（successful retrieval effect）与基于熟悉过程的记忆关联效应分离开来。通过这种方法发现，顶叶等脑区在回想过程中具有重要作用，根据这些发现，研究者提出，无论检索到的信息内容如何，这些区域都是支持回想的核心网络的相关脑区。Donaldson 等（2010）的研究发现，提取成功时，顶叶对正确项目表现出较为明显的激活，这表明后部脑区（包括顶叶）的激活标志着成功的来源提取。

在早期研究中，Nyberg 等（2000）发现，对空间信息的编码和检索可以激活双侧顶叶的重合区域。Wheeler 等（2000）让被试学习与图像或听觉指示物相关的词汇，测试任务需要被试判断单词是否与图片或声音匹配。结果表明，和与图片匹配的正确识别词相比，那些与声音匹配的词在听觉有关的皮层引起更大的神经激活，而相反的条件在梭状回和枕顶叶皮层产生更大的激活。Woodruff 等（2005）试图证明对两类学习材料的加工在梭状回皮层中两个不同区域间的选择性激活的双重分离，这一发现会有力地支持情景检索的脑皮层恢复假说（cortical reinstatement hypothesis）。为了实现这个目标，研究者使用了一个由图片和文字混合组成的学习列表，然后使用"记住/知道/新"范式（Remember/Know/New procedure）测试这些项目的再认记忆。测试项目只有单词，学习过的单词和图片随机混合呈现，被试无法预测某一特定测试项目是否会唤起对某个单词或图片的回想，从而排除了由于线索加工或任务列表的材料差异而将回忆效应与结果混淆的可能性。结果表明，对文字和图片的回想分别在左中外侧（left mid-lateral）皮层和左前梭状回皮层（left anterior fusiform cortex）中引发了双重分离，并且外侧顶叶皮层、后扣带回皮层和左侧前额叶皮层等区域在呈现新项目时产生更大激活，并提出顶内沟（顶叶皮层的脑区）的激活与不同来源特征的成功编码有关，对多重表征的编码需要基于顶内沟对特征间知觉的整合。已有研究表明，引起成功回忆的线索与外侧顶叶皮层和后扣带回的脑区激活增强有关。但也有研究者对检索恢复提出不同的观点，他们认为，顶叶区域表现出一种被称为知觉衰退的模式，在这种模式下，无论这些反应是正确的还是错误的，顶叶区域对旧项目的激活水平要高于对新项目的激活水平。这种模式表明，顶叶区域的激活反映的是一种判断，而非对该物品准确信息的实际恢复（Daselaar et al.，2006a；Kim & Cabeza，2007）。

然而，Hayama 等（2012）旨在通过被试内部直接评估和使用单一检索测试的方式，即通过检索学习项目所涉及的区域和通过检索学习内容细节所涉及的区域之间的重叠程度，来扩展前人有关线索回忆的研究。通常，细节信息的检索被认为是记忆成功的标志，是记忆在 fMRI 再认记忆研究中应用的主要方式。例如，被试需要回忆研究中出现的三个字母的词干，如果回忆成功了，那么就需要判断这个词在学习中出现的两个编码细节。因此，这一方法可以确定成功检索记忆项目的学习细节的效果。结果表明，当被试做出准确的来源判断时，PPC、后扣带回和海马旁回皮层等多个区域的激活水平会增强。这说明成功的来源检索与部分脑区的激活增强有关，而在这些脑区之外没有发现来源效应。回忆和来源记忆效应之间的重叠支持了这一观点，即在许多关于再认记忆的研究中所观察到的重叠脑区与在情景检索中相关的区域构成了一个核心再认网络。

有研究表明，顶叶激活表明了一种被称为"回忆定向"（recollective orienting）的模式，即顶叶激活在来源记忆任务中的水平更高。这表明，顶叶激活反映的是对信息的回想，而不是回想本身（Dobbins et al.，2002，2003；Dobbins & Wagner，2005）。尽管有研究者提出来源监测理论（source monitoring theory）

的基本观点是事件记忆是由不同的特征组成的，包括知觉、空间和时间细节、情感信息和编码过程中涉及的认知操作信息。正是这些背景细节共同提供了线索，使我们能够决定项目的历史（无论是旧的还是新的信息），以及信息来源和记忆表征。但也有一种观点认为，语境记忆模型（contextual memory model）区分了通过感知获得的背景细节和内部生成的背景细节，包括 PPC 在内的一些脑区，似乎与检索这些背景细节有关。与内部产生的事件相比，外部衍生事件检索中可能表现出 PPC 的更大激活，并且在正确识别学习项目时，外侧 PPC 脑区比正确拒绝新项目时的激活水平更高。这种效应被称为顶叶新旧效应（old/new effect）或顶叶成功提取效应。与来源记忆判断相比，外侧 PPC 脑区在来源记忆中的激活水平更高，由于对来源记忆的检索比项目记忆涉及更多的背景细节，这些研究均表明，外侧 PPC 可能有助于检索与情景记忆相关的背景细节。大多数检测出顶叶成功检索效应的 fMRI 研究都依赖于涉及外部视觉和听觉刺激的相关范式。

随着研究的深入，对顶叶外侧区域在记忆中的贡献的研究引起了很多研究者的重视。核磁共振成像研究通常比较击中目标和正确拒绝目标时的神经激活差异，其结果主要是在顶叶外侧皮层中经常发现恢复成功（retrieval-success）激活。有证据表明，相对于内部生成的记忆，外部派生的记忆在检索过程中会在外侧 PPC 产生更高水平的激活，这有助于了解这一区域在再认记忆中的作用。然而，了解外侧 PPC 对再认记忆作用的基础是，确定这个脑区是否有助于成功检索所需的加工过程，如引导注意或监视检索到的信息、PPC 是否在存储或保持信息的实际表征过程中具有重要作用等。King 和 Miller（2014）试图探究这些脑区在记忆检索中对知觉事件与一般内部事件的激活水平，即通过探究顶叶激活是否随内部或外部来源和来源归因而变化，并提供了有关顶叶对再认记忆的贡献的理论观点。研究者要求被试根据提示词知觉并想象物体图像，在随后的测试中，根据线索词分别做出相应反应。结果表明，包括左侧背外侧 PPC 和外侧 PPC 在内的几个脑区，在对知觉到的事物进行现实检测判断比对想象检测判断时的激活水平更高；相对于回想失败的项目，当回想伴随着成功的来源提取时，双侧顶叶的激活水平会更高，且外侧顶叶的激活并没有因为信息来源及其准确性而改变，左侧背外侧 PPC 则在知觉到来源归因时的激活水平更高，这反映了对旧信息检索的积累。由于脑区激活根据存储表征的性质而变化，这表明外侧 PPC 涉及存储信息的表征，可能代表或绑定了情景记忆中基于知觉的背景细节。

大量研究表明，PPC 在知觉对位置的心理表征中具有重要作用，但很少涉及记忆检索。然而，功能性神经影像技术的广泛应用则清楚地表明，PPC 在记忆检索过程中经常被激活。Cabeza 等（2008）认为，在记忆检索过程中观察到的顶叶激活模式与其在知觉过程中引导注意的作用是平行的，正如顶叶皮层参与知觉过程中注意的自动分配一样，它也与支持检索、搜索、监控和验证的自上而下的自愿过程有关。相比之下，当这些过程导致一个清晰、明确的结果时，下顶叶皮层就会被激活。下顶叶皮层激活与知觉中的刺激对注意的外源性捕获有关。对顶叶病变患者进行记忆检索的研究结果支持了这一观点。在此基础上，研究者提出了记忆注意的二元过程模型，将不同的过程分配给顶叶上皮层和顶叶下皮层。这些模型的出现不仅有助于更好地理解注意和记忆是如何相互作用的，而且能形成一个适用性更广泛的注意理论。

第三节　特殊群体情景记忆的神经机制

　　大量研究通过对健康被试的脑成像研究发现了不同脑区在情景记忆中的重要作用及其功能特异化发展，但随着技术手段和研究方法的进步，越来越多的研究开始关注特殊群体来源记忆的神经机制。其中，通过对不同脑区损伤的被试进行研究，可以更加直观地比较不同脑区在来源记忆中的作用，为其神经机制研究提供更加直接、有效的实验证据的支持。

一、额叶损伤及老年个体情景记忆的神经机制

（一）科萨科夫综合征患者的情景记忆的神经机制

　　科萨科夫综合征（Korsakoff syndrome，KS）最常见的病因是酒精依赖（alcohol dependence，ALC），并与几种认知障碍有关，主要影响记忆、注意力和执行功能。KS 的核心神经心理缺陷与情景记忆有关，存在中度的逆行性遗忘和严重的顺行性遗忘。除此之外，KS 可能会严重损害其他记忆功能，尤其是来源记忆。来源记忆缺陷是指无法记住与编码记忆有关的背景和时间信息，这在各种精神障碍中广泛存在。时空背景细节混乱是指无法更新存储信息之间的时

间顺序，导致记忆编码和记忆时空背景细节的功能受损，从而改变记忆痕迹之间的绑定，降低了特定记忆的整体性。对于 KS 来源记忆时空背景细节混乱的研究通常采用连续再认任务（continuous recognition task），这项测试任务中需要呈现连续的图片，其中包括间隔为一小时的两个部分。在每一部分中，被试都需要判断图片是否在特定的实验部分中呈现过。

Claparede 于 1911 年发现一名酒精中毒的 KS 患者可以记住信息内容，但记不住信息来源，这一现象被称为来源遗忘（source amnesia）（李娟等，2000）。此后，也有相关研究报告了类似现象的个案研究。随着研究手段的进步，已有研究证明，重度酒精依赖导致 KS 患者的额叶功能受到损伤（Pitel et al.，2012），并导致其来源记忆受到严重影响（Brion et al.，2017；Haj et al.，2016；Kessels et al.，2008）。

关于 KS 的研究也发现，这类患者在与情景记忆相关的认知功能，如内隐背景学习或时间顺序判断等方面也发生了改变。同样，研究者使用了延迟呈现和重复刺激任务探究 KS 患者对背景信息的记忆，结果表明，KS 患者在记忆情景事件发生时的时空细节方面存在障碍。研究者使用物体重定位任务，要求 KS 患者必须指出所呈现项目的时空顺序，结果发现，KS 患者在对空间和时间信息进行记忆时出现了失败。此外，采用标准记忆测试的修订版本，研究者同样发现了 KS 患者的时空顺序记忆混乱，表明其存在来源记忆功能障碍。根据这一观点，先前的研究比较了健康被试和失忆症患者（包括 KS 患者）的研究，实验结果发现，时空背景细节混乱与定向障碍以及 Barba 和 Gianfranco（1993）的虚构问卷有很强的相关性，说明时空背景细节混乱会导致患者区分真实记忆和想象记忆的能力下降，从而导致虚假记忆的产生。

尽管 KS 患者存在来源记忆障碍，但在严重神经并发症发生前，这类障碍在 ALC 患者中却很少被发现。尽管如此，也有研究者提供了 ALC 患者执行外显记忆任务、来源记忆任务和认知控制的功能障碍的初步证据。Pitel 等（2007）要求 ALC 被试在不同时间和地点进行单词学习任务，发现其对要记住的信息的时空背景细节的编码失败，由此报告了 ALC 患者存在来源记忆功能障碍。此外，还有研究者认为，ALC 患者可能表现出时间混乱，这表明来源记忆受损可能与眶额部（orbitofrontal）缺陷有关。

以上研究都是通过直接比较 ALC 患者和 KS 患者的来源记忆成绩来完成的。ALC 患者和 KS 患者的认知障碍呈线性恶化，且 KS 患者表现出更大程度的行为和脑功能变化。这一理论在很大程度上被几个关于记忆子成分的研究所证实，因为与 ALC 患者相比，KS 患者表现出不成比例的情景性、语义性、感性和程序性记忆缺陷（Pitel et al., 2014）。然而，这个连续性理论的有效性还没有扩展到其他记忆过程，特别是来源记忆。因此，研究 ALC 患者和 KS 患者之间的时空背景细节混淆和来源记忆检索失败，可以确定连续性理论的适用性，并确定时间来源记忆缺失是 KS 的一个特定特征，这在与酒精相关的疾病的早期阶段中也可以检测到。因此，情景记忆和执行功能在来源记忆中的参与程度还有待确定。已有研究者对此进行了深入研究，例如，Brion 等（2017）分别采用 KS 患者、重度酒精患者以及健康成人作为被试，要求被试完成连续识别任务。该研究旨在探索来源记忆在 ALC 患者和 KS 患者中时间混淆的机制，以便提供与来源记忆相关的时空背景细节混淆的实验指标，并通过 ALC 患者和 KS 患者之间的对比，探讨来源记忆连续性理论的有效性，同时确定情景记忆和执行功能在这些来源记忆损伤中的作用。在正式研究中，连续识别任务范式包括两个部分：在第一部分中，要求被试判断刺激项目是否在该部分出现过；一小时后进行第二部分实验，这一部分包括未出现过的新项目和在第一部分出现过的旧项目，被试需要判断所呈现的项目是否在第二部分呈现过，当被试将第一部分出现过但在第二部分首次出现的项目错误地识别为在第二部分重复出现时，则表示被试不能准确判断项目究竟来源于第一部分还是第二部分，说明被试的来源记忆受损。结果表明，KS 患者的反应时更长，且在第二部分的误判率更高，证明了额叶在来源记忆中具有重要作用。

Brion 等（2017）以及相关的研究结果均表明，与控制组相比，KS 和 ALC 组的反应在整个任务中都有所减慢。研究结果还发现，KS 患者可以正确地理解实验任务指导语，并且 KS 患者在再认已经看到的图片时成绩较好，表明了其对刺激的有效编码和存储；但与 ALC 患者和控制组相比，KS 患者在识别图片刺激编码时的时空背景细节信息较为困难，这表明其来源记忆的时空组成部分受损。同时，KS 组明显不能抑制先前编码记忆的干扰，这可能会导致与自发虚构的相关来源记忆相混淆。研究者提出，与其他记忆（如情景记忆）机制相比，连续性理论发现了 KS 患者中时空背景细节信息混乱，但在来源记忆中没有得到证实。因此，连续识别任务可能成为区分 ALC 患者和 KS 患者的一个很有效的工具，并可作为对情景记忆的经典研究的补充。然而，应该注意的是，尽管非失忆症 ALC 被试很少报告精确的时空背景细节信息，但细微的来源记忆损伤可能仍然存在。Mimura 等（2000）探究了 KS 患者的工作记忆（与前额脑区相关）、情景记忆（与皮层下脑区相关）和时空背景细节记忆之间的关系，结果表明，当刺激事件超过 KS 患者的工作记忆能力时，其会出现记忆损伤。

（二）老年人情景记忆的神经机制

早期研究认为，来源记忆主要包括回想过程（Wilding，2000；Woodruff et al.，2005；Rugg et al.，1998），但近期研究表明，来源记忆也包含熟悉过程（Zheng et al.，2015；Parks & Yonelinas，2015；Tu et al.，2017）。老年人可通过整合加工来提高来源记忆水平（Zheng et al.，2015）。从生理机制层面讲，来源记忆到成年早期才发展成熟，且随年龄的增长而减弱，这主要是由于前额叶皮层负责来源记忆的控制加工过程，而前额叶皮层的发展贯穿整个青少年期，直到青年早期才发展成熟，前额叶皮层同样对衰老极为敏感，导致老年人的来源记忆能力下降。

前额叶皮层与来源记忆的年龄发展密切相关。老年人的前额叶皮层不但会出现萎缩现象（Pfefferbaum et al.，1998；Resnick et al.，2003），且功能激活水平也会降低（Dennis & Cabeza，2008），从而降低了老年人的来源记忆能力。Grady 等（2006）采用 fMRI 研究情景记忆检索过程的激活脑区及其年龄差异，结果表明，DLPFC 的脑激活随年龄增长呈线性下降。Cansino 等（2015）采用 fMRI 技术分别比较了青年组、中年组和老年组来源记忆的脑区激活。结果表明，青年组和老年组的激活脑区存在明显差异；中年组记忆的神经网络并未改变，但其脑区激活范围缩小，说明在该阶段已经发生了微妙的年龄效应。这一结果也说明来源记忆在老年期的变化并不是突然发生的，而是在年龄的增长过程中逐渐发生的。

尽管有大量与记忆相关的神经认知老化的研究，但很少有研究关注长期记忆与大脑的联系。众所周知，有些事情可以在很长一段时间内被记住，而对其他事情的记忆很快就会消失，甚至被遗忘。然而，大多数研究只测试一次记忆，通常是在同一天，忽视了与产生持久记忆相关的关键过程。年龄与情景记忆功能的显著减少和检索模式的激活有关。在记忆研究中经常使用的研究范式是连续记忆范式（subsequent memory paradigm）。连续记忆范式对比了后来被记住的试次和被遗忘的试次的刺激编码激活，并发现，成功的记忆在海马中产生明显激活，在 DMN 区域的激活水平则明显减少。已有研究表明，顶叶-枕叶皮层参与视觉空间处理，随着年龄的增长，与编码相关的激活水平越来越低。在老年人中，将神经资源分配到记忆和注意力网络的能力降低可能会导致较低的后续记忆效应。

因此，基于老年人记忆在短时间内延迟测试的证据，Vidal-Piñeiro 等（2017）在研究中关注与年轻人相比，老年人如何编码和检索，并探究了长时记忆在编码和检索方面的激活模式是否受到年龄的影响。研究者假设，随着年龄的增长，与长时记忆相关的脑区的激活水平会下降。与支持瞬时记忆的激活模式相比，支持长时记忆编码的神经关联在衰退过程中并不明显。在记忆检索方面，随着年龄的增长，个体会产生不同的激活模式。在背景记忆的检索过程中，额叶的激活水平较高，反映了老年人检索努力的增加。此外，检索激活中与年龄相关的差异可能与测试效果存在交互作用，因为更费力的检索会增强测试效果。因此，研究者假设，老年人在回忆长时记忆时会表现出更高水平的激活。此外，研究者的目的是进一步探究目前关于在编码和检索过程中保持长时记忆的神经关联。在编码过程中，研究者设想了三种可能的场景。第一，长时记忆可以扩展最初的激活表征。与瞬时记忆相比，长期记忆的特征是初始记忆在同一脑区激活水平的增加。第二，长时记忆可以依赖于激活，与最初形成记忆的网络不同，如果这种情况是真的，那么与血氧水平依赖相关的信号将反映出一个项目在很长一段时间内的适应性增加，但这种适应性通常发生在与编码成功无关的领域。这两种情况并不冲突。第三，长时记忆可能在编码时无法区分，或者依赖于其他机制，因此与编码时皮层激活的程度无关。结果表明，对长时记忆的编码和检索有一部分是由支持初始记忆成功的脑区的激活增加导致的，还有一部分是通过激活额外的脑区导致的。例如，在海马等脑区，长时记忆的成功是通过激活初始记忆脑区实现的。然而，也有部分脑区可以选择性地支持长时记忆加工，如内侧额叶皮层和前额叶皮层等。更重要的是，尽管编码产生的脑区激活水平随着年龄的增长而降低，但老年人成功的检索还需要额外的额叶激活。长时记忆在编码时依赖于 DMN 和更高的视觉处理节点，在检索时可能在某种程度上反映了重新编码过程。此外，老年人在后内侧皮层的激活水平较低，包括脾后皮层以及邻近的后扣带回和楔前叶区域，这些区域均与编码有关。因此，年龄效应可能反映了整合新信息的难度增加，以及认知控制机制可能带来的影响。

采用极端年龄的研究通过比较来源记忆检索的正误来探究与回想有关的神经变化，结果表明，老年人比年轻成人能激活更右（Dulas & Duarte，2012）或更左（Daselaar et al.，2006b）的边缘脑区。然而，关于海马的激活水平存在不同结果。有研究发现，老年人的海马激活水平更高（Duverne et al.，2008），也有研究发现，年轻成人的海马激活水平更高（Daselaar et al.，2006b；Kukolja et al.，2009），或二者不存在差异（Duarte et al.，2008；Dulas & Duarte，2012）。关于前额叶皮层的激活水平也存在不同，Duarte 等（2008）发现，记忆成绩较差的老年人比年轻成人在右下额叶的激活水平较低，但记忆成绩较好的成年人比年轻成人在右脑和腹侧前额叶区域的激活水平更高。Dulas 和 Duarte（2012）

在比较不正确的来源检索和正确的来源检索时发现，年轻人相对于老年人的右下眼窝激活水平较低。对于产生这种差异的原因，还有待深入研究。

二、颞叶损伤个体情景记忆的神经机制

（一）正常人群脑损伤个体情景记忆的神经机制

情景记忆的定义特征之一是，个体对事件内容的知识或记忆与获得事件内容的来源或背景细节记忆之间存在联系（Tulving，1985）。有研究者提出，来源记忆与内容记忆或事实记忆在功能定位上可能是分离的。此外，在没有严重的事实记忆损伤的情况下，来源记忆的损伤是额叶病变患者和在额叶功能测试中成绩较差的正常老年人的特征。关于测试记忆事件的时间顺序或判断记忆事件能力的研究，也证明了额叶皮层病变患者在来源记忆方面的损伤。这些研究经常被作为进一步证明额叶皮层对记忆来源特异性产生影响的证据。Schwerdt和 Doplcins（2001）对单侧颞叶切除病人与控制组进行记忆测验，被试要记忆事物以及与事物关联的动作，包括被试或自己真正操作与事物有关的动作、看实验人员操作相关动作以及想象自己操作相关动作，测试时要求被试判断与事物关联的动作类型。结果发现，病人在辨别动作类型时存在困难，说明单侧颞叶切除会影响动作来源判断。Mayes 等（2001）使用时间序列实验对选择性海马损伤病人 YR 与控制组被试进行对比研究，研究任务包括一个系列内时间序列任务和两个系列间时间序列任务。虽然三个实验任务都发现病人 YR 与控制组被试的项目记忆成绩没有统计学差异，但在时间序列任务上，YR 的成绩明显低于控制组被试的成绩，表明海马在提取时间背景信息中的重要性。此外，许多研究发现，无论是在患者还是正常成人中，来源记忆任务成绩与内容记忆任务之间存在着很强的相关性。

众所周知，颞叶的中间部分在情景记忆中也起着关键作用，海马对于将事件的内容与其来源或背景信息联系起来尤为重要。Kroll 等（1996）要求海马损伤病人和控制组进行连续再认，即把学过的双音节单词在再认时进行不同程度的组合，然后进行测验。结果发现，海马损伤病人在音节重新组合形成新单词这一情形下的再认成绩明显较低，说明海马损伤会影响关系记忆。Stark 和 Squire（2003）采用 Kroll 等（1996）的实验范式也得出类似的结论。Craig 等（2003）选择了五个海马损伤病人进行了五个实验，结果得出一致的结论：选择性海马损伤不仅会影响项目记忆，而且对配对关联任务有一定的影响，表明海

马和海马旁回在项目记忆与关联记忆中起着重要作用，这一结果验证并扩充了Kroll 等（1996）的结论。

海马在关联记忆中的重要作用也得到了其他研究者的支持。Thaiss 和Petrides（2003）通过要求单侧前额叶皮层或颞叶切除的患者观看游戏节目的视频，并要求被试同时关注这些琐事的事实及其来源（说话人的身份或相对发言时间）的方式，对项目记忆和来源记忆两种类型的信息都进行明确编码，并比较了单侧前额皮层或颞叶切除患者对事件及其来源的记忆。结果发现，相对于控制组被试与单侧前额叶切除病人来说，左侧颞叶切除的病人在项目和时间顺序辨别中都受损，而右侧颞叶切除病人则只在时间顺序辨别任务中受损，表明单侧颞叶切除会影响时间顺序判断，进一步表明颞叶对来源记忆的重要性。

（二）非正常群体脑损伤个体情景记忆的神经机制

1. 精神分裂症

精神分裂症是一组病因未明的重性精神病，精神症状是其核心症状之一，其神经系统的相关性病变在基础和临床神经科学中得到了广泛的研究。导致精神分裂症的原因众多，其中之一是对内部和外部信息监控的损害（例如，无法区分什么是自己思维过程的产物和什么是外部客观呈现的），这被称为现实监控（Johnson et al.，1993）。更准确地说，这是一种将内部产生的信息错误地归因到外部来源的行为，这可能是产生某些精神症状的基础。目前对于监测过程受损与幻觉有关的研究较多，但总体上也与精神症状有关。监测过程受损导致妄想的产生机制目前尚不清楚。但将错觉视为加工受损的解释模型表明，错觉的发展和保持是由信念产生过程中一个或几个正常过程的弱化造成的。在这些模型中，当个体试图解释内部产生的异常信息时，其就会产生一种错觉，而这种错觉可能伴随着一种异常的推理风格（例如，根据很少的信息或过于偏重现有信念而得出坚定的结论）。如果不能识别内部生成的信息，那么就可能导致妄想。成功的现实监控在一定程度上依赖于对相关信息的充分处理（Johnson，2006），这需要对相关信息进行适当的组织和关系绑定。这些过程在精神分裂症患者中可能受到一定损害，这主要是由 DLPFC 和海马的功能障碍导致的。在健康成人中，DLPFC 与相关信息的编码和监控都有关联，结合相关信息进行成功监测的必要性可能还取决于编码和检索过程中海马的参与。Tamminga 等（2010）根据精神分裂症患者的海马区结构和功能异常，提出精神分裂症可能是由信息的错误耦合引起的，并被保存在记忆中。监测过程受损可能与错觉有关，如果监测过程的初始化失败，则内部生成的信息就会非常生动，从而增加了错误归因的风险。相关信息的可用性降低可能会导致对信息来源的控制丧失，从而增加错误归因的风险。对健康成年人的研究表明，不同的神经元区域与识别源自外部和内部的信息有关。虽然枕颞回、侧顶叶皮层和 PFC 区域均与加工外部生成的信息有关，但左侧 PFC、内侧 PFC 和背侧 PFC 在加工内部生成的信息时的激活水平提高（Turner et al.，2008）。有证据表明，这些区域也可能会影响精神分裂症患者的记忆成绩。两项 fMRI 研究探讨了精神分裂症患者生成信息监测和加工能力减弱的假设。Vinogradov 等（2008）发现，与对照组相比，在识别内部生成信息方面，精神分裂症患者的记忆成绩较差，同时伴有背内侧 PFC 激活水平的降低，但未对记忆成绩与症状之间的关系进行分析。Schnell 等（2008）研究了监控自发行为与被动妄想之间的关系。研究结果表明，精神分裂症患者在监测内部的行为启动时的成绩较低，但在脑激活方面没有发现任何组间差异。然而，他们确实发现，精神症状的严重程度与侧顶叶皮层的激活水平之间存在关联。

此外，对无药精神分裂症患者的 PET 研究表明，妄想的严重程度与前扣带回皮层的血流量呈正相关，与海马区呈负相关（Lahti et al.，2006）。临床研究中使用氯胺酮对健康被试的研究表明，精神症状与左侧 DLPFC 和前扣带回皮层的更高神经激活水平有关（Aalto et al.，2005）。Thoresen 等（2014）的一项 fMRI 研究发现，氯胺酮在健康被试中诱导自我监控错误（精神症状）与左侧颞叶皮层 BOLD 的增加有关。已有研究表明，精神分裂症患者的海马等脑区损伤，造成其无法进行信息捆绑。Wadehra 等（2013）利用 fMRI 技术以及配对目标位置联想范式，考察了精神分裂症和分裂情感障碍患者以及健康被试控制组的联结学习差异。该研究关注海马在学习网络中的激活水平和联结强度的差异，其中学习网络包括初级视觉皮层、顶叶上皮层、颞下叶皮层、背外侧 PFC 和基底神经节。结果表明，精神分裂症患者的学习速度慢于正常被试，且精神分裂症患者的海马体积减小和功能下降导致其对信息无法进行捆绑，表明患者在工作记忆任务中，前额叶-海马异常的功能连接可能造成捆绑损伤。

综上所述，受损的现实监测与精神症状有关，并可能调节妄想的发展和保持。fMRI 研究表明，这种缺陷可能跟与妄想有关的神经元基质有关。为了考察记忆检测的内部神经关联，以及与错觉之间的关联，Thoresen 等（2014）对先前的现实监测范式进行了改进，采用健康被试对照组和精神分裂患者实验组，利用 fMRI 技术，要求被试将一条语句与呈现的（观看条件）或想象的图片（想象条件）联系起来。在对记忆监测的扫描中，被试会看到新、旧语句。实验任务要求被试判断所呈现的语句是否与观看条件或想象条件相关联，或是不是新呈现的语句。为了研究相关信息检测的作用和潜在的神经关联，研究者选择了参与监测的左侧 DLPFC 和海马区域作为目标区域，这些区域被认为是精神分裂症患者会受损的区域，并且根据之前的研究还分析了内侧 PFC 和顶叶皮层区域。结果发现，精神分裂症患者在想象条件下的准确性明显降低，记忆成绩与唤醒程度呈负相关；精神分裂症患者左侧 DLPFC 和左侧海马活动减少，错觉的严重程度与左侧海马的 BOLD 呈负相关。这表明，在精神分裂症患者中，监控减弱与妄想有关，这可能是由颞叶功能障碍导致的。该研究表明，错觉的严重程度与识别内部信息来源准确性和左侧海马激活水平呈负相关；与对照组相比，在识别内部生成的信息时，精神分裂症患者在左侧 DLPFC 和左侧海马区也表现出较低的激活水平，证明了与错觉相关的额、颞叶功能障碍。

总之，目前研究表明，幻想程度严重的精神分裂症患者无法形成不同信息间的正常捆绑，且 fMRI 研究发现，这些患者的颞上回体积通常较小。

2. 创伤后应激障碍

创伤后应激障碍（post-traumatic stress disorder，PTSD）被认为是一种记忆障碍，其主要特征包括对创伤事件的侵入性记忆、闪回和噩梦，创伤事件的再体验症状往往难以抑制，且 PTSD 与创伤记忆的异常通路以及对创伤事件某些方面的记忆困难有关（Amir et al.，1998）。从创伤和应激方面的关于动物的研究中可以发现，包括海马和杏仁核在内的内侧颞叶结构的参与对于成功编码负面信息至关重要，在创伤记忆编码过程中，内侧颞叶激活的改变有助于减轻应激障碍的发展和维持。PTSD 病因学的一个重要假说认为编码效率低下可能导致创伤记忆的扭曲，根据这一观点，创伤记忆的特点是与创伤暂时相关的，但与创伤形成背景无关的感官印象。这些被改变的记忆痕迹阻碍了个体区分真实危险刺激和相对无害的创伤提醒的能力。有证据表明，PTSD 患者对情绪事件的记忆过于笼统，并不详细。鉴于基于事件要点的表征经常受到错误信息和错误警报的影响，创伤记忆编码可能与创伤后应激障碍记忆扭曲有关，且这种编码并没有特定的背景细节。

根据调节假说（modulation hypothesis），由于杏仁核对包括海马在内的其他 MTL 结构的调节作用，情绪事件通常比中性事件更容易被记住。为了深入探究 MTL 结构与情绪事件记忆之间的关系，Geuze 等（2008）等采用患有 PTSD 的退伍军人作为被试，要求其编码无情绪信息的词对，结果发现，患有 PTSD 的退伍军人的颞叶（包括左侧海马/旁海马皮层、中部和前部颞叶）激活水平较低。同时，关于 PTSD 患者的磁共振波谱（magnetic resonance spectroscopy，MRS）的研究表明，PTSD 患者海马神经元的完整性受损，这为创伤记忆或创伤相关信息编码的检查提供了 PTSD 患者海马激活减弱的证据。为了进一步研究创伤编码的神经基础，Hayes 等（2011）使用随后记忆范式来探究战斗老兵创伤编码过程中的 MTL 激活，该范式可以有效探究成功的记忆编码和检索的神经基础。在该实验范式中，BOLD 激活水平是在编码刺激的过程中被测量的，这些刺激在一段时间后被用来探测被试是否成功记住，并对成功记住或遗忘材料的编码激活的差异进行对比，以探究调节情绪和成功记忆操作之间相互作用的脑区，这种记忆激活与以往激活之间的差异被称为相继记忆效应，或称 Dm 效应（Dolcos，2004）。

在后续的记忆测试中，研究者引用了新的诱饵并采用误报率作为对主题记忆和背景细节缺失的测量指标。在实验研究中，研究者让 PTSD 患者和对照组被试编码并记住中性和创伤性事件配对。结果发现，在基于主题的记忆中可能至少包括两条神经通路，在成功的创伤记忆编码过程中，MTL 通路的反应降低，并涉及楔前叶的通路，在该通路中，神经激活与更高的虚报有关，即 PTSD 患者在编码和监控特定信息等方面有所缺陷，特别是记忆捆绑方面所涉及的脑区主要为海马等。同时，该项研究还发现，PTSD 患者无法编码背景细节，从而更多依赖于主题编码，即 PTSD 患者无法把项目与背景进行捆绑，而只能单独记住项目。fMRI 结果同时表明，患者内侧颞叶的激活水平降低。以上研究结果表明，PTSD 患者在编码创伤性刺激时，颞叶的激活水平较低甚至无法激活，导致这些刺激很难被编码，进而导致项目和背景的关系无法建立。这再次证明了海马对于形成特定的背景细节记忆的重要性。根据 Nadel 和 Jacobs（1998）的研究结论，海马与压力大小之间的关系呈倒"U"形，且高强度的压力会损害海马的激活。因此，在呈现高度紧张的创伤提醒时，海马激活水平不高可能导致 PTSD 患者对这些刺激的背景细节记忆痕迹的消退。

三、顶叶损伤患者情景记忆的神经机制

在以往研究中，大量使用 EPR、PET 和 fMRI 的研究表明，顶叶皮层是情景记忆检索过程中最频繁的激活区域之一。

由于顶叶损伤的患者没有表现出逆行性或顺行性遗忘，很少有研究人员对这些患者的记忆进行评估，他们的情景记忆缺失可能被忽略了。一项关于顶叶

损伤对自述性记忆和情景性记忆影响的研究支持了这一观点（Berryhill et al.，2007）。在该研究中，实验组被试的腹侧顶叶皮层（ventral parietal cortex，VPC）发生病变，与相匹配的健康对照组被试均需要回忆各种各样的自传体记忆。在第一阶段，被试尽可能详细地回忆他们一生中的事件。在第二阶段，他们回答了关于回忆的具体问题。结果显示，顶叶损伤降低了记忆的活动性和对细节自由回忆的数量。然而，当病人被问及与他们记忆有关的具体细节时，他们的表现是正常的。由于这项任务不需要患者进行编码，表现欠佳的患者表现为记忆检索缺陷。在另一项研究（Davidson et al.，2008）中，左、右 VPC 患者和正常对照组被试参加了来源记忆测试。被试听到了由女性或男性的声音朗读的成对刺激，之后，要求被试回忆并识别与每个刺激相关的项目，并确定其来源（男性或女性的声音）。最后，对于每一对被识别出来的刺激对，被试必须判断对这对刺激的识别是否会引发回想过程或熟悉过程。回想过程是指生动地再现编码细节的一种感觉，而熟悉过程是指事件发生在过去，但没有关于事件发生的环境和背景细节信息。结果显示，与正常对照组相比，顶叶损伤患者的线索记忆、再认和来源记忆均无损伤，表明患者能够客观地获得某些方面背景细节的编码。然而，与对照组相比，患者不愿将自己的记忆归类为已被回忆的记忆，这表明检索背景细节并没有激活这些患者的记忆状态。

综上所述，在某些情况下，顶叶损伤会导致情景记忆障碍，当顶叶受损的患者试图记忆复杂的事件时，这些事件的背景细节不会自动跃入脑海，也不会激活记忆状态。然而，在具有更好检索支持的任务中，他们的记忆成绩是不受影响的。

顶叶损伤的病人对外部刺激的定向注意受损，这支持了与外部刺激相关的检索内容可以通过一种方式调整注意的假说，这种方式是指加强对与任务相关的信息的加工，这一过程受到顶叶皮层的调节（Cabeza et al.，2008；Ciaramelli et al.，2008；Wagner，2005）。与这个假设一致的是，顶叶损伤的患者对记忆的信心水平较低（Davidson et al.，2008；Simons et al.，2010），不太可能通过自发回忆（Berryhill et al.，2007，2010）或主观的记忆反应（Davidson et al.，2008；Drowos et al.，2010）报告详细的记忆，对相关词汇的错误记忆较少（Drowos et al.，2010），而且不太可能使用记忆线索来支持检索（Ciaramelli et al.，2010）。因此，注意可以支持检索各种信息，fMRI 和 ERP 研究也证明了注意功能与 PPC 在记忆过程中的作用。例如，由于新项目是没有学习过的，它们不会产生与检索有关的激活，但会产生注意过程，并且新项目的错误再认（虚报）比正确拒斥在 PPC 中能产生更高的激活水平（Kahn et al.，2004；Wheeler & Buckner，

2004），正确新旧判断的高自信比低自信在 PPC 中同样能产生更高水平的激活（Kuchinke et al.，2013），以及正确新旧判断无价值线索比有价值线索（Jaeger et al.，2013；O'Connor et al.，2010）也在 PPC 中产生更大的激活。

后顶叶皮层包括一个位于中央沟后面的专门负责躯体感觉功能的区域，这个区域的后面被称为顶叶后皮层区域。这些后部区域大致可分为内侧和外侧两部分。内侧顶叶后皮层主要由楔前叶组成。虽然已有研究证明，顶叶内侧区域的损伤会损害记忆，但顶叶外侧区域的损伤是否会对记忆产生影响并不清楚。目前关于外侧顶叶皮层损伤和记忆的研究结果也并不一致。一种观点认为，相对于左侧顶叶和右颞叶损伤患者，右顶叶病变患者对视觉刺激的识别记忆受损（Warrington & James，1967）。另一种观点认为，单侧顶叶病变患者的面孔识别记忆和抽象记忆完好无损，而单侧颞叶病变患者的记忆成绩受损（Milner，2003；Simons et al.，2008）。这表明，未来对于顶叶皮层各个具体分区在情景记忆检索过程中的作用还需要进一步的研究。

第四节 海马功能的计算理论

一、海马的功能

（一）海马损伤的研究

人们早就发现某些病例中的神经病变会选择性地破坏灵长类动物的海马，而这会损害个体的空间场景记忆（Murray et al.，1998）。海马或与海马相关的一些神经联结的损伤（如猴子的穹窿），会阻碍灵长类动物对对象位置的学习，以及在特定位置做出反应的能力（Buckley & Gaffan，2000）。例如，海马系统或穹窿损伤的猕猴和人类不能很好地完成对象-位置记忆任务，因为该任务不仅需要被试记住看到的对象，而且需要记住对象的位置（Burgess et al.，2002；Crane & Milner，2005；Gaffan，1994；Gaffan & Saunders，1985；Parkinson et al.，1988；Smith & Milner，1981）。此外，穹状体病变损害了左-右辨别学习，在该任务中，个体需要根据对象的视觉外观来进行左或右的反应（Rupniak & Gaffan，1987）。

从病变和损伤的研究中可以直观地看出，海马体参与空间、物体-位置和物体-时间序列记忆，而鼻周皮层则与再认记忆有关（Baxter & Murray，2001；Buckley & Gaffan，2006；Málková et al.，2001）。也有人认为，鼻周皮层通过建立联合表征来综合表征复杂物体的特征组合（Bussey et al.，2005）。

（二）海马的结构

要从根本上理解情景记忆中海马的功能，就必须研究海马的结构，因为结构是功能的基础。例如，需要了解它从大脑的哪个部分接收信息，它是否通过与其他脑区的联结来接收对象和空间的信息。研究发现，灵长类动物的海马接收的信息主要来自内嗅皮层（BA28）和高度发达的海马旁回以及相关大脑皮层（包括视觉和听觉皮层、额叶皮层和顶叶皮层）的信息流端点的鼻周皮层（Amaral，1987；Lavenex et al.，2004；Rolls，2007；Rolls & Kesner，2006；Suzuki & Amaral，1994b；Van Hoesen，1982；Witter et al.，2000b）。通过这些神经连接，海马就具有了将接收到的信息和空间表征绑定在一起的可能性，形成海马情景记忆功能在结构上的前提。此外，内嗅皮层接收来自杏仁核和眶额皮层的输入信号，它可以向海马提供与奖赏相关的信息（Carmichael & Price，1995；Pitkänen et al.，2002；Stefanacci et al.，1996；Suzuki & Amaral，1994a）。

海马将接收的信息进行加工之后，还需要输出，也就是情景记忆的提取部分。海马到大脑皮层的输出主要通过 CA1，然后投射到海马支脚、内嗅皮层和海马旁结构（TF-TH 区域）以及前额叶皮层（Delatour & Witter，2002；Van Haeften et al.，2003；Van Hoesen，1982；Witter，1993），这被认为是从海马中提取信息的主要通路。以上是海马在系统水平上的功能和结构，尽管有一些细节上的差异，但不同研究者在海马的基本结构和功能上还是具有一致的认识的。

二、海马神经元

关于海马在情景记忆中的功能，计算理论的独到之处在于，它从神经细胞水平说明了海马如何通过神经元的组织和运行实现情景记忆的功能。以下介绍计算理论对 CA3 细胞、齿状颗粒细胞、CA1 细胞在情景记忆中作用的观点以及证据。

（一）CA3 细胞

海马中的许多突触表现出长时程增强过程中出现的突触联结修饰，并且这种突触联结修饰似乎与学习过程有关（Lynch，2004；Morris，2003）。Rolls（1987，1991）和其他人（Levy，1989；McNaughton，1991）认为，CA3 区对信息的加工具有一种自动关联记忆的功能，可以在 CA3 网络中形成和存储情景记忆，并且广泛的回返侧支连接允许通过激活某一记忆的一小部分表征（线索）来激活全部表征。这种关键的突触修饰出现在回返侧支中。

计算理论假设，因为 CA3 可以作为独立网络有效运作，那么它可以允许来自大脑皮层各个不同部位的输入之间形成任意关联，包括颞叶视觉皮层关于对象存在的信息和顶叶皮层关于对象位置的信息之间的关联。虽然在 CA3 回返侧支连接中存在一些空间梯度，以致连接并不完全一致（Ishizuka et al.，1990；Witter，2007），但考虑到存在许多与不同 CA3 连接重叠的远程连接，以及自动关联网络以稀疏连接运行的能力（Treves，1990；Treves & Rolls，1991），这个网络仍然具有独立互连自动关联网络的特性，允许任意神经元之间形成关联。

一个关键的问题就是 CA3 网络系统中可以存储多少记忆，也就是记忆容量的问题。计算理论对这一问题进行了定量分析（Treves & Rolls，1991，1992）。研究者通过分析具有分级响应单元的网络，扩展了以前的关联记忆的正式模型，以更真实地表示神经元发生连续变化的速率（Rolls et al.，1997；Treves，1990；Treves & Rolls，1991）。他们发现，可以（单独）检索的放电模式的最大数量 p_{max} 通常与每个神经元上（相关）可修改的回返侧支突触的 C^{RC} 数量成正比，因子大致与神经表征的稀疏度 a 成反比。一个记忆表征的神经元群组稀疏度 a 可以通过将对某一个刺激或事件放电的神经元比例的二元概念扩展来得到

$$a = \sqrt{\frac{\left(\sum r_i / N\right)^2}{\left(\sum r_i^2 / N\right)}}$$

其中，r_i 是一组 N 个神经元中第 i 个神经元的放电频率，稀疏度 a 的值介于 $1/N$（当只有其中一个神经元对特定刺激有反应）和 1.0（当所有神经元都对给定的刺激有反应）之间。近似地

$$p_{max} \cong \frac{C^{RC}}{aln(la)} k$$

其中，k 是一个依赖于速率分布详细结构和神经连接模式的常数，其取值范围为 0.2～0.3（Treves & Rolls，1991）。 例如，对于 $C^{RC} = 12\,000$ 和 $a = 0.02$，计算出来的 p_{max} 大约是 36 000。 该分析强调了在海马体中稀疏表征的作用，因为这可以允许存储大量不同的记忆。

为了使大多数关联网络能有效地存储信息，需要异源性突触长时程抑制和长时程增强作用（long-term potentiation，LTP）（Rolls，2007；Rolls & Treves，1990；Treves & Rolls，1991）。Simmen 等（1996）和 Rolls 等（1997）提供了与该理论分析完全一致的计算机模拟。

计算理论认为，CA3 回返网络自动关联模型的一个基本特性就是再认可以是均匀的，也就是说，整个记忆可以从任何部分检索和完成（Rolls，2007；Rolls & Kesner，2006）。也有证据表明，在空间线索回忆任务（如单一空间位置的水迷宫任务）的再认阶段，并不一定需要 CA3 系统的参与，因为 CA3 损伤的大鼠在回忆先前学习的水迷宫任务时并未出现障碍（Brun et al.，2002；Florian & Roullet，2004）。因此，似乎在快速、单一试次对象-位置再认，以及需要完成检索不完整线索时特别需要 CA3 系统。

（二）齿状颗粒细胞

计算理论认为，信息进入 CA3 阶段之前，在齿状颗粒细胞阶段形成了一个竞争性网络。通过竞争性学习，冗余的信息被过滤掉，剩下的信息相互分离。情景记忆的一个重要特点是，通过以这种方式运行的齿状颗粒细胞来实现模式分离（或正交化）（Rolls & Kesner，2006；Treves & Rolls，1992），使得海马对相似的事件也能形成不同记忆，这一假设已被证实（Rolls，2007；Rolls & Kesner，2006）。

（三）CA1 细胞

计算理论主要关注 CA3 细胞的功能，CA1 细胞通过 Schaeffer 侧支突触连接到 CA3 细胞。这个连接中的关联修饰性有助于在 CA1 神经元中提取 CA3 中出现的全部信息（Rolls，1995；Schultz & Rolls，1999；Treves & Rolls，1994）。部分假设是，情景记忆的独立子部分（在 CA3 中独立表征以促进模式完成）可以通过 CA1 中的竞争性学习结合在一起，然后通过逆向投射到新皮层的路径产生用于回想的有效提取线索（Rolls，1995，1996；Treves & Rolls，1994）。

三、海马的运行

（一）记忆的提取

计算理论对记忆的提取的解释，是基于对海马到新皮层的逆向投射分析的。

从 CA3 神经元到 CA1 神经元的可修改连接，允许在 CA1 中产生 CA3 中的整个事件。然后，CA1 神经元通过它们在内嗅皮层深层的端点，至少激活内嗅皮层深层的锥体细胞。之后，这些内嗅皮层第 5 层的神经元逆向投射到大脑皮层最初向海马提供输入的部分（Lavenex & Amaral，2000；Witter et al.，2000a），并终止于那些新皮层区域的表层，而突触会置于（浅层和深层）皮层锥体细胞（Rolls，1989）的树突末端。形成回忆的大脑新皮层区域可能包括多模态皮层区域（例如，颞上沟皮层接受来自颞叶、顶叶和枕叶皮层区域的输入信号，并促进 BA39 区和 BA40 区等与语言有关的脑区的发展），以及单模态联合皮层区域（如颞下视皮层）。计算理论认为，通过回忆先前的情景事件，逆向投射可以为新皮层提供有用信息，用于在多模态和单模态联合皮层区域中建立新的表征，通过这种方式构建新的长期结构化表征可以被视为记忆巩固的一种形式（Rolls，1989，2007）。

信息向 CA3 传递的过程中，CA3 自动关联网络在信息处理的各阶段中都具有最少的神经元数量，因此，来自大脑新皮层联合区域的前馈连接出现明显聚合，向大脑新皮层的逆向投射则是发散性的。在形成新的情节记忆过程中，会有强大的前馈活动向海马传递。在情景当中，CA3 突触将被修改，并且通过 CA1 神经元和海马支脚，在向内嗅皮层的逆向投射突触上产生特定激活模式。在这里，突触通过逆向投射到达锥体细胞，这些锥体细胞在正向投射中也被激活，因而在这里进行联合修改。类似的联合修改也将发生在之前的阶段。也就是说，在形成情景记忆的过程中，至少在一个阶段上，皮层锥体细胞将由前馈输入驱动的同时接受来自海马的逆向投射信息（间接），在这里，海马激活模式与皮层激活模式关联起来：逆向投射路径的突触传递到皮层锥体细胞，与通过正向输入激活的皮层细胞相关联。之后在回忆期间，可能来自另一部分皮层的回忆线索到达 CA3，在那里，情景首次发生时的激活模式被完成。由于之前的模式关联，所产生的逆向投射将使情景首次发生期间被激活的相关皮层区域再次被激活。因此，记忆提取涉及恢复在学习该情景期间不同皮层区域中的活动（这种模式关联也被称为异质关联，以将其与自动关联进行对比，模式关联在逆向投射路径中的多个阶段进行）。如果回忆线索是一个物体，这可能导致该物体被看到的位置在皮层中的表征区域被激活。正如 McClelland 等（1995）所指出的那样，这种回忆可能有助于在大脑新皮层中建立新的语义记忆，这种新的记忆形成本质上是一个缓慢的过程，不属于记忆提取理论的一部分。

从海马中成功进行记忆提取需满足的条件是：从海马恢复的记忆激活模式中产生的信号逆向传递到新皮层时，与噪声（即在每个阶段由逆向投射突触系统上同时存储的其他激活模式引起的干扰效应）相比，该信号需要保证清晰。大体上要求，从海马起源（间接）传入给定的新皮层的传入神经数量（C^{HBP}）必须是

$$C^{HBP} = C^{RC} a_{nc} / a_{CA3}$$

其中，C^{RC} 是 CA3 中任意给定细胞的回返侧支数量，a_{nc} 是记忆表征的平均稀疏度，a_{CA3} 是 CA3 中记忆表征的稀疏度。

根据上述要求，即使记忆表征保持与 CA3 中的一样稀疏，为避免信号衰减，C^{HBP} 应该与 C^{RC} 一样大，在大鼠中，这个数量为 12 000。 如果 C^{HBP} 必须与 C^{RC} 的数量级相同，那么可以得出一个非常明确的结论：这里设想的机制不可能依赖于一组 CA3 到大脑新皮层的单突触逆向投射。这意味着，为了在大量新皮层细胞上生成足够数量的突触，CA3 中的每个细胞必须生成不成比例数量的突触（即 C^{HBP} 乘以新皮层和 CA3 细胞数量之比）。由于所涉及的细胞数量在每个阶段逐渐增加，只要假设从 CA3 到新皮层联合区域（Treves & Rolls，1994）的逆向投射系统是多突触的，所需的散度就可以保持在合理的范围内。

这里所介绍的逆向投射的提取模型也能很好地回答这样一个问题，那就是为什么在大脑皮层上，逆向投射的连接与正向连接一样多。

（二）时序和情景记忆

情景记忆的一个重要特点就是包含时间和空间成分。有证据表明，海马在时间顺序记忆中起作用，即使该记忆中没有空间成分（Hoge & Kesner，2007；Rolls & Kesner，2006）。在人类中，当被试处理事件的时间顺序时，海马被激活（Lehn et al.，2009）。海马的这一功能对于理解情景记忆可能非常重要，情景记忆往往包含一系列时间事件。那么在海马内或者在其他大脑结构中如何实现时间顺序记忆，是所有关于海马的理论都无法避免的一个问题。Rolls（2010）提出了一种关于时间顺序记忆的观点，以及时间顺序记忆如何在海马中实现。

该观点基于 MacDonald 和 Eichenbaum（2009）最近的神经生理学证据，他们发现，大鼠海马神经元的放电频率能反映任务中的时间序列。特别是在一段时间延迟期间，连续的时间会激活一系列不同的神经元。他们使用的任务包括一个目标气味配对的非空间任务，视觉刺激与气味之间延迟 10 秒。这一观点也得到了新的证据支持，大部分海马神经元相对于记忆序列中的个体事件（如视觉对象或气味）放电，而一些神经元对事件与延迟时间的组合放电（MacDonald & Eichenbaum，2009）。神经放电速率被用于编码时间，也就是说，在试次中

以及试次结束后的不同时间点，不同的神经元出现高的放电频率（MacDonald & Eichenbaum，2009）。这为海马（以及前额叶皮层）关于时间顺序记忆的计算理论提供了基础。

首先，由于某些神经元在时间顺序记忆任务或延迟任务的不同时间点放电，那么对象（如视觉刺激或气味）在试次中出现的时间就能够被海马编码。完成这一编码是通过将表征对象的神经元与时间编码神经元在 CA3 回返旁路中进行联结，这样就形成了对象及其出现时间的关联。其次，这些关联为从特定时间回忆对象提供了基础，反过来，也能从对象回忆时间。对象与时间信息相互检索的方式类似于从地点回忆对象或从对象回忆地点（Rolls et al.，2002），只是将之前的空间部分替换为时间编码神经元的特性（MacDonald & Eichenbaum，2009）。时间编码神经元在回忆过程中按顺序被激活，就能使得与其相关联的对象或事件按呈现顺序被准确提取。最后，不同的海马（可能也包括前额叶皮层）神经元在试次或延迟期的不同时间点的放电频率不同。

计算理论对于如何产生时间编码海马神经元有两个假设。第一个假设是，具有真实动力学特征的关联者网络（在连接和放电水平上模拟神经元膜和突触电流动力学以及突触或神经元适应变化）可以实现序列记忆（Deco & Rolls，2005）。第二个假设与第一个假设类似，并且时间编码也在回返连接的系统中实现，如海马 CA3 系统或新皮层中的局部回返回路（Deco et al.，2009）。

这里的假设是有几个不同的关联者，并且不同关联者之间的联系很弱。在这个假想的模型中，适应产生的效果是，无论在单个试次中呈现何种顺序（刺激的顺序），该顺序都可以以相同的顺序再现，因为一个关联者状态由于适应而消失，下一个关联者由自发放电而出现。由于关联者之间的缓慢转换，以及适应的缓慢时间过程（Deco & Rolls，2005；Deco et al.，2009），整个系统在相当慢的时间范畴内运行。这实现了一种时序记忆。第二个假设中也包括关联者，但是在前馈连接中的每个关联者之间比在逆向连接中的每个关联者之间存在更强的连接。在回返网络学习突触权重的过程中，适应可能导致每个时间编码神经元群只在有限的时间内响应，以产生多个连续激活的时间编码神经元群（MacDonald & Eichenbaum，2009）。在这种情况下，神经元的联合库不太可能有用，而且不同关联者之间的正向权重更强，每个关联者包含不同的时间编码神经元群。一个有趣的研究是，分析这个系统是否因为噪声信号而限制能相互转换的放电率状态在 7 ± 2 个，这样就能解释短时记忆和相关加工中的神奇数字 7 ± 2（Miller，1956），以及在短时记忆中按出现顺序回忆的现象。这是目前最有可能解释短时记忆及其存储回忆顺序的模型（Deco et al.，2009）。

　　这种实现方式的可行性可以通过分析其他方式的不合理之处来体现。例如，另一种可能的的实现方式是短期关联记忆都在同一时间开始，但具有不同的时间常数（如适应性）（Deco et al.，2009）。这可能导致一些关联者在序列的早期开始并且提前完成，而其他关联者在稍后开始，但持续时间更长。但 MacDonald 和 Eichenbaum（2009）记录的神经元并不支持这种可能性。

　　用这种方式在海马体中实现时间顺序记忆，可以有助于实现情景记忆，因为情景记忆需要以正确顺序联结事件来形成情节。Rolls 和 Kesner（2006）描述了以特定时间顺序呈现的事件是如何相互分离的，并将海马这一功能称为时间模式分离。这里描述的情景记忆理论说明了事件和事件序列是如何从海马中被提取到新皮层的，并且可以存储更长期的关于被提取事件的更多语义表征，然后访问以描述该情节。为了在语义新皮层表征中正确地执行该命令，类似的机制可以建立适当的长时记忆（Deco et al.，2009）。

参 考 文 献

李娟, 吴振云, 林仲贤.（2000）. 前额叶与来源记忆. *心理学动态*, *8*（2）, 56-60.

Aalto, S., Ihalainen, J., Hirvonen, J., Kajander, J., Scheinin, H., Tanila, H., et al.（2005）. Cortical glutamate-dopamine interaction and ketamine-induced psychotic symptoms in man. *Psychopharmacology*, *182*, 375-383.

Alvarez, P., Zola-Morgan, S., & Squire, L. R.（1995）. Damage limited to the hippocampal region produces long-lasting memory impairment in monkeys. *Journal of Neuroscience*, *15*（5 Pt 2）, 3796-3807.

Amaral, D. G.（1987）. Memory: Anatomical organization of candidate brain regions//Mountcastle, V. B.（Ed.）. *Handbook of Physiology. Section 1*, *The Nervous System*（Vol. V, pp. 211-294）. Washington: American Physiological Society.

Amir, N., Stafford, J., Freshman, M. S., & Foa, E. B.（1998）. Relationship between trauma narratives and trauma pathology. *Journal of Traumatic Stress*, *11*（2）, 385-392.

Baddeley, A.（2001）. The concept of episodic memory. *Philosophical Transactions of the Royal Society of London. Series B: Biological Sciences*, *356*（1413）, 1345-1350.

Baddeley, A., Gathercole, S., & Papagno, C.（1998）. The phonological loop as a language learning device. *Psychological Review*, *105*（1）, 158-173.

Baddeley, A., Varghakhadem, F., & Mishkin, M.（2001）. Preserved recognition in a case of developmental amnesia: Implications for the acquisition of semantic memory? *Journal of Cognitive Neuroscience*, *13*（3）, 357-369.

Bai, C. H., Bridger, E. K., Zimmer, H. D., & Mecklinger, A.（2015）. The beneficial effect of testing: An event-related potential study. *Frontiers in Behavioral Neuroscience*, *9*, 248.

Barba, D., & Gianfranco. (1993). Different patterns of confabulation. *Cortex*, *29*(4), 567-581.

Barr, R., Dowden, A., & Hayne, H. (1996). Developmental changes in deferred imitation by 6- to 24-month-old infants. *Infant Behavior & Development*, *19*(2), 159-170.

Bauer, D. J., & Curran, P. J. (2003). Distributional assumptions of growth mixture models: Implications for overextraction of latent trajectory classes. *Psychological Methods*, *8*(3), 338-363.

Bauer, P. J., Deboer, T., & Lukowski, A. F. (2007). *In the Language of Multiple Memory Systems: Defining and Describing Developments in Long-term Declarative Memory*. New York: Oxford UniversityPress.

Bauer, P. J., Wiebe, S. A., Carver, L. J., Lukowski, A. F., Haight, J. C., Waters, J. M., et al. (2006). Electrophysiological indexes of encoding and behavioral indexes of recall: Examining relations and developmental change late in the first year of life. *Developmental Neuropsychology*, *29*(2), 293-320.

Baxter, M. G., & Murray, E. A. (2001). Opposite relationship of hippocampal and rhinal cortex damage to delayed nonmatching-to-sample deficits in monkeys. *Hippocampus*, *11*(1), 61-71.

Beason-Held, L. L., Rosene, D. L., Killiany, R. J., & Moss, M. B. (1999). Hippocampal formation lesions produce memory impairment in the rhesus monkey. *Hippocampus*, *9*(5), 562-574.

Berryhill, M. E., Phuong, L., Picasso, L., Cabeza, R., & Olson, I. R. (2007). Parietal lobe and episodic memory: Bilateral damage causes impaired free recall of autobiographical memory. *Journal of Neuroscience*, *27*(52), 14415-14423.

Berryhill, M. E., Picasso, L., Arnold, R., Drowos, D., & Olson, I. R. (2010). Similarities and differences between parietal and frontal patients in autobiographical and constructed experience tasks. *Neuropsychologia*, *48*(5), 1385-1393.

Blankenship, S. L., Redcay, E., Dougherty, L. R., & Riggins, T. (2016). Development of hippocampal functional connectivity during childhood. *Human Brain Mapping*, *38*(1), 182-201.

Brion, M., De Timary, P., Pitel, A. L., & Maurage, P. (2017). Source memory in korsakoff syndrome: Disentangling the mechanisms of temporal confusion. *Alcoholism Clinical & Experimental Research*, *41*(3), 596-607.

Brown, J. S., Nyberg, L. M., Kusek, J. W., Burgio, K. L., Diokno, A. C., & Foldspang, A., et al. (2003). Proceedings of the national institute of diabetes and digestive and kidney diseases international symposium on epidemiologic issues in urinary incontinence in women. *American Journal of Obstetrics & Gynecology*, *188*(6), S77-S88.

Brun, V. H., Otnæss, M. K., Molden, S., Steffenach, H. A., Witter, M. P., Moser, M. B., et al. (2002). Place cells and place recognition maintained by direct entorhinal-hippocampal circuitry. *Science*, *296*（5576）, 2243-2246.

Buckley, M., & Gaffan, D.（2000）. The hippocampus, perirhinal cortex and memory in the monkey//Bolhuis, J. J.（Ed.）, *Brain*, *Perception*, *Memory*: *Advances in Cognitive Neuroscience*（pp.279-298）.Oxford: Oxford University Press.

Buckley, M., & Gaffan, D.（2006）. Perirhinal cortical contributions to object perception. *Trends in Cognitive Sciences*, *10*（3）, 100-107.

Burgess, N., Maguire, E. A., & O'Keefe, J.（2002）. The human hippocampus and spatial and episodic memory. *Neuron*, *35*, 625-641.

Burgess, P. W., & Shallice, T.（1996）. Confabulation and the control of recollection. *Memory*, *4*（4）, 359-412.

Bussey, T. J., Saksida, L.M., & Murray, E.A.（2005）. The perceptual-mnemonic/feature conjunction model of perirhinal cortex function. *The Quarterly Journal of Experimental Psychology*, *58*, 269-282.

Cabeza, R., Ciaramelli, E., Olson, I. R., & Moscovitch, M.（2008）. The parietal cortex and episodic memory: An attentional account. *Nature Reviews Neuroscience*, *9*（8）, 613-625.

Cansino, S., Trejomorales, P., & Estradamanilla, C.（2015）. Brain activity during source memory retrieval in young, middle-aged and old adults. *Brain Research*, *1618*, 168-180.

Carmichael, S., & Price, J. L.（1995）. Limbic connections of the orbital and medial prefrontal cortex in macaque monkeys. *Journal of Comparative Neurology*, *363*（4）, 615-641.

Carver, L. J., Bauer, P. J., & Nelson, C. A.（2010）. Associations between infant brain activity and recall memory. *Developmental Science*, *3*（2）, 234-246.

Casey, B. J., & de Hann, M.（2002）. Introduction: New methods in developmental science. *Developmental Science*, *5*, 265-267.

Chalfonte, B. L., & Johnson, M. K.（1996）. Feature memory and binding in young and older adults. *Memory & Cognition*, *24*（4）, 403-416.

Chugani, H. T.（1994）. *Development of Regional Brain Glucose Metabolism in Relation to Behavior and Plasticity*. New York: Guilford Press.

Chugani, H. T.（1998）. A critical period of brain development: Studies of cerebral glucose utilization with pet. *Preventive Medicine*, *27*（2）, 184-188.

Chugani, H. T., & Phelps, M. E.（1986）. Maturational changes in cerebral function in infants determined by 18FDG positron emission tomography. *Science*, *231*（4740）, 840-843.

Ciaramelli, E., Grady, C. L., & Moscovitch, M.（2008）. Top-down and bottom-up attention to memory: A hypothesis（AtoM）on the role of the posterior parietal cortex in memory retrieval. *Neuropsychologia*, *46*（7）, 1828-1851.

Ciaramelli, E., Grady, C., Levine, B., Ween, J., & Moscovitch, M.（2010）. Top-down and bottom-up attention to memory are dissociated in posterior parietal cortex: Neuroimaging and neuropsychological evidence. *Journal of Neuroscience*, *30*（14）, 4943-4956.

Clark, R. E., Zola, S. M., & Squire, L. R.（2000）. Impaired recognition memory in rats after damage to the hippocampus. *Journal of Neuroscience*, *20*（23）, 8853-8860.

Cohen, N. J., & Squire, L. R. (1980). Preserved learning and retention of pattern analyzing skill in amnesia: Dissociation of knowing how and knowing that. *Science*, *210*, 207-210.

Collins, A. M., & Quillian, M. R. (1969). Retrieval time from semantic memory. *Journal of Verbal Learning and Verbal Behavior*, *8*, 240-247.

Craik, F. I. M., Morris, L. W., Morris, R. G., & Loewen, E. R. (1990). Relation between source amnesia and frontal lobe functioning in older adults. *Psychology and Aging*, *5*（1）, 148-151.

Crane, J., & Milner, B. (2005). What went where? Impaired object-location learning in patients with right hippocampal lesions. *Hippocampus*, *15*（2）, 216-231.

Curran, T., & Dien, J. (2010). Differentiating amodal familiarity from modality-specific memory processes: An ERP study. *Psychophysiology*, *40*（6）, 979-988.

Cycowicz, Y. M., Friedman, D., & Duff, M. (2003). Pictures and their colors: What do children remember? *Journal of Cognitive Neuroscience*, *15*（5）, 759-768.

Cycowicz, Y. M., Friedman, D., & Snodgrass, J. G. (2001). Remembering the color of objects: An ERP investigation of source memory. *Cerebral Cortex*, *11*（4）, 322-334.

Czernochowski, D., Mecklinger, A., Johansson, M., & Brinkmann, M. (2005). Age-related differences in familiarity and recollection: ERP evidence from a recognition memory study in children and young adults. *Cognitive Affective & Behavioral Neuroscience*, *5*（4）, 417-433.

Daselaar, S. M., Fleck, M. S., & Cabeza, R. (2006a). Triple dissociation in the medial temporal lobes: Recollection, familiarity, and novelty. *Journal of Neurophysiology*, *96*（4）, 1902-1911.

Daselaar, S. M., Fleck, M. S., Dobbins, I. G., Madden, D. J., & Cabeza, R. (2006b). Effects of healthy aging on hippocampal and rhinal memory functions: An event-related fMRI study. *Cerebral Cortex*, *16*（12）, 1771-1782.

Davachi, L. (2006). Item, context and relational episodic encoding in humans. *Current Opinion in Neurobiology*, *16*（6）, 693-700.

Davachi, L., & Wagner, A. D. (2002). Hippocampal contributions to episodic encoding: Insights from relational and item-based learning. *Journal of Neurophysiology*, *88*（2）, 982-990.

Davachi, L., Mitchell, J. P., & Wagner, A. D. (2003). Multiple routes to memory: Distinct medial temporal lobe processes build item and source memories. *Proceedings of the National Academy of Sciences of the United States of America*, *100*（4）, 2157-2162.

Davidson, P. S. R., Anaki, D., Ciaramelli, E., Cohn, M., Kim, A. S. N., & Murphy, K. J., et al. (2008). Does lateral parietal cortex support episodic memory? Evidence from focal lesion patients. *Neuropsychologia*, *46*（7）, 1743-1755.

De Boer, P. T., Kroese, D. P., Mannor, S., & Rubinstein, R. Y. (2005). A tutorial on the cross-entropy method. *Annals of Operations Research*, *134*（1）, 19-67.

Deco, G., & Rolls, E. T. (2005). Sequential memory: A putative neural and synaptic dynamical mechanism. *Journal of Cognitive Neuroscience*, *17* (2), 294-307.

Deco, G., Rolls, E. T., & Romo, R. (2009). Stochastic dynamics as a principle of brain function. *Progress in Neurobiology*, *88* (1), 1-16.

Delatour, B., & Witter, M. (2002). Projections from the parahippocampal region to the prefrontal cortex in the rat: Evidence of multiple pathways. *European Journal of Neuroscience*, *15*(8), 1400-1407.

Dennis, N. A., & Cabeza, R. (2008). Neuroimaging of healthy cognitive aging//Craik, F. I. M., & Salthoase, T. A. (Eds.). *Handbook of Aging & Cognition* (pp.1-54). Mahwah: Lawrence Erlbaum.

Desmond, J. E., Gabrieli, J. D., Wagner, A. D., Ginier, B. L., & Glover, G. H. (1997). Lobular patterns of cerebellar activation in verbal working-memory and finger-tapping tasks as revealed by functional MRI. *Journal of Neuroscience*, *17* (24), 9675-9685.

Dobbins, I. G., & Wagner, A. D. (2005). Domain-general and domain-sensitive prefrontal mechanisms for recollecting events and detecting novelty. *Cerebral Cortex*, *15* (11), 1768-1778.

Dobbins, I. G., Foley, H., Schacter, D. L., & Wagner, A. D. (2002). Executive control during episodic retrieval: Multiple prefrontal processes subserve source memory. *Neuron*, *35* (5), 989-996.

Dobbins, I. G., Rice, H. J., Wagner, A. D., & Schacter, D. L. (2003). Memory orientation and success: Separable neurocognitive components underlying episodic recognition. *Neuropsychologia*, *41* (3), 318-333.

Dolan, R. J., & Fletcher, P. C. (1997). Dissociating prefrontal and hippocampal function in episodic memory encoding. *Nature*, *388* (6642), 582-585.

Dolcos, F. (2004). Interaction between the amygdala and the medial temporal lobe memory system predicts better memory for emotional events. *Neuron*, *42* (5), 855-863.

Donaldson, D., Wheeler, M. E., & Petersen, S. E. (2010). Remember the source: Dissociating frontal and parietal contributions to episodic memory. *Journal of Cognitive Neuroscience*, *22* (2), 377-391.

Drowos, D. B., Berryhill, M., André, Jessica M., & Olson, I. R. (2010). True memory, false memory, and subjective recollection deficits after focal parietal lobe lesions. *Neuropsychology*, *24* (4), 465-475.

Duarte, A., Henson, R. N., & Graham, K. S. (2008). The effects of aging on the neural correlates of subjective and objective recollection. *Cerebral Cortex*, *18* (9), 2169-2180.

Dudai, R. (2012). Informers and the transition in northern ireland. *British Journal of Criminology*, *52* (1), 32-54.

Dulas, M. R., & Duarte, A. (2012). The effects of aging on material-independent and material-dependent neural correlates of source memory retrieval. *Cerebral Cortex*, *22* (1), 37-50.

Duverne, S., Habibi, A., & Rugg, M. (2008). Regional specificity of age effects on the neural correlates of episodic retrieval. *Neurobiology of Aging*, *29*（12）, 1902-1916.

Dywan, J., Segalowitz, S. J., & Webster, L.（1998）. Source monitoring：ERP evidence for greater reactivity to nontarget information in older adults. *Brain & Cognition*, *36*（3）, 390-430.

Dywan, J., Segalowitz, S., & Arsenault, A.（2002）. Electrophysiological response during source memory decisions in older and younger adults. *Brain & Cognition*, *49*（3）, 322-340.

Eichenbaum, H., & Cohen, N. J.（2001）. *From Conditioning to Conscious Recollection*：*Memory Systems of the Brain*. Oxford：University Press.

Fletcher, P. C., Shallice, T., Frith, C. D., Frackowiak, R. S., & Dolan, R. J.（1996）. Brain activity during memory retrieval：The influence of imagery and semantic cueing. *Brain*, *119*（5）, 1587-1596.

Florian, C., & Roullet, P.（2004）. Hippocampal CA3-region is crucial for acquisition and memory consolidation in Morris water maze task in mice. *Behavioural Brain Research*, *154*（2）, 365-374.

Friedman, D., & Jr Johnson, R.（2000）. Event-related potential（ERP）studies of memory encoding and retrieval：A selective review. *Microscopy Research and Technique*, *51*（1）, 6-28.

Friedman, D., Chastelaine, M. D., Nessler, D., & Malcolm, B.（2010）. Changes in familiarity and recollection across the lifespan：An ERP perspective. *Brain Research*, *1310*（2）, 124-141.

Gaffan, D.（1994）. Scene-specific memory for objects：A model of episodic memory impairment in monkeys with fornix transection. *Journal of Cognitive Neuroscience*, *6*（4）, 305-320.

Gaffan, D., & Saunders, R. C.（1985）. Running recognition of configural stimuli by fornix-transected monkeys. *The Quarterly Journal of Experimental Psychology*, *37*（1）, 61-71.

Geuze, E., Vermetten, E., Ruf, M., Kloet, C. S. D., & Westenberg, H. G. M.（2008）. Neural correlates of associative learning and memory in veterans with posttraumatic stress disorder. *Journal of Psychiatric Research*, *42*（8）, 659-669.

Ghetti, S., Demaster, D. M., Yonelinas, A. P., & Bunge, S. A.（2010）. Developmental differences in medial temporal lobe function during memory encoding. *Journal of Neuroscience*, *30*（28）, 9548-9556.

Giedd, J. N., Blumenthal, J., Jeffries, N. O., Castellanos, F. X., Liu, H., Zijdenbos, A., et al.（1999）. Brain development during childhood and adolescence：A longitudinal MRI study. *Nature Neuroscience*, *2*（10）, 861-863.

Glisky, E. L., & Kong, L. L.（2008）. Do young and older adults rely on different processes in source memory tasks? A neuropsychological study. *Journal of Experimental Psychology*：*Learning, Memory, and Cognition*, *34*（4）, 809-822.

Glisky, E. L., Polster, M. R., & Routhieaux, B. C.（1995）. Double dissociation between item and source memory. *Neuropsychology*, *9*（2）, 229-235.

Glisky, E. L., Rubin, S. R., & Davidson, P. S. (2001). Source memory in older adults: An encoding or retrieval problem? *Journal of Experimental Psychology: Learning, Memory, and Cognition, 27* (5), 1131-1146.

Grady, S. L., Hongwanishkul, D., Mcintosh, K. R., Winocur, G., & Springer, V. (2006). Age-related changes in brain activity across the adult lifespan. *Journal of Cognitive Neuroscience, 18* (2), 227-241.

Haj, M. E., Kessels, R. P. C., & Allain, P. (2016). Source memory rehabilitation: A review toward recommendations for setting up a strategy training aimed at the "what, where, and when" of episodic retrieval. *Applied Neuropsychology Adult, 23* (1), 53-60.

Hannula, D. E., & Ranganath, C. (2008). Medial temporal lobe activity predicts successful relational memory binding. *Journal of Neuroscience, 28* (1), 116-124.

Hayama, H. R., Vilberg, K. L., & Rugg, M. D. (2012). Overlap between the neural correlates of cued recall and source memory: Evidence for a generic recollection network? *Journal of Cognitive Neuroscience, 24* (5), 1127-1137.

Hayes, J. P., Labar, K. S., Mccarthy, G., Selgrade, E., Nasser, J., & Dolcos, F., et al. (2011). Reduced hippocampal and amygdala activity predicts memory distortions for trauma reminders in combat-related PTSD. *Journal of Psychiatric Research, 45* (5), 660-669.

Hayne, A. N., Gerhardt, C., & Davis, J. (2009). Filipino nurses in the united states: Recruitment, retention, occupational stress, and job satisfaction. *Journal of Transcultural Nursing, 20* (3), 313-322.

Hayne, H. (2007). Infant memory development: New questions, new answers//Oakes, L. M., & Bauer, P. J. (Eds.). *Short-and Long-Term Memory in Infancy and Early Childhood: Taking the First Steps Toward Remembering* (pp.209-239). New York: Oxford University Press.

Hayne, H., Boniface, J., & Barr, R. (2000). The development of declarative memory in human infants: Age-related changes in deferred imitation. *Behavioral Neuroscience, 114* (1), 77-83.

Hayne, H., Macdonald, S., & Barr, R. (1997). Developmental changes in the specificity of memory over the second year of life. *Infant Behavior & Development, 20* (2), 233-245.

Hoge, J., & Kesner, R. P. (2007). Role of CA3 and CA1 subregions of the dorsal hippocampus on temporal processing of objects. *Neurobiology of Learning and Memory, 88* (2), 225-231.

Holdstock, J. S., Mayes, A. R., Roberts, N., Cezayirli, E., Isaac, C. L., O'Reilly, R. C., et al. (2002). Under what conditions is recognition spared relative to recall after selective hippocampal damage in humans? *Hippocampus, 12* (3), 341-351.

Hopkins, R. O., Kesner, R. P., & Goldstein, M. (1995). Item and order recognition memory in subjects with hypoxic brain injury. *Brain & Cognition, 27* (2), 180-201.

Huttenlocher, J., & Presson, C. C. (1979). The coding and transformation of spatial information. *Cognitive Psychology, 11* (3), 375-394.

Inostroza, M., & Born, J. (2013). Sleep for preserving and transforming episodic memory. *Annual Review of Neuroscience*, *36* (36), 79-102.

Ishizuka, N., Weber, J., & Amaral, D. G. (1990). Organization of intrahippocampal projections originating from CA3 pyramidal cells in the rat. *Journal of Comparative Neurology*, *295*(4), 580-623.

Jacobs, L. N. J. (1998). Traumatic memory is special. *Current Directions in Psychological Science*, *7*(5), 154-157.

Jaeger, A., Konkel, A., & Dobbins, I. G. (2013). Unexpected novelty and familiarity orienting responses in lateral parietal cortex during recognition judgment. *Neuropsychologia*, *51*(6), 1061-1076.

Janowsky, J. S., Shimamura, A. P., Kritchevsky, M., & Squire, L. R. (1989). Cognitive impairment following frontal lobe damage and its relevance to human amnesia. *Behavioral Neuroscience*, *103*(3), 548-560.

Jernigan, T. L., Zisook, S., Heaton, R. K., Moranville, J. T., Hesselink, J. R., & Braff, D. L. (1991). Magnetic resonance imaging abnormalities in lenticular nuclei and cerebral cortex in schizophrenia. *Archives of General Psychiatry*, *48*(10), 881-890.

Johnson, M. K. (2006). Memory and reality. *American Psychologist*, *61*(8), 760-771.

Johnson, M. K., Hashtroudi, S., & Lindsay, D. S. (1993). Source monitoring. *Psychological Bulletin*, *114*(1), 3-28.

Kahn, I., Davachi, L., & Wagner, A. D. (2004). Functional-neuroanatomic correlates of recollection: Implications for models of recognition memory. *Journal of Neuroscience*, *24* (17), 4172-4180.

Kapur, Craik, M., F., I., & Houle. (1994). PET study of functional dissociation or episodic and semantic memory. *Clinical Nuclear Medicine*, *19*(10), 934.

Kessels, R. P. C., Kortrijk, H. E., Wester, A. J., & Nys, G. M. S. (2008). Confabulation behavior and false memories in korsakoff's syndrome: Role of source memory and executive functioning. *Psychiatry and Clinical Neurosciences*, *62*, 220-225.

Kessels, R., Kortrijk, H. E., Wester, A. J., & Nys, G. (2010). Confabulation behavior and false memories in Korsakoff's syndrome: Role of source memory and executive functioning. *Psychiatry & Clinical Neurosciences*, *62*(2), 220-225.

Kim, H., & Cabeza, R. (2007). Trusting our memories: Dissociating the neural correlates of confidence in veridical versus illusory memories. *Journal of Neuroscience*, *27*(45), 12190-12197.

King, D. R., & Miller, M. B. (2014). Lateral posterior parietal activity during source memory judgments of perceived and imagined events. *Neuropsychologia*, *53*, 122-136.

Kroll, N. E. A., Knight, R. T., Metcalfe, J., Wolf, E. S., & Tulving, E. (1996). Cohesion failure as a source of memory illusions. *Journal of Memory & Language*, *35*(2), 176-196.

Kuchinke, L., Fritzemeier, S., Hofmann, M. J., & Jacobs, A. M. (2013). Neural correlates of episodic memory: Associative memory and confidence drive hippocampus activations. *Behavioural Brain Research*, *254*, 92-101.

Kukolja, J., Thiel, C. M., Wilms, M., Mirzazade, S., & Fink, G. R. (2009). Ageing-related changes of neural activity associated with spatial contextual memory. *Neurobiology of Aging*, *30*(4), 630-645.

Lahti, A. C., Weiler, M. A., Holcomb, H. H., Tamminga, C. A., Jr. Carpenter, W. T. & McMahon, R. (2006). Correlations between rCBF and symptoms in two independent cohorts of drug-free patients with schizophrenia. *Neuropsychopharmacology*, *31*, 221-230.

Lauriello, J., Mathalon, D. H., Rosenbloom, M., Sullivan, E. V., Faustman, W. O., & Ringo, D. L., et al. (1998). Association between regional brain volumes and clozapine response in schizophrenia. *Biological Psychiatry*, *43*(12), 879-886.

Lavenex, P., & Amaral, D. G. (2000). Hippocampal-neocortical interaction: A hierarchy of associativity. *Hippocampus*, *10*(4), 420-430.

Lavenex, P., Suzuki, W. A., & Amaral, D. G. (2004). Perirhinal and parahippocampal cortices of the macaque monkey: Intrinsic projections and interconnections. *Journal of Comparative Neurology*, *472*(3), 371-394.

Lehn, H., Steffenach, H. A., van Strien, N. M., Veltman, D. J., Witter, M. P., & Håberg, A. K. (2009). A specific role of the human hippocampus in recall of temporal sequences. *Journal of Neuroscience*, *29*(11), 3475-3484.

Levy, W. B. (1989). A computational approach to hippocampal function. *Computational Models of Learning in Simple Neural Systems*, *23*, 243-305.

Lynch, M. (2004). Long-term potentiation and memory. *Physiological Reviews*, *84*(1), 87-136.

MacDonald, C., & Eichenbaum, H. (2009). *Hippocampal Neurons Disambiguate Overlapping Sequences of Non-spatial Events.* Paper Presented at the Society for Neuroscience Abstracts.

Málková, L., Bachevalier, J., Mishkin, M., & Saunders, R. C. (2001). Neurotoxic lesions of perirhinal cortex impair visual recognition memory in rhesus monkeys. *Neuroreport*, *12*(9), 1913-1917.

Mandler, J. M. (2004). The foundations of mind: Origins of conceptual thought. *Cheminform*, *36*(27), 6386-6394.

Mayes, A. R., Holdstock, J. S., Isaac, C. L., Hunkin, N. M., & Roberts, N. (2002). Relative sparing of item recognition memory in a patient with adult-onset damage limited to the hippocampus. *Hippocampus*, *12*(3), 325-340.

Mayes, A. R., Isaac, C. L., Holdstock, J. S., Hunkin, N. M., Montaldi, D., Downes, J. J., et al. (2001). Memory for single items, word pairs, and temporal order of different kinds in a patient with selective hippocampal lesions. *Cognitive Neuropsychology*, *18*(2), 97-123.

Mayes, A., Montaldi, D., & Migo, E. (2007). Associative memory and the medial temporal lobes. *Trends in Cognitive Sciences*, *11*（3）, 126-135.

McClelland, J. L., McNaughton, B. L., & O'reilly, R. C.（1995）. Why there are complementary learning systems in the hippocampus and neocortex: Insights from the successes and failures of connectionist models of learning and memory. *Psychological Review*, *102*（3）, 419.

McDermott, K. B., Ojemann, J. G., Petersen, S. E., Ollinger, J. M., Snyder, A. Z., Akbudak, E., et al.（1999）. Direct comparison of episodic encoding and retrieval of words: An event-related fMRI study. *Memory*, *7*（5-6）, 661-680.

McIntyre, J. S., & Craik, F. I.（1987）. Age differences in memory for item and source information. *Canadian Journal of Psychology*, *41*（2）, 175-192.

McNaughton, B.（1991）. Associative pattern completion in hippocampal circuits: New evidence and new questions. *Brain Research Reviews*, *16*, 193-220.

Mecklinger, A.（2000）. Interfacing mind and brain: A neurocognitive model of recognition memory. *Psychophysiology*, *37*（5）, 565-582.

Miller, G. A.（1956）. The magical number seven, plus or minus two: Some limits on our capacity for processing information. *Psychological Review*, *63*（2）, 81.

Milner, B.（2003）. Visual recognition and recall after right temporal-lobe excision in man. *Epilepsy & Behavior*, *4*（6）, 799-812.

Mimura, M., Kinsbourne, M., & O'Connor, M.（2000）. Time estimation by patients with frontal lesions and by Korsakoff amnesics. *Journal of the International Neuropsychological Society*, *6*（5）, 517-528.

Mitchell, A. L.（2008）. The treatment of nausea and vomiting in pregnancy. *Practitioner*, *176*（1052）, 201-202.

Mitchell, K. J., & Johnson, M. K.（2009）. Source monitoring 15 years later: What have we learned from fMRI about the neural mechanisms of source memory? *Psychological Bulletin*, *135*（4）, 638-677.

Mitchell, K. J., Johnson, M. K., Raye, C. L., & Greene, E. J.（2004）. Prefrontal cortex activity associated with source monitoring in a working memory task. *Journal of Cognitive Neuroscience*, *16*（6）, 921-934.

Mitchell, K. J., Johnson, M. K., Raye, C. L., Mather, M., & D'Esposito, M.（2000）. Aging and reflective processes of working memory: Binding and test load deficits. *Psychology and Aging*, *15*（3）, 527-541.

Morris, R. G.（2003）. Long-term potentiation and memory. *Philosophical Transactions of the Royal Society B: Biological Sciences*, *358*（1432）, 643-647.

Moscovitch, M.（1992）. Memory and working-with-memory: A component process model based on modules and central systems. *Journal of Cognitive Neuroscience*, *4*（3）, 257-267.

Moscovitch, M., & Winocur, G.（1992）. The neuropsychology of memory and aging//Craik, F. I. M., & Salthouse, T. A.（Eds.）. *The Handbook of Aging and Cognition*（pp. 315-372）. Mahwah: Lawrence Erlbaum Associates.

Murray, E. A., Baxter, M. G., & Gaffan, D. (1998) . Monkeys with rhinal cortex damage or neurotoxic hippocampal lesions are impaired on spatial scene learning and object reversals. *Behavioral Neuroscience*, *112* (6) , 1291.

Nadel, L., & Jacobs, W. J. (1998) . Traumatic memory is special. *Current Directions in Psychological Science*, *7*, 154-157.

Nelson, C. A., & Collins, P. F. (1991) . Event-related potential and looking-time analysis of infants' responses to familiar and novel events: Implications for visual recognition memory. *Developmental Psychology*, *27* (1) , 50-58.

Nelson, C. A., Thomas, K. M., Haan, M. D., & Wewerka, S. S. (1998) . Delayed recognition memory in infants and adults as revealed by event-related potentials. *International Journal of Psychophysiology*, *29* (2) , 145-165.

Nelson, K. (1993) . The psychological and social origins of autobiographical memory. *Psychological Science*, *4* (1) , 7-14.

Newcombe, N. S., Drummey, A. B., Fox, N. A., Lie, E., & Ottinger-Alberts, W. (2000) . Remembering early childhood: How much, how, and why (or why not). *Current Directions in Psychological Science*, *9* (2) , 55-58.

Newcombe, N. S., Lloyd, M. E., & Balcomb, F. (2011) . Contextualizing the development of recollection//Ghetti, S., & Bauer, P. T. (Eds.). *Origins and Development of Recollection: Perspectives from Psychology and Neuroscience* (pp.73-100) . Oxford: Oxford University Press.

Newcombe, N. S., Lloyd, M. E., & Ratliff, K. R. (2007) . Development of episodic and autobiographical memory : A cognitive neuroscience perspective. *Advances in Child Development & Behavior*, *35*, 37-85.

Nicolson, R., Malaspina, D., Giedd, J. N., Hamburger, S., Lenane, M., Bedwell, J., et al. (1999) . Obstetrical complications and childhood-onset schizophrenia. *American Journal of Psychiatry*, *156* (10) , 1650-1652.

Nolde, S. F., Johnson, M. K., & D'Esposito, M. (1998a) . Left prefrontal activation during episodic remembering: An event-related fMRI study. *Neuroreport*, *9* (15) , 3509-3514.

Nolde, S. F., Johnson, M. K., & Raye, C. L. (1998b) . The role of prefrontal cortex during tests of episodic memory. *Trends in Cognitive Sciences*, *2* (10) , 399-406.

Nyberg, L., Habib, R., Mcintosh, A. R., & Tulving, E. (2000) . Reactivation of encoding-related brain activity during memory retrieval. *Proceedings of the National Academy of Sciences of the United States of America*, *97* (20) , 11120-11124.

O'Connor, A. R., Han, S., & Dobbins, I. G. (2010) . The inferior parietal lobule and recognition memory: Expectancy violation or successful retrieval? *Journal of Neuroscience*, *30* (8) , 2924-2934.

Oakes, L. M., & Bauer, P. J. (2007) . *Short-and Long-Term Memory in Infancy and Early Childhood: Taking the First Steps Toward Remembering*. New York: Oxford University Press.

Ofen, N., Kao, Y. C., Sokol-Hessner, P., Kim, H., Whitfield-Gabrieli, S., & Gabrieli, J. D. E. (2007). Development of the declarative memory system in the human brain. *Nature Neuroscience*, *10*(9), 1198-1205.

Opitz, B., Mecklinger, A., & Friederici, A. D.(2000). Functional asymmetry of human prefrontal cortex: Encoding and retrieval of verbally and nonverbally coded information. *Learning & Memory*, *7*(2), 85-96.

Parkinson, J., Murray, E., & Mishkin, M.(1988). A selective mnemonic role for the hippocampus in monkeys: Memory for the location of objects. *Journal of Neuroscience*, *8*(11), 4159-4167.

Parks, C. M., & Yonelinas, A. P. (2015). The importance of unitization for familiarity-based learning. *Journal of Experimental Psychology: Learning, Memory, and Cognition*, *41*(3), 881-903.

Perner, J., & Ruffman, T.(1995). Episodic memory and autonoetic consciousness: Developmental evidence and a theory of childhood amnesia. *Journal of Experimental Child Psychology*, *59*(3), 516-548.

Pfefferbaum, A., Sullivan, E. V., Rosenbloom, M. J., Mathalon, D. H., & Lim, K. O.(1998). A controlled study of cortical gray matter and ventricular changes in alcoholic men over a 5-year interval. *Archives of General Psychiatry*, *55*(10), 905-912.

Pitel, A. L., Beaunieux, H., Witkowski, T., Vabret, F., Guillery-Girard, B., & Quinette, P., et al. (2010). Genuine episodic memory deficits and executive dysfunctions in alcoholics early in abstinence. *Alcoholism, Clinical & Experimental Research*, *31*(7), 1169-1178.

Pitel, A. L., Chételat, G., Le Berre, A. P., Desgranges, B., Eustache, F., & Beaunieux, H. (2012). Macrostructural abnormalities in korsakoff syndrome compared with uncomplicated alcoholism. *Neurology*, *78*(17), 1330-1333.

Pitel, A. L., Eustache, F., & Beaunieux, H. (2014). Component processes of memory in alcoholism: Pattern of compromise and neural substrates. *Handbook of Clinical Neurology*, *125*, 211-225.

Pitel, A.-L., Beaunieux, H., Witkowski, T., Vabret, F., Guillery-Girard, B., Quinette, P., et al. (2007). Genuine episodic memory deficits and executive dysfunctions in alcoholic subjects early in abstinence. *Alcoholism-Clinical and Experimental Research*, *3*, 1169-1178.

Pitkänen, A., Kelly, J. L., & Amaral, D. G. (2002). Projections from the lateral, basal, and accessory basal nuclei of the amygdala to the entorhinal cortex in the macaque monkey. *Hippocampus*, *12*(2), 186-205.

Ragland, J. D., Laird, A. R., Ranganath, C., Blumenfeld, R. S., Gonzales, S. M., & Glahn, D. C. (2009). Prefrontal activation deficits during episodic memory in schizophrenia. *American Journal of Psychiatry*, *166*(8), 863-874.

Ranganath, C., Johnson, M. K., & D'Esposito, M. (2000). Left anterior prefrontal activation increases with demands to recall specific perceptual information. *Journal of Neuroscience*, *20*(22), 1-5.

Raye, C. L., Johnson, M. K., Mitchell, K. J., Nolde, S. F., & D'Esposito, M. (2000). fMRI investigations of left and right pfc contributions to episodic remembering. *Psychobiology*, *28*（2）, 197-206.

Reed, J. M., & Squire, L. R. (1997). Impaired recognition memory in patients with lesions limited to the hippocampal formation. *Behavioral Neuroscience*, *111*（4）, 667-675.

Resnick, S. M., Pham, D. L., Kraut, M. A., Zonderman, A. B., & Davatzikos, C. (2003). Longitudinal magnetic resonance imaging studies of older adults: A shrinking brain. *Journal of Neuroscience*, *23*（8）, 3295-3301.

Reynolds, G. D., & Richards, J. E. (2005). Familiarization, attention, and recognition memory in infancy: An event-related potential and cortical source localization study. *Developmental Psychology*, *41*（4）, 598-615.

Reynolds, G. D., Courage, M. L., & Richards, J. E.(2010). Infant attention and visual preferences: Converging evidence from behavior, event-related potentials, and cortical source localization. *Developmental Psychology*, *46*（4）, 886-904.

Richards, J. E., Reynolds, G. D., & Courage, M. L.(2010). The neural bases of infant attention. *Current Directions in Psychological Science*, *19*（1）, 41-46.

Rolls, E. T. (1987). Information representation, processing and storage in the brain: Analysis at the single neuron level//Changeux, J. P., & Konishi, M.(Eds.). *The Neural and Molecular Bases of Learning* (pp.503-540). Chichester: Wiley.

Rolls, E. T.(1989). Functions of neuronal networks in the hippocampus and neocortex in memory// Byrne, J. H., & Beny, W. O. (Eds.). *Neural Models of Plasticity* (pp. 240-265). San Diego: Academic Press.

Rolls, E. T. (1991). Functions of the primate hippocampus in spatial and nonspatial memory. *Hippocampus*, *1*, 258-261.

Rolls, E. T.(1995). A model of the operation of the hippocampus and entorhinal cortex in memory. *International Journal of Neural Systems*, *6*, 51-70.

Rolls, E. T. (1996). A theory of hippocampal function in memory. *Hippocampus*, *6*（6）, 601-620.

Rolls, E. T. (2007). *Memory, Attention, and Decision-Making: A Unifying Computational Neuroscience Approach*. Oxford: Oxford University Press.

Rolls, E. T. (2010). A computational theory of episodic memory formation in the hippocampus. *Behavioural Brain Research*, *215*, 180-196.

Rolls, E. T.(2012). Invariant visual object and face recognition: Neural and computational bases, and a model, VisNet. *Frontiers in Computational Neuroscience*, *6*（35）, 1-70.

Rolls, E. T., & Kesner, R. P. (2006). A computational theory of hippocampal function, and empirical tests of the theory. *Progress in Neurobiology*, *79*（1）, 1-48.

Rolls, E. T., & Treves, A. (1990). The relative advantages of sparse versus distributed encoding for associative neuronal networks in the brain. *Network: Computation in Neural Systems*, *1*

（4），407-421.

Rolls，E. T.，Stringer，S. M.，& Trappenberg，T. P.（2002）. A unified model of spatial and episodic memory. *Proceedings of the Royal Society of London B：Biological Sciences，269*（1496），1087-1093.

Rolls，E. T.，Treves，A.，Foster，D.，& Perez-Vicente，C.（1997）. Simulation studies of the CA3 hippocampal subfield modelled as an attractor neural network. *Neural Networks，10*（9），1559-1569.

Rosburg，T.，Mecklinger，A.，& Frings，C.（2011）. When the brain decides：A familiarity-based approach to the recognition heuristic as evidenced by event-related brain potentials. *Psychological Science，22*（12），1527-1534.

Rose，S. A.，Feldman，J. F.，& Jankowski，J. J.（2007）. Developmental aspects of visual recognition memory in infancy//Oakes，L. M.，& Bauer，P. J.（Eds.）. *Short-and Long-Term Memory in Infancy and Early Childhood：Taking the first Steps Toward Remembering*（pp.153-178）. New York：Oxford University Press.

Rugg，M. D.，Fletcher，P. C.，Chua，P. M.，& Dolan，R. J.（1999）. The role of the prefrontal cortex in recognition memory and memory for source：An fMRI study. *Neuroimage，10*（5），520-529.

Rugg，M. D.，Mark，R. E.，Walla，P.，Schloerscheidt，A. M.，Birch，C. S.，& Allan，K.（1998）. Dissociation of the neural correlates of implicit and explicit memory. *Nature，392*（6676），595-598.

Rupniak，N.，& Gaffan，D.（1987）. Monkey hippocampus and learning about spatially directed movements. *Journal of Neuroscience，7*（8），2331-2337.

Schacter，D. L.（1987）. Implicit memory：History and current status. *Journal of Experimental Psychology：Learning，Memory，and Cognition，13*（3），501-518.

Schacter，D. L.，Harbluk，J. L.，& Mclachlan，D. R.（1984）. Retrieval without recollection：An experimental analysis of source amnesia. *Journal of Verbal Learning & Verbal Behavior，23*（5），593-611.

Schacter，D. L.，Kaszniak，A. W.，Kihlstrom，J. F.，& Valdiserri，M.（1991）. The relation between source memory and aging. *Psychology & Aging，6*（4），559-568.

Schacter，D. L.，Wagner，A. D.，& Buckner，R. L.（2000）. Memory systems of 1999//Tulving E.，& Craik，F. I. M.（Eds.）. *Oxford Handbook of Memory*（pp. 627-643）. New York：Oxford University Press.

Schnell，K.，Heekeren，K.，Daumann，J.，Schnell，T.，Schnitker，R.，Moller-Hartmann，W.，et al.（2008）. Correlation of passivity symptoms and dysfunctional visuomotor action monitoring in psychosis. *Brain，131*（10），2783-2797.

Schultz，S. R.，& Rolls，E. T.（1999）. Analysis of information transmission in the Schaffer collaterals. *Hippocampus，9*（5），582-598.

Schwerdt，P. R.，& Dopkins，S.（2001）. Memory for content and source in temporal lobe patients.

Neuropsychology, *15*（1）, 48-57.

Scoville, W. B., & Milner, B.（1957）. Loss of recent memory after bilateral hippocampal lesions. *Journal of Neurology Neurosurgery & Psychiatry*, *20*（1）, 11-21.

Senkfor, A. J., & Van Petten, C.（1998）. Who said what? an event-related potential investigation of source and item memory. *Journal of Experimental Psychology*: *Learning*, *Memory*, *and Cognition*, *24*（4）, 1005-1025.

Shallice, T., Fletcher, P., Frith, C. D., Grasby, P., Frackowiak, R. S. J., & Dolan, R. J.（1994）. Brain regions associated with acquisition and retrieval of verbal episodic memory. *Nature*, *368*（6472）, 633-635.

Shimamura, A. P., & Squire, L. R.（1987）. A neuropsychological study of fact memory and source amnesia. *Journal of Experimental Psychology*: *Learning*, *Memory*, *and Cognition*, *13*（3）, 464-473.

Shimamura, A. P., Jurica, P. J., Mangels, J. A., Gershberg, F. B., & Knight, R. T.（1995）. Susceptibility to memory interference effects following frontal lobe damage: Findings from tests of paired-associate learning. *Journal of Cognitive Neuroscience*, *7*, 144-152.

Simmen, M. W., Treves, A., & Rolls, E. T.（1996）. Pattern retrieval in threshold-linear associative nets. *Network*: *Computation in Neural Systems*, *7*（1）, 109-122.

Simons, J. S., Peers, P. V., Hwang, D. Y., Ally, B. A., Fletcher, P. C., & Budson, A. E.（2008）. Is the parietal lobe necessary for recollection in humans? *Neuropsychologia*, *46*（4）, 1185-1191.

Simons, J. S., Peers, P. V., Mazuz, Y. S., Berryhill, M. E., & Olson, I. R.（2010）. Dissociation between memory accuracy and memory confidence following bilateral parietal lesions. *Cerebral Cortex*, *20*（2）, 479-485.

Smith, M. L., & Milner, B.（1981）. The role of the right hippocampus in the recall of spatial location. *Neuropsychologia*, *19*（6）, 781-793.

Snyder, K. A.（2007）. Neural mechanisms of attention and memory in preferential looking tasks// Oakes, L. M., & Bauer, P. J.（Eds.）. *Short- and Long-Term Memory in Infancy and Early Childhood*: *Taking the First Steps Toward Remembering*（pp. 179-208）. New York: Oxford University Press.

Spencer, W. D., & Raz, N.（1994）. Memory for facts, source, and context: Can frontal lobe dysfunction explain age-related differences? *Psychology and Aging*, *9*（1）, 149-159.

Spencer, W. D., & Raz, N.（1995）. Differential effects of aging on memory for content and context: A meta-analysis. *Psychology & Aging*, *10*（4）, 527-539.

Sprondel, V., Kipp, K. H., & Mecklinger, A.（2011）. Developmental changes in item and source memory: Evidence from an ERP recognition memory study with children, adolescents, and adults. *Child Development*, *82*（6）, 1638-1953.

Squire, L. R.（1992）. Declarative and nondeclarative memory: Multiple brain systems supporting learning and memory. *Journal of Cognitive Neuroscience*, *4*（3）, 232-243.

Stark, C. E. L., & Squire, L. R. (2003). Hippocampal damage equally impairs memory for single items and memory for conjunctions. *Hippocampus*, *13* (2) , 281-292.

Stark, C. E., Bayley, P. J., & Squire, L. R. (2002). Recognition memory for single items and for associations is similarly impaired following damage to the hippocampal region. *Learning & Memory*, *9* (5) , 238-242.

Stefanacci, L., Suzuki, W. A., & Amaral, D. G. (1996). Organization of connections between the amygdaloid complex and the perirhinal and parahippocampal cortices in macaque monkeys. *The Journal of Comparative Neurology*, *375* (4) , 552-582.

Summerfield, C., & Mangels, J. A. (2005). Coherent theta-band eeg activity predicts item-context binding during encoding. *Neuroimage*, *24* (3) , 692-703.

Suzuki, W. A., & Amaral, D. G. (1994a). Topographic organization of the reciprocal connections between the monkey entorhinal cortex and the perirhinal and parahippocampal cortices. *Journal of Neuroscience*, *14* (3) , 1856-1877.

Suzuki, W. L., & Amaral, D. G. (1994b). Perirhinal and parahippocampal cortices of the macaque monkey: Cortical afferents. *Journal of Comparative Neurology*, *350* (4) , 497-533.

Tamminga, C. A., Stan, A. D., & Wagner, A. D. (2010). The hippocampal formation in schizophrenia. *American Journal of Psychiatry*, *167* (10) , 1178-1193.

Thaiss, L., & Petrides, M. (2003). Source versus content memory in patients with a unilateral frontal cortex or a temporal lobe excision. *Brain*, *126* (5) , 1112-1126.

Thoresen, C., Endestad, T., Sigvartsen, N. P. B., Server, A., Bolstad, I., Johansson, M., et al. (2014). Frontotemporal hypoactivity during a reality monitoring paradigm is associated with delusions in patients with schizophrenia spectrum disorders. *Cognitive Neuropsychiatry*, *19* (2) , 97-115.

Tonegawa, S., Liu, X., Ramirez, S., & Redondo, R. (2015). Memory engram cells have come of age. *Neuron*, *87* (5) , 918-931.

Treves, A. (1990). Graded-response neurons and information encodings in autoassociative memories. *Physical Review A*, *42* (4) , 2418-2430.

Treves, A., & Rolls, E. T. (1991). What determines the capacity of autoassociative memories in the brain? *Network: Computation in Neural Systems*, *2* (4) , 371-397.

Treves, A., & Rolls, E. T. (1992). Computational constraints suggest the need for two distinct input systems to the hippocampal CA3 network. *Hippocampus*, *2* (2) , 189-199.

Treves, A., & Rolls, E. T. (1994). Computational analysis of the role of the hippocampus in memory. *Hippocampus*, *4* (3) , 374-391.

Trott, C. T., Friedman, D., Ritter, W., & Fabiani, M. (1997). Item and source memory: Differential age effects revealed by event-related potentials. *Neuroreport*, *8* (15) , 3373-3378.

Tu, H. W., Alty, E. E., & Diana, R. A.. (2017). Event-related potentials during encoding: Comparing unitization to relational processing. *Brain Research*, *1667*, 46-54.

Tulving, E.（1972）. Episodic and semantic memory. *Organization of Memory*, *381*（79）, 381-403.

Tulving, E.（1984）. Multiple learning and memory systems. *Advances in Psychology*, *18*, 163-184.

Tulving, E.（1985）. Memory and consciousness. *Canadian Psychology*, *26*（1）, 1-12.

Tulving, E.（2001）. Episodic memory and common sense: How far apart? *Philosophical Transactions of the Royal Society of London*, *356*（1413）, 1505-1515.

Tulving, E.（2002）. Chronesthesia: Conscious awareness of subjective time//Stuss, D. T., & Knight, R. C.（Eds.）. *Principles of Frontal Lobe Functions*（pp. 311-325）. New York: Oxford University Press.

Tulving, E., Voi, M. E. L., Routh, D. A., & Loftus, E.（1983）. Ecphoric processes in episodic memory [and discussion]. *Philosophical Transactions of the Royal Society B: Biological Sciences*, *302*, 361-370.

Turner, M. S., Cipolotti, L., Yousry, T. A., & Shallice, T.（2008）. Confabulation: Damage to a specific inferior medial prefrontal system. *Cortex*, *44*（6）, 637-648.

Van Haeften, T., Baks-te-Bulte, L., Goede, P. H., Wouterlood, F. G., & Witter, M. P.（2003）. Morphological and numerical analysis of synaptic interactions between neurons in deep and superficial layers of the entorhinal cortex of the rat. *Hippocampus*, *13*（8）, 943-952.

Van Hoesen, G. W.（1982）. The parahippocampal gyrus: New observations regarding its cortical connections in the monkey. *Trends in Neurosciences*, *5*, 345-350.

Vidal-Piñeiro, D., Sneve, M. H., Storsve, A. B., Roe, J. M., Walhovd, K. B., & Fjell, A. M.（2017）. Neural correlates of durable memories across the adult lifespan: Brain activity at encoding and retrieval. *Neurobiology of Aging*, *60*, 20-33.

Vinogradov, S., Luks, T. L., Schulman, B. J., & Simpson, G. V.（2008）. Deficit in a neural correlate of reality monitoring in schizophrenia patients. *Cerebral Cortex*, *18*（11）, 2532-2539.

Wadehra, S., Pruitt, P., Murphy, E. R., & Diwadkar, V. A.（2013）. Network dysfunction during associative learning in schizophrenia: Increased activation, but decreased connectivity: An fMRI study. *Schizophrenia Research*, *148*（1-3）, 38-49.

Wagner, A.（2005）. Parietal lobe contributions to episodic memory retrieval. *Trends in Cognitive Sciences*, *9*（9）, 445-453.

Warrington, E. K., & James, M.（1967）. Disorders of visual perception in patients with localised cerebral lesions. *Neuropsychologia*, *5*（3）, 0-266.

Wheeler, M. A., Stuss, D. T., & Tulving, E.（1995）. Frontal lobe damage produces episodic memory impairment. *Journal of the International Neuropsychological Society*, *1*（6）, 525-536.

Wheeler, M. A., Stuss, D. T., & Tulving, E.（1997）. Toward a theory of episodic memory: The frontal lobes and autonoetic consciousness. *Psychological Bulletin*, *121*（3）, 331-354.

Wheeler, M. E., & Buckner, R. L.（2004）. Functional-anatomic correlates of remembering and knowing. *Neuroimage*, *21*（4）, 1337-1349.

Wheeler, M. E., Petersen, S. E., & Buckner, R. L.（2000）. Memory's echo: Vivid remembering reactivates sensory-specific cortex. *Proceedings of the National Academy of Sciences of the United States of America*, *97*（20）, 11125-11129.

Wilding, E. L.（2000）. In what way does the parietal ERP old/new effect index recollection? *International Journal of Psychophysiology*, *35*（1）, 81-87.

Wilding, E. L., & Rugg, M. D.（1996）. An event-related potential study of recognition memory with and without retrieval of source. *Brain A Journal of Neurology*, *119*（Pt 3）, 889-905.

Witter, M. P.（1993）. Organization of the entorhinal-hippocampal system: A review of current anatomical data. *Hippocampus*, *3*（S1）, 33-44.

Witter, M. P.（2007）. Intrinsic and extrinsic wiring of CA3: Indications for connectional heterogeneity. *Learning & Memory*, *14*（11）, 705-713.

Witter, M. P., Naber, P. A., Van Haeften, T., Machielsen, W. C., Rombouts, S. A., Barkhof, F., et al.（2000a）. Cortico-hippocampal communication by way of parallel parahippocampal-subicular pathways. *Hippocampus*, *10*（4）, 398-410.

Witter, M. P., Wouterlood, F. G., Naber, P. A., & Van Haeften, T.（2000b）. Anatomical organization of the parahippocampal-hippocampal network. *Annals of the New York Academy of Sciences*, *911*（1）, 1-24.

Woodruff, C. C., Johnson, J. D., Uncapher, M. R., & Rugg, M. D.（2005）. Content-specificity of the neural correlates of recollection. *Neuropsychologia*, *43*（7）, 1022-1032.

Yonelinas, A. P., Kroll, N. E., Quamme, J. R., Lazzara, M. M., Sauvé, M. J., Widaman, K. F., et al.（2002）. Effects of extensive temporal lobe damage or mild hypoxia on recollection and familiarity. *Nature Neuroscience*, *5*（11）, 1236-1241.

Zheng, Z., Li, J., Xiao, F., Broster, L. S., Jiang, Y., & Xi, M.（2015）. The effects of unitization on the contribution of familiarity and recollection processes to associative recognition memory: Evidence from event-related potentials. *International Journal of Psychophysiology*, *95*（3）, 355-362.

Zola, S. M., Squire, L. R., Teng, E., Stefanacci, L., Buffalo, E. A., & Clark, R. E.（2000）. Impaired recognition memory in monkeys after damage limited to the hippocampal region. *Journal of Neuroscience*, *20*（1）, 451-463.

附　　录

附录1　时间元记忆实验材料

研究使用的 E-Prime 程序中用到的实验材料如下所示。

第一部分：

有个人养了一只鹦鹉，很漂亮，可是有一天，那只鹦鹉飞走了。现在假设这个事件就发生在你的身上。

1）你如何记住那天的时间？
2）你如何记住那天的日期？
3）你如何记住那天所在的月份？

4）你如何记住那天是什么季节？

5）你如何记住那是哪一年？

6）你如何记住那时你几岁？

第二部分：

1. 一号小朋友是用刚才的图片的方法来记住他在什么时候看到鹦鹉的，他努力记住那时候他正在做什么和他看到了什么。他记得那时他正在吃早餐，同时看到落叶飘下。你觉得这个小朋友的方法对于记住事件的时间有帮助吗？

请你在接下来的图片中为这个方法打分，图片中的 1～5 为五个大小不等的气泡，1 代表不好，2 代表 ok 但不是非常好，3 代表中间，4 代表更好，5 代表真的很好，如果你明白了，请选择。

2. 二号小朋友是用刚才的图片的方法来记住他在什么时候看到鹦鹉的，他努力想他对这只鹦鹉记忆的清晰程度，他一直在想他是否记清楚这只鹦鹉了，如果记得清楚，这个小朋友就认为这件事发生在最近；如果记得不清楚，这个小朋友就认为这个事情发生在很久以前。你觉得这个小朋友的方法对于记住事件的时间有帮助吗？

请你在接下来的图片中为这个方法打分，图片中的 1～5 为五个大小不等的气泡，1 代表不好，2 代表 ok 但不是非常好，3 代表中间，4 代表更好，5 代表真的很好，如果你明白了，请选择。

3. 三号小朋友是用刚才的图片的方法来记住他在什么时候看到鹦鹉的。他努力记住日历上的月份和钟表上的时间，你觉得这个小朋友的方法对于记住事件的时间有帮助吗？

请你在接下来的图片中为这个方法打分，图片中的 1～5 为五个大小不等的气泡，1 代表不好，2 代表 ok 但不是非常好，3 代表中间，4 代表更好，5 代表真的很好，如果你明白了，请选择。

第三部分：

最后一件事情就是，在刚才三个小朋友记住看到鹦鹉的时间的三种方法中，你认为哪种方法是最好的？你最常使用哪个小朋友的方法来记住事件的时间？哪个小朋友的方法是记住事件时间最不好的方法？哪个小朋友的方法你不会经常使用？（每个问题后随机呈现三张图片）

附录 2 时间元记忆实验问题

答题纸（供低年级或者用电脑打字存在困难的被试）

姓名： 性别： 年龄： 年级：

1）你如何记住那天的时间？

2）你如何记住那天的日期？

3）你如何记住那天所在的月份？

4）你如何记住那天是什么季节？

5）你如何记住那是哪一年？

6）你如何记住那时你几岁？

1. 你觉得一号小朋友的方法对于记住事件的时间有帮助吗？（　　　）
   一号小朋友的得分是（　　　）

2. 你觉得二号小朋友的方法对于记住事件的时间有帮助吗？（　　　）
   二号小朋友的得分是（　　　）

3. 你觉得三号小朋友的方法对于记住事件的时间有帮助吗？（　　　）
   三号小朋友的得分是（　　　）

4. 哪个小朋友的方法是记住事件时间最好的方法？（　　　）

5. 你最常使用哪个小朋友的方法来记住事件的时间？（　　　）

6. 哪个小朋友的方法是记住事件时间最不好的方法？（　　　）
7. 哪个小朋友的方法你不会经常使用？（　　　）

附录3　反馈对目击者信心判断测试题目

Ⅰ测验题目

1. 宾馆勒索案中，女罪犯从卫生间出来时手里是否拿着包？
A. 有拿包，在左手　　　　　　　B. 没有拿包，包放在卫生间里
C. 没有拿包，包放在床上　　　　D. 有拿包，在右手

2. 宾馆勒索案中，女罪犯手里拿着什么样的包？
A. 白色花纹包　　B. 黑底白纹包　　C. 黑白条纹包　　D. 黑色花纹包

3. 宾馆勒索案中，女罪犯最初是如何出现的？
A. 靠在路灯上观察路人　　　　　B. 坐在花坛旁吸烟
C. 靠在栅栏上观察路人　　　　　D. 靠在广告牌上吸烟

4. 宾馆勒索案中，宾馆房间的饮水机放在什么上？
A. 玻璃台面的台子上　　　　　　B. 小板凳上
C. 电视机柜上　　　　　　　　　D. 单独立在地上

5. 宾馆勒索案中，女罪犯手上带着一枚戒指，你还记得是带在哪个地方吗？
A. 右手中指　　B. 右手无名指　　C. 左手中指　　D. 左手无名指

6. 宾馆勒索案中，闯入房间的两个罪犯是从什么地方找到男受害人的钱包的？
A. 从男受害人穿着的裤子口袋里
B. 从男受害人穿着的上衣口袋里
C. 从男受害人放在床上的上衣口袋里
D. 从男受害人放在床上的包里

7. 宾馆勒索案中，案发时，女罪犯的同伙是如何闯入房间的？
A. 带着红色和绿色面具持刀闯入　　B. 带着红色和蓝色面具持刀闯入
C. 带着绿色和蓝色面具持刀闯入　　D. 带着绿色和黄色面具持刀闯入

8. 宾馆勒索案中，闯入房间的同伙穿什么样的衣服？

A. 一个穿白上衣，一个穿蓝底白条纹上衣

B. 一个穿黄上衣，一个穿蓝底白条纹上衣

C. 一个穿白上衣，一个穿蓝底黑条纹上衣

D. 一个穿黄上衣，一个穿蓝底黑条纹上衣

9. 宾馆勒索案中，男受害人是否戴眼镜，如果有，是什么款式的？

A. 有戴眼镜，黑色全框眼镜   B. 有戴眼镜，透明半框眼镜

C. 有戴眼镜，无框眼镜   D. 没戴眼镜

10. 宾馆勒索案中，女罪犯从房间出来时，持刀罪犯干了什么？

A. 用布捂住她的嘴，搜她的包   B. 用手捂住她的脸，拿走她的包

B. 用布捂住她的嘴，拿走她的包   D. 用手捂住她的脸，搜她的包

11. 宾馆勒索案中，宾馆房间的墙壁是什么颜色的？

A. 白色和蓝色   B. 白色和粉色   C. 白色和绿色   D. 白色和黄色

12. 假钱案中，蓝衣和黑衣罪犯作案的超市在什么地方？

A. 小安街 1190   B. 小安街 1198   C. 小安舍 1190   D. 小安舍 1198

13. 假钱案中，两个罪犯使用了什么颜色的蜡烛处理假币？

A. 黄色   B. 玫红   C. 白色   D. 蓝色

14. 假钱案中，受害者在罪犯进来时手里拿什么颜色的抹布擦收银台？

A. 红色   B. 灰色   C. 蓝色   D. 绿色

15. 假钱案中，两个罪犯谁的耳朵上戴耳钉？左耳还是右耳？

A. 穿黑衣罪犯，在右耳   B. 穿黑衣罪犯，在左耳

C. 穿蓝衣罪犯，在左耳   D. 穿蓝衣罪犯，在右耳

16. 假钱案中，找零钱的受害者是否戴眼镜，什么款式的？

A. 戴眼镜，灰色半框   B. 戴眼镜，黑色全框

C. 戴眼镜，黑色半框   D. 不戴眼镜

17. 假钱案中，两个罪犯中，是谁戴了手表，在哪个手上？

A. 蓝衣罪犯戴手表，右手   B. 黑衣罪犯戴手表，右手

C. 蓝衣罪犯戴手表，左手   D. 黑衣罪犯戴手表，左手

18. 假钱案中，两个罪犯中，进入案发现场时是否有人带包，什么款式？

A. 有人带包，红色双肩包   B. 有人带包，黑色手拿包

C. 有人带包，黑色双肩包   D. 没人带包

19. 假钱案中，进店之后，穿黑衣的罪犯做了什么？

A. 使用假钱购买口香糖   B. 和受害人聊天

C. 使用假钱购买巧克力   D. 使用假钱购买金针菇

20. 假钱案中，进店之后，穿蓝衣的罪犯干了什么？

A. 寻找东西，干扰受害人　　　　B. 和受害人聊天，干扰她

C. 询问商品价格，干扰受害人　　D. 撞掉商品，干扰受害人

21. 假钱案中，蓝衣罪犯的衣服有什么特征？

A. 有帽子，袖子上 3 条白线　　　B. 有帽子，袖子上 4 条白线

C. 无帽子，袖子上 4 条白线　　　D. 无帽子，袖子上 3 条白线

22. 假钱案中，飞镖盘上一共有几支飞镖？

A. 2 支　　　　B. 3 支　　　　C. 4 支　　　　D. 5 支

23. 取款机案中，女受害人的钱包是什么颜色的？

A. 红色　　　　B. 蓝色　　　　C. 白色　　　　D. 黑色

24. 假钱案中，为了欺骗受害人，穿黑衣的罪犯首先拿出了真钱，在受害人不注意时才换成了假钱，那么他从哪里拿出的真钱？

A. 从钱包里　　　　　　　　　　B. 从上衣口袋里

C. 从裤子口袋里　　　　　　　　D. 从袖口里

25. 取款机案中，蓝衣罪犯的面部有什么特征吗？

A. 鼻子右边有痣　　　　　　　　B. 左嘴角下部有痣

C. 鼻子左边有痣　　　　　　　　D. 右嘴角下部有痣

26. 取款机案中，女受害人取钱时是否带包，什么样的包？

A. 没有包　　　　　　　　　　　B. 有包，蓝色肩带，红色花纹包

C. 有包，蓝色肩带，白底花纹包　D. 有包，玫红色肩带，白底花纹包

27. 取款机案中，蓝衣罪犯穿什么样子的衣服？

A. 蓝色长袖带帽衫　　　　　　　B. 蓝色短袖带帽衫

C. 蓝色长袖无帽衫　　　　　　　D. 蓝色短袖无帽衫

28. 取款机案中，女受害人穿什么款式的鞋子？

A. 白色，高跟鞋　　　　　　　　B. 黑色，高跟鞋

C. 白色，平底鞋　　　　　　　　D. 黑色，平底鞋

Ⅱ 权威性评定测题

1. 你认为如果要警察报告他们看到过的犯罪信息，那么这些信息是否准确？（1～10分，分数越高，说明越准确）	2. 你认为如果要儿童报告他们看到的犯罪信息，那么这些信息是否准确？（1～10分，分数越高，说明越准确）
3. 你认为如果警察在目击一起犯罪事件时，他们当时的注意力是否集中？（1～10分，分数越高，说明越集中）	4. 你认为如果儿童在目击一起犯罪事件时，他们当时的注意力是否集中？（1～10分，分数越高，说明越集中）

5. 你认为如果要警察报告他们看到过的犯罪信息，这对于他们来说是否容易？（1～10分，分数越高，说明越容易）	6. 你认为如果要儿童报告他们看到过的犯罪信息，这对于他们来说是否容易？（1～10分，分数越高，说明越容易）
7. 你认为如果要警察报告他们看到过的犯罪信息，他们是否会报告较多的犯罪信息？（1～10分，分数越高，说明报告信息越多）	8. 你认为如果要儿童报告他们看到过的犯罪信息，他们是否会报告较多的犯罪信息？（1～10分，分数越高，说明报告信息越多）
9. 你认为如果要警察回忆他们看到过的犯罪信息，他们的回忆是否清晰？（1～10分，分数越高，说明越清晰）	10. 你认为如果要儿童回忆他们看到过的犯罪信息，他们的回忆是否清晰？（1～10分，分数越高，说明越清晰）

后　记

　　这是笔者的第五部专著，在完成之际，本该只有欢喜，心中却充满遗憾和欣慰交织的矛盾情绪，无以排解，遂后记之。

　　说遗憾。

　　成稿之际，心怀诸多遗憾，多有忐忑，恨自己没有"笔落惊风雨，诗成泣鬼神"的才能。虽然课题结项报告和书稿已经通过专家鉴定，但越是接近书稿付梓，越是感觉本书还有很多不完善之处。感觉我们在儿童情景记忆发展领域所做的工作仅仅处于入门阶段，对于儿童情景记忆发展的特点和规律及其对儿童认知和社会性发展的意义和作用，对于情景记忆的功能，对于情景记忆测量工具的开发，对于情景记忆的心理与神经机制，我们并没有做到足够深入的探究。好多研究构想没有达成，已经完成的研究也多有不足。只能记录下遗憾，留待未来。

　　说欣慰。

　　本书作为国家社会科学基金教育学一般项目"儿童情景记忆及其监控能力发展"研究的结项成果，在完成之际，回首过往，发现其完成过程不仅是科学研究、科学发现的过程，更是青年学生学习、成长的过程。

　　三年来，诸多博士、硕士研究生和本科生以多种形式在不同时段参与到本课题研究中来，课题结项之际，发现课题研究过程见证了他们在学业和科学研究上的成长。金雪莲博士是吉林医药学院应用心理学院的实验心理学教师，当年以少数民族骨干计划考生的身份考取在职攻读基础心理学博士学位研究生的资格，作为课题的研究骨干，全程参与并配合笔者组织协调了课题的研究工作，在这一过程中完成了自己的博士论文选题、资格论文发表，在科研实践中，其科研能力不断提高；岳阳、王志伟、周帆、刘芳芳、于明阳博士也在课题研究中或发表了博士毕业的资格论文，或找到了自己感兴趣的研究选题并将其作为博士论文选题；硕士研究生王诗晗、马芳芳、舒阿琴在课题研究中完成了硕士学业，圆满完成了自己的硕士学位论文；本科科研导师组的龙翼婷、陈雪晴、刘陌晗同学或在课题框架下发表了学术论文，或获得国创项目并以扎实的研究实践和可见的研究成果在结项中获得优秀成绩，三人分别以考研、申请美国大学心理学系读研和保研的方式确认继续攻读心理学硕士研究生。

学生们以年轻人对心理学专业的热爱，在课题研究全过程中投入，分工合作，真可谓"昼出耘田夜绩麻，村庄儿女各当家"。他们在研究中表现出的科研素养和认真负责的态度，让笔者印象深刻。作为长期工作在心理学教学和科研一线的教师，看到自己带的学生们在课题研究中获得成长和发展，非常欣慰。

最后，感谢在研究过程中提出宝贵建议的所有同行专家，感谢参与课题研究的所有研究者。再次感谢笔者工作单位东北师范大学心理学院的资助，感谢科学出版社孙文影、冯雅萌等编辑的认真工作。所有人的协同努力，使得本书得以顺利付梓。

姜英杰

2020 年 8 月 19 日

于东北师范大学心理学院